金 工 实 训

（第五版）

主　　编　李作全　魏德印

副主编　曹　毅　李伟特

参　　编　余泽通　钟罗杰　姚林晓

　　　　　余冬玲　江　毅

主　　审　李　曦　孙　明

华中科技大学出版社

中国·武汉

内 容 简 介

本书是根据教育部新颁布的《金工实习教学基本要求》和 2003 年教育部工程材料及机械制造基础课程教学指导小组成都会议精神编写的,适合高等院校工科学生金工实习使用。本书内容包括金属材料及其热处理、铸造、锻造和板料冲压、焊接、切削加工基础知识、钳工、车削加工、刨削加工、铣削加工、磨削加工、塑料成型、数控加工基础知识、数控车削加工、数控铣削加工、电火花成型加工、电火花线切割加工、增材制造技术等,并针对各实习内容给出了相应的实习安全操作规程。附录给出了各个工种的金工实习报告。此外,本书还配备了金工实习视频资源,可利用微信 APP 扫描前言中的二维码获取。

图书在版编目(CIP)数据

金工实训/李作全,魏德印主编.--5 版.--武汉:华中科技大学出版社,2024.6.--(普通高等学校"十四五"规划机械类专业精品教材).--ISBN 978-7-5772-1047-6

Ⅰ. TG-45

中国国家版本馆 CIP 数据核字第 2024NN8577 号

金工实训(第五版)　　　　　　　　　　　　　　　李作全　魏德印　主编
Jingong Shixun (Di-wu Ban)

策划编辑:俞道凯　胡周昊
责任编辑:姚同梅
封面设计:原色设计
责任监印:朱　玢
出版发行:华中科技大学出版社(中国·武汉)　　　电话:(027)81321913
　　　　　武汉市东湖新技术开发区华工科技园　　　邮编:430223
录　　排:武汉楚海文化传播有限公司
印　　刷:武汉洪林印务有限公司
开　　本:787mm×1092mm　1/16
印　　张:17.75
字　　数:486 千字
版　　次:2024 年 6 月第 5 版第 1 次印刷
定　　价:49.80 元

序

"爆竹一声除旧,桃符万户更新。"在新年伊始,春节伊始,"十一五规划"伊始,来为"普通高等院校机械类精品教材"这套丛书写这个"序",我感到很有意义。

近十年来,我国高等教育取得了历史性的突破,实现了跨越式的发展,毛入学率由低于 10% 达到了高于 20%,高等教育由精英教育而跨入了大众化教育。显然,教育观念必须与时俱进而更新,教育质量观也必须与时俱进而改变,从而教育模式也必须与时俱进而多样化。

以国家需求与社会发展为导向,走多样化人才培养之路是今后高等教育教学改革的一项重要任务。在前几年,教育部高等学校机械学科教学指导委员会对全国高校机械专业提出了机械专业人才培养模式的多样化原则,各有关高校的机械专业都在积极探索适应国家需求与社会发展的办学途径,有的已制订了新的人才培养计划,有的正在考虑深刻变革的培养方案,人才培养模式已呈现百花齐放、各得其所的繁荣局面。精英教育时代规划教材、一致模式、雷同要求的一统天下的局面,显然无法适应大众化教育形势的发展。事实上,多年来许多普通院校采用规划教材就十分勉强,而又苦于无合适教材可用。

"百年大计,教育为本;教育大计,教师为本;教师大计,教学为本;教学大计,教材为本。"有好的教材,就有章可循,有规可依,有鉴可借,有道可走。师资、设备、资料(首先是教材)是高校的三大教学基本建设。

"山不在高,有仙则名。水不在深,有龙则灵。"教材不在厚薄,内容不在深浅,能切合学生培养目标,能抓住学生应掌握的要言,能做到彼此呼应、相互配套就行,此即教材要精、课程要精,能精则名、能精则灵、能精则行。

华中科技大学出版社主动邀请了一大批专家,联合了全国几十个应用型机械专业,在全国高校机械学科教学指导委员会的指导下,保证了当前形势下机械学科教学改革的发展方向,交流了各校的教改经验与教材建设计划,确定了一批面向普通高等院校机械学科精品课程的教材编写计划。特别要提出的是,教育质量观、教材质量观必须随高等教育大众化而更新。大众化、多样化绝不是降低质量,而是要面向、适应与满足人才市场的多样化需求,面向、符合、激活学生个性与能力的多样化特点。"和而不同",才能生动活泼地繁荣与发展。脱离市场实际的、脱离学生实际的一刀切的质量不是"万应灵丹",而是"千篇一律"的桎梏。正因为如此,为了真正确保高等教育大众化时代的教学质量,教育主管部门正在对高校进行教学质量评估,各高校正在积极进行教材建设,特别是精品教材建设。也因为如此,华中科技大学出版社组织出版普通高等院校应用型机械学科的精品教材,可谓正得其时。

我感谢参与这批精品教材编写的专家们!我感谢出版这批精品教材的华中科技大学出版社的有关同志!我感谢关心、支持与帮助这批精品教材编写与出版的单位与同志们!我深信编写者与出版者一定会同使用者沟通,听取他们的意见与建议,不断提高教材的水平!

特为之序。

中国科学院院士
教育部高等学校机械学科指导委员会主任

杨叔子

2006.1

第五版前言

"金工实习"是一门实践性较强的技术基础课,是高等院校工科专业学生进行工程训练、培养工程意识、学习工艺知识、为学习后续课程打下必要的实践基础、提高综合素质的重要必修课。

本书以教育部工程材料及机械制造基础课程教学指导小组提出的"机械制造工程训练基本要求"为指导,借鉴了国内兄弟院校的教学改革成果,并融入了编者多年金工实习课程教学实践经验。本书精选了金属材料及热处理、铸造、锻造和板料冲压、焊接、切削加工知识、钳工、车工、铣工、刨工、磨工等传统的金工实习内容,并结合当前我国工业发展的状况,增加了塑料成型、数控加工基础知识、数控车削加工、数控铣削加工、电火花成型加工、电火花线切割加工等新技术、新工艺实习内容,期望能为提高学生金工实习的质量和综合素质做出贡献。

根据教学需要,本次再版主要增加了增材制造实习内容,并对全书内容进行了细节上的调整,修改了在使用过程中发现的少量问题。

本次再版具体分工为:第17章由李作全、李伟特负责,其余老师负责教材1~16章的勘误工作。本书由李作全、魏德印担任主编,李作全负责全书统稿工作。

本书内容新颖、结构完整、深入浅出、图文并茂、通俗易懂。理论上以够用为度,注重实际工程训练,强化工程实践能力,力求在较少学时里达到"宽基础、强能力、高素质"人才的教学要求。

视频资源

本书配备有金工实习视频资源,可利用微信 APP 扫描右侧二维码获取。

由于编者水平有限,书中疏漏在所难免,恳请读者批评指正。

编 者
2024 年 1 月

目　录

第1章　金属材料及其热处理

1.1　金属材料的性能

材料的性能一般分为使用性能和工艺性能两大类。使用性能是指材料在使用过程中所表现的性能,包括力学性能、物理性能和化学性能等。工艺性能是指材料在加工过程中所表现的性能,包括铸造性能、锻压性能、焊接性能、热处理性能和切削性能等。

由于力学性能是选择结构件材料的主要依据,因此,下面主要介绍材料的力学性能。

1.1.1　金属材料的力学性能

金属材料的力学性能是指金属材料在外力作用下表现出来的特性,如强度、塑性、冲击韧度、硬度等。

强度是指材料在外力作用下抵抗变形和破坏的能力,以屈服强度(包括上屈服强度 R_{eH}、下屈服强度 R_{eL})和抗拉强度(R_m)最为常用。

塑性是指金属材料在外力作用下产生变形而又未被破坏的能力,常用断后伸长率 A 和断面收缩率 Z 作为材料的塑性指标。

冲击韧度是指材料抵抗冲击载荷的能力。金属材料韧度用冲击韧度值衡量。

硬度是指金属材料抵抗硬物压入其表面的能力。工程上常用的有布氏硬度和洛氏硬度。

（1）布氏硬度　布氏硬度试验是用一定的试验力 F,将直径为 D 的碳化钨合金球压入被测金属的表面(见图 1-1),保持一定的时间后卸去试验力,测量试样表面压痕的直径 d。以试验力与压痕表面积(通过压痕的平均直径和压头直径计算得到)的比值作为布氏硬度值,用 HBW 表示。HBW 值愈大,材料愈硬。

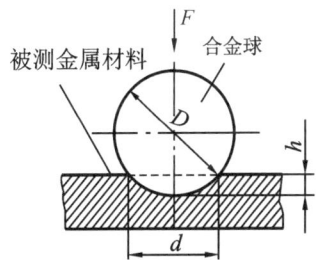

图 1-1　布氏硬度试验原理图

用布氏硬度试验测材料的硬度值,其测试数据比较准确,但不能测太薄的试样和硬度较高的材料。

（2）洛氏硬度　洛氏硬度试验是用一定的载荷,将锥角为 120°、顶部曲率半径为 0.2mm 的金刚石圆锥压头,或直径为 1.5875 mm 或 3.175 mm(若产品标准或协议允许,直径为 6.350 mm 和 12.7 mm 的压头也可使用)的碳化钨合金球形压头压入被测试样表面,然后根据压痕的深度来确定被测试样的硬度值。

用洛氏硬度计可以测量从软到硬的各种不同材料,这是因为洛氏硬度计采用了不同的压头和载荷,组成各种不同的洛氏硬度标度,如 HRA、HRBW、HRC。

1.1.2　金属材料硬度的测定方法

1. 布氏硬度测定方法

图 1-2 所示为 HB—3000 布氏硬度计。测定硬度时,基本操作程序如下。

（1）将试样平稳放在工作台上,转动手轮使工作台徐徐上升,使试样与压头接触(应注意压头固定是否可靠),直到手轮打滑为止,此时初载荷已加上。

(2)按下加载按钮,加载指示灯亮,硬度计自动加载且卸载指示灯灭。

(3)逆时针转动手轮,使工作台下降,取下试样。

(4)用读数放大镜测量压痕直径,测得压痕直径并进行相关计算后从 GB/T 231.1—2018 的表 2 中查出布氏硬度值。

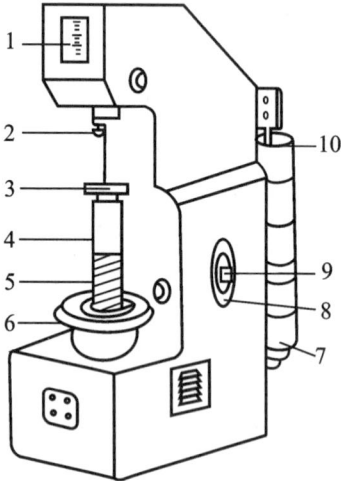

图 1-2　HB—3000 布氏硬度计

1—指示灯;2—压头;3—工作台;4—立柱;5—丝杠;6—手轮;
7—载荷砝码;8—压紧螺钉;9—时间定位器;10—加载按钮

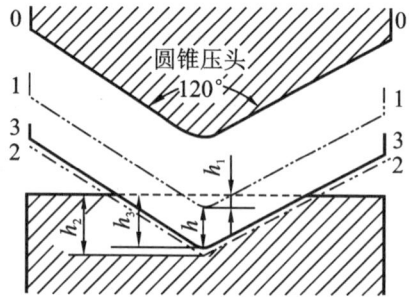

图 1-3　洛氏硬度测定原理示意图

2. 洛氏硬度测定方法

以 HRC 硬度测定为例(见图 1-3),它采用顶角为 120°金刚石圆锥压头,总试验力为 1 500 N。测试时先加初试验力 100 N,压头从起始位置 0—0 移动到 1—1 位置,压入试件深度为 h_1;后加总试验力 1 500 N(实为主试验力 1 400 N 加上初试验力 100 N),压头位置为 2—2,压入深度为 h_2;停留数秒后,将主试验力 1 400 N 卸除,保留初试验力 100 N,由于被测试件弹性变形恢复,压头略微升高,位置为 3—3,实际压入试件深度为 h_3,因此在主试验力作用下,压头压入试件的深度 $h=h_3-h_1$。为了便于从硬度计表盘上直接读出硬度值,一是规定表盘上每一小格相当于 0.002 mm 的压深,二是用公式"硬度值$=100-\dfrac{h}{0.002}$"计算硬度值,这样得到的硬度值符合人们的认知习惯,即材料越硬,硬度值(HRC)越高。

1.2　常用金属材料简介

1.2.1　金属材料的分类

金属材料分为黑色金属和有色金属两类。铁及铁合金称为黑色金属,即钢铁材料。黑色金属之外的所有金属及其合金称为有色金属(如铝及铝合金、铜及铜合金等)。

本节主要介绍工业生产中应用范围最广、用量最大的钢铁材料。

钢铁材料是以铁和碳为基本组元的合金,通常称为铁碳合金。铁是铁碳合金的基本成分,碳是影响铁碳合金性能的主要成分。一般碳含量(本书中元素含量均指质量分数)为 0.021 8%~2.11% 的铁碳合金称为钢,碳含量大于 2.11% 的铁碳合金称为铸铁。

1. 钢

钢的分类方法较多,根据其化学成分的不同分为非合金钢、低合金钢和合金钢三大类。非合金钢、低合金钢和合金钢中的合金元素含量应符合表 1-1。

表 1-1　非合金钢、低合金钢和合金钢合金元素规定含量界限值

合金元素	合金元素规定含量界限值(质量分数)/%		
	非合金钢	低合金钢	合金钢
Al	<0.10	—	≥0.10
B	<0.000 5	—	≥0.000 5
Bi	<0.10	—	≥0.10
Cr	<0.30	0.30~0.50(不包括 0.50)	≥0.50
Co	<0.10	—	≥0.10
Cu	<0.10	0.10~0.50(不包括 0.50)	≥0.50
Mn	<1.00	1.00~1.40(不包括 1.40)	≥1.40
Mo	<0.05	0.05~0.10(不包括 0.10)	≥0.10
Ni	<0.30	0.30~0.50(不包括 0.50)	≥0.50
Nb	<0.02	0.02~0.06(不包括 0.06)	≥0.06
Pb	<0.40	—	≥0.40
Se	<0.10	—	≥0.10
Si	<0.50	0.50~0.90(不包括 0.90)	≥0.90
Te	<0.10	—	≥0.10
Ti	<0.05	0.05~0.13(不包括 0.13)	≥0.13
W	<0.10	—	≥0.10
V	<0.04	0.04~0.12(不包括 0.12)	≥0.12
Zr	<0.05	0.05~0.12(不包括 0.12)	≥0.12
La 系(每一种元素)	<0.02	0.02~0.05(不包括 0.05)	≥0.05
其他规定元素(S、P、C、N 除外)	<0.05	—	≥0.05

注:①因考虑海关关税而区分非合金钢、低合金钢和合金钢时,除非合同或订单中另有协议,表中 Bi、Pb、Se、Te 及 La 系和其他规定元素(S、P、C 和 N 除外)的规定界限值可不予考虑。

②La 系元素含量也可作为混合稀土含量总量。

③表中"—"表示不规定,不作为划分依据。

1)非合金钢

非合金钢以铁为主要元素,碳含量一般在 2.0% 以下,包括碳素钢、电工纯铁及其他专用铁碳合金。其中碳素钢又包括低碳钢(碳含量小于 0.25%)、中碳钢(碳含量为 0.25%~0.6%)、高碳钢(碳含量大于 0.6%,常用碳含量为 0.6%~1.2%)。

非合金钢按主要质量等级可分为普通质量非合金钢、优质非合金钢、特殊质量非合金钢。

普通质量非合金钢是指生产过程中不规定需要特别控制质量要求的钢,如 GB/T 700 中的 Q195、Q235A。

优质非合金钢是指在生产过程中需要特别控制质量(例如控制晶粒度,降低硫、磷含量,改善表面质量或增加工艺控制等),以达到比普通质量非合金钢特殊的质量要求(如良好的抗脆断性能、良好的冷成型性等)的非合金钢,但这种钢的生产控制和质量要求不如特殊质量非合金钢严格(如不控制淬透性)。GB/T 5213 中的 DC 01,GB/T 2518、GB/T 2520 中所有牌号的碳素钢均属于优质非合金钢。

特殊质量非合金钢是指在生产过程中需要特别严格控制质量和性能的非合金钢,如 GB/T 699 中的 65Mn、70Mn、70、75、80、85 钢。

2)低合金钢

低合金钢按主要质量等级可分为普通质量低合金钢、优质低合金钢、特殊质量低合金钢。

普通质量低合金钢是指不规定生产过程中需要特别控制质量、供作一般用途的低合金钢,如 GB/T 1591 中的 Q295A、Q345A。

优质低合金钢是指在生产过程中需要特别控制质量(例如控制晶粒度,降低硫、磷含量,改善表面质量,增加工艺控制等),以达到比普通质量低合金钢特殊的质量要求(如良好的抗脆断性能、良好的冷成型性等)的低合金钢,但这种钢的生产控制和质量要求不如特殊质量低合金钢严格。如 GB/T 1591 中的 Q295B、Q345B 即为优质低合金钢。

特殊质量低合金钢是指在生产过程中需要特别严格控制质量和性能(特别是严格控制硫、磷等杂质含量和纯洁度)的低合金钢,如 GB/T 1591 中的 Q390E、Q345E、Q420、Q460。

3)合金钢

合金钢按主要质量等级可分为优质低合金钢、特殊质量低合金钢。

优质合金钢是指在生产过程中需要特别控制质量和性能(如韧性、晶粒度和成型性)的合金钢,但其生产控制和质量要求不如特殊质量合金钢严格,如 GB/T 20065 中的合金钢,GB/T 1301 中的合金钢都属于优质合金钢。

特殊质量合金钢要求严格控制化学成分,并要求有特定的制造及工艺条件,以保证改善综合性能,并将性能严格控制在极限范围内。GB/T 1299 中所有牌号的钢均属于特殊质量合金钢。

2. 铸铁

铸铁所含的硅、锰、硫、磷等杂质较钢多,抗拉强度和韧度不如钢高,塑性不如钢好,但容易铸造,减振性好,易切削加工,且价格便宜,所以铸铁在工业中仍然得到了广泛的应用。

根据铸铁中碳存在形式的不同,铸铁可分成以下四种。

(1)白口铸铁　在该类铸铁中碳以化合状态(Fe_3C)存在,断口呈银白色,故称之为白口铸铁。其性能硬而脆,很难切削加工,很少用来铸造机件。

(2)灰口铸铁　在该类铸铁中碳主要以片状石墨形式存在,断口呈灰色,故称之为灰口铸铁。这种铸铁的硬度和强度较低,但抗振性能好,易切削,它是铸造中用得最多的铸铁。牌号由"HT"("灰铁"两字的汉语拼音首字母)和一组数字组成,如 HT200,其中数字 200 表示抗拉强度不小于 200 MPa。灰口铸铁多用于铸造受力要求一般的零件,如床身、机座等。

(3)可锻铸铁　在该类铸铁中碳以团絮状石墨形式存在。这种铸铁有较高的强度和良好的塑性,但实际上并不能锻造,用于铸造要求强度较高的铸件。牌号如 KTH350-10。

(4)球墨铸铁　在该类铸铁中碳以球状石墨形式存在。这种铸铁的强度较高、塑性较好且韧度较高,用于制造受力复杂、载荷大的机件,如曲轴、连杆等。牌号由"QT"("球铁"两字的汉语拼音首字母)和两组数字组成,如 QT600-02,其中数字 600 表示抗拉强度不小于 600 MPa,后一组数字 02 表示断后伸长率为 2%。

1.2.2 钢铁材料的显微组织观察

1. 铁碳合金基本组织

这里主要介绍铁碳合金的平衡组织。平衡组织是指铁碳合金在极为缓慢的冷却速度下冷却时所得到的组织。由于铁碳合金的碳含量不同,其平衡组织的结构和特点也不同,因此铁碳合金也可分为工业纯铁、钢和铸铁三大类。其中钢又可分为亚共析钢(碳含量小于0.77%)、共析钢(碳含量为0.77%)和过共析钢(碳含量大于0.77%)三种;铸铁又可分为亚共晶白口铁(碳含量为2.06%～4.3%)、共晶白口铁(碳含量为4.3%)和过共晶白口铁(碳含量为4.3%～6.67%)三种。

在金相显微镜下观察可发现铁碳合金的平衡组织具有以下四种基本形态。

(1)铁素体 铁素体用代号"F"表示。其强度、硬度低,塑性很强且韧度很高,所以具有铁素体组织多的低碳钢能够冷变形加工、锻造和焊接。图1-4所示为亚共析钢的显微组织,其中呈块状分布的白亮部分即为铁素体。

(2)渗碳体 渗碳体是铁与碳形成的稳定化合物Fe_3C,其碳含量为6.69%,质硬而脆,耐蚀性强,经4%硝酸酒精浸蚀后,渗碳体仍呈亮白色,而铁素体浸蚀后呈灰白色,由此可区别铁素体和渗碳体。

(3)珠光体 珠光体是铁素体和渗碳体呈层片状交替排列的机械混合物,用代号"P"表示。在不同放大倍数的显微镜下,可以看到具有不同特征的珠光体组织。当放大倍数较低时,珠光体片层因不能分辨而呈黑色,如图1-4所示的黑色部分为珠光体组织。

图1-5所示为共析钢的显微组织,其组织全部为珠光体。图1-6所示为过共析钢的显微组织,其组织由珠光体晶粒及其周边的网状渗碳体组成。

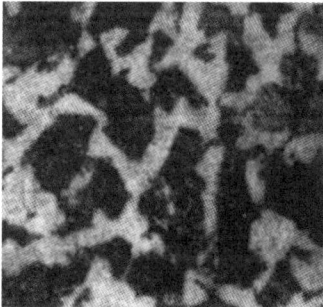

图1-4 亚共析钢的显微组织(400倍)

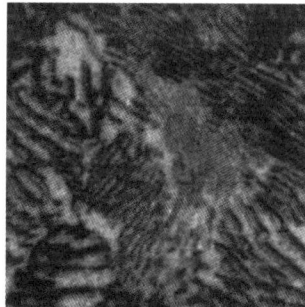

图1-5 共析钢的显微组织(400倍)

(4)莱氏体 莱氏体在室温时是由珠光体和渗碳体所组成的机械混合物,用代号"L′d"表示。其组织特征是在亮白色渗碳体基底上相间地分布着暗黑色斑点及细条状珠光体,如图1-7所示。

图1-6 过共析钢的显微组织(400倍)

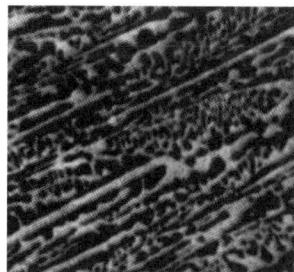

图1-7 莱氏体的显微组织(400倍)

2. 铁碳合金显微组织观察

用金相显微镜将专门制备的金相试样放大50～1 500倍,可观察和分析铁碳合金的显微组织形态,研究其成分、热处理工艺与显微组织之间的关系。这种金相分析是研究金属材料内部组织和缺陷的主要方法之一。

1.3　常用热处理方法及设备

1.3.1　钢的热处理工艺及其基本操作

钢的热处理是指将钢在固态下加热、保温、冷却,以改变钢的内部组织结构,从而获得所需性能的一种工艺。在机械制造中,热处理工艺具有很重要的地位。这是因为,为了使钢、铁及某些合金具备良好的力学性能,除了冶炼时需要保证化学成分以外,还需要对其进行热处理。中碳钢零件通过热处理,其强度和硬度可提高2～3倍。机械制造中大多数零件都要进行热处理,各种工具、刀具、量具和轴承等全部需要进行热处理。

热处理过程包括加热、保温和冷却三个阶段。在进行热处理时,要根据工件的形状、大小、材料及其成分和性能要求,采用不同的热处理方法,如退火、正火、淬火、回火及表面热处理等。

1. 退火

将金属或合金工件加热到某个温度(对于碳素钢,为740～880 ℃),保温一定时间,随后缓慢冷却(一般随炉冷却,冷却速度约为100 ℃/h)的处理工艺称为退火。

退火的主要目的是降低金属材料的硬度,消除内应力,改善金属材料的组织和性能,为后续的机械加工和热处理做好准备。

2. 正火

将钢件加热到某个温度(对于碳素钢,为760～920 ℃),保温一定时间,随后从炉中取出,在静止空气中冷却的处理工艺称为正火。

正火的目的与退火基本相似,但正火的冷却速度比退火稍快,故钢件得到较细密的组织,力学性能较退火好。正火后的钢硬度比退火高,使低碳钢工件具有良好的切削加工性能(实践表明,硬度在170～230 HBW范围内的钢,其切削加工性能较好,硬度过高或过低,切削加工性能均会下降)。而中碳合金钢和高碳钢工件则因正火后硬度偏高,切削加工性能较差,以采用退火处理为宜。正火难以消除内应力,为防止工件的裂纹和变形,对大件和形状复杂件多采用退火处理。

从经济方面考虑,正火比退火的生产周期短,设备利用率高,能源消耗量小,成本低,操作简便,所以在可能条件下,应尽量以正火代替退火。

3. 淬火

将钢工件加热到某个温度(对于碳素钢为770～870 ℃),保温一定时间,随后快速冷却的热处理工艺称为淬火。

在淬火处理过程中,工件冷却速度过慢,将达不到所要求的性能;若冷却速度太快,则由于工件内外冷却速度差异很大,引起体积变化的差异也很大,工件容易变形及产生裂纹。因此,应根据工件的材料、形状和大小等,严格规定淬火的冷却速度。

淬火的主要目的是提高工件的强度和硬度,增强耐磨性。淬火是强化钢工件最经济、最有效的热处理工艺,几乎所有的工具、模具和重要零件都需要进行淬火处理。淬火后必须回火,这样才能获得具备优良综合力学性能的工件。

在淬火时,除注意加热速度与加热时间外,还要注意合理选择淬火介质和工件浸入的方式。

(1)淬火介质 淬火介质也称淬火剂。常用淬火介质有水和油两种。形状简单、截面较大的碳素钢工件一般用水或盐水作为淬火介质。油的冷却能力较水低,工件产生裂纹的倾向较小,但油易燃,使用温度不能太高。油常用于合金钢工件和复杂形状的碳素钢工件的淬火。

(2)淬火工件浸入淬火介质的方式 淬火时,由于冷却速度很快(可高达1 200℃/s),为避免工件变形和开裂,对淬火工件浸入淬火介质的方式有一定要求,其根本的要求是保证工件得到均匀的冷却。具体的操作方法如图1-8所示。

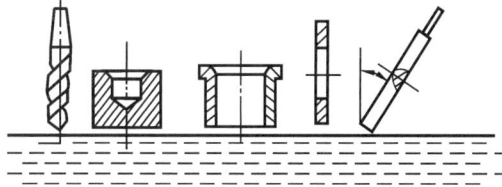

图1-8 工件正确浸入淬火介质的操作方法

细长工件如钻头、丝锥、锉刀等要竖直浸入;厚薄不匀的工件,厚的部分应先浸入;薄壁环形零件应使其轴线垂直于液面浸入;薄而平的工件应竖直快速浸入;截面不均匀的工件应斜着浸入,以使工件各部分的冷却速度接近。

4. 回火

为了减小淬火钢工件的脆性,消除或部分消除淬火时钢工件存在的内应力,得到所需的性能,钢工件淬火后必须回火。

将淬火后的工件重新加热到适当的温度,保温一段时间再冷却到室温的热处理工艺称为回火。

回火决定了淬火钢工件在使用状态下的组织和性能。根据加热温度不同,回火可以分为以下三种。

(1)低温回火 回火温度为150～250℃,其目的是在基本保持淬火高硬度的前提下,适当地提高淬火钢的韧度,消除或降低钢工件的内应力。低温回火工艺适用于刀具、量具、冷冲模具和滚动轴承等。

(2)中温回火 回火温度为350～450℃,用于需要足够硬度、高弹性并保持一定韧度的零件,如弹簧、锻模等。

(3)高温回火 回火温度为500～650℃。高温回火后,钢工件硬度大幅度降低,内应力大部分消除,可获得较高强度和韧度。淬火后随即进行高温回火这一联合热处理操作,在生产中称为调质处理。受力复杂、要求具有较高综合力学性能的零件,如齿轮、机床主轴、传动轴、曲轴、连杆等,均需进行调质处理。

5. 表面热处理

传动齿轮、凸轮轴、主轴等要在动载荷及强烈摩擦条件下工作,为了保证这种零件表面具有优良的耐磨性,应使其表面具有高硬度;为了保证这种零件能承受较大冲击载荷,又应使它具有较好的塑性和较高的韧度。在这种情况下,最好的办法是使该零件的表层和内部具有不同的组织,从而保证不同的力学性能。钢工件的表面热处理就是专门对表层进行热处理的工艺过程。钢的表面热处理主要有表面淬火与化学热处理两大类。

(1)表面淬火 最常用的表面淬火方法是感应加热表面淬火。它是利用工件在交变磁场中产生感应电流,将工件表面加热到所需的淬火温度,然后快速冷却的方法,如图1-9所示。

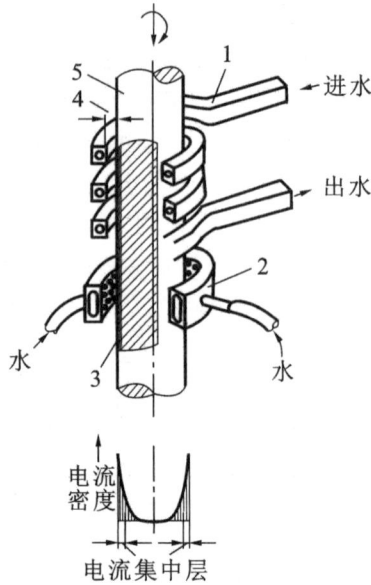

图 1-9　感应加热表面淬火示意图

1—加热感应圈;2—淬火喷水套;3—加热淬火层;4—间隙;5—工件

(2) 化学热处理　化学热处理是指将工件置于一定温度的活性介质中保温,使一种或几种化学元素渗入它的表层,以改变其表面的化学成分、组织和性能的热处理工艺。化学热处理后再进行适当的热处理,使工件达到预期的要求。

根据渗入元素的不同,化学热处理有渗碳、渗氮、碳氮共渗、渗硼和渗金属等。

1.3.2　热处理常用设备及使用

热处理的专用设备为热处理炉,根据热处理方法不同,所用的加热炉也不同。常用的有箱式电阻炉等。

1. 箱式电阻炉结构及使用

箱式电阻炉按工作温度可分为高温炉、中温炉及低温炉三种。其中中温箱式电阻炉(见图1-10)应用最广,其最高工作温度为 950 ℃,可用于碳素钢、合金钢的退火、正火、淬火。

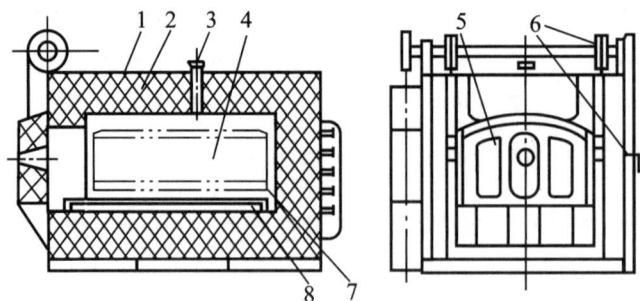

图 1-10　中温箱式电阻炉

1—炉壳;2—炉衬;3—热电偶孔;4—炉膛;5—炉门;6—炉门升降机;7—电热元件;8—炉底板

使用电阻炉时应注意:炉衬严禁撞击;进料时不得随意乱抛;不要触碰电阻丝,以免引起短路;电阻炉本体及温度控制系统应经常保持清洁,勤检查,防止烧毁电热元件;炉内的氧化铁屑必须经常清除干净,以防其黏在电热元件上导致短路。

2.测温仪表及使用

在进行热处理时,为了准确测量和控制零件的加热温度,常用热电偶高温计进行测温。热电偶高温计是由热电偶和调节式毫伏计组成的。

(1)热电偶 热电偶由两根化学成分不同的金属丝或合金丝组成,如图1-11所示。A端焊接起来插入炉中,称为工作端(热端);另一端(C_1、C_2)分开,称为自由端(冷端),用导线与温度指示仪表连在一起。当工作端在加热炉中被加热时,工作端与自由端存在温度差,冷端便产生电位差,使带有温度刻度的毫伏计的指针发生偏转。温度越高,电位差就越大,指示温度值也相应增大。

热电偶两根导线应彼此绝缘,以防短路。为避免热电偶的损坏,要将两根金属丝用瓷管隔开并装在保护管中。

(2)调节式毫伏计 调节式毫伏计外形如图1-12所示。在调节式毫伏计的刻度盘上,一般都已把电位差换算成温度值。一种规格的调节式毫伏计只能与相应分度号的热电偶配合使用。在其刻度盘的左上角均已注明配用的热电偶分度号,使用时要加以注意。调节式毫伏计上连接热电偶正负极的接线柱有"+""-"之分,接线时应注意极性不可接反。

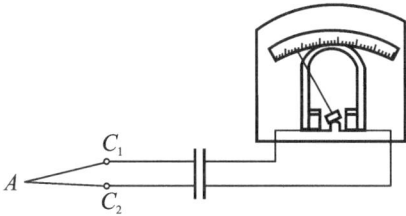

图1-11 热电偶高温计示意图

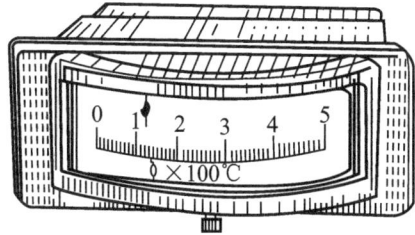

图1-12 调节式毫伏计外形图

调节式毫伏计既能用于测量温度,又能用于控制温度。使用时,旋动调节旋钮就可以把给定针调节在所需要的加热温度(一般叫给定温度)的刻度线上。当反映实际加热温度的指针移动到给定温度对应的刻度线上时,调节式毫伏计的控制装置能够切断加热炉的热源,使温度下降。当指针所指示的温度低于给定温度时,它的控制装置又能够重新接通加热炉的热源,使温度上升。如此反复动作,炉温就能维持在给定温度附近。

热处理实习安全操作规程

(1)实习时要听从指导老师的安排和指导。

(2)按照热处理设备的使用说明书,正确使用设备,规范操作。

(3)从热处理设备中取出加热后的高温零件时,要用钳子夹牢、放稳,防止烫伤。

(4)在测量硬度时,要按照硬度计的使用说明书规定的步骤进行操作。

(5)在加热金属材料进行热处理(如退火、正火、淬火和回火等)时,应注意按照工艺规范和操作规程进行操作,防止金属过烧。

第2章 铸 造

2.1 概 述

铸造是指将熔融金属浇注入先期制造的铸型内,待金属液冷却凝固后获得所需形状和性能的毛坯或零件的成型方法。铸造是机械制造中生产机器零件和毛坯的主要方法之一,通常用来制造形状复杂或大型的工件和承受静载荷及压应力的机械零件,如床身、机座、支架、箱体等。铸造的实质是利用熔融金属的流动性能实现成型。与其他金属加工方法相比,铸造具有如下优点。

(1)原材料来源广。铸造所用金属材料大部分可以就地取材,而且还可以利用金属废料和废机件。钢铁、铜合金、铝合金、镁合金、锌合金等均可用于铸造。

(2)生产成本低。铸造不需要大型、精密的设备,并可由熔融金属直接获得形状和尺寸与零件接近的毛坯或直接获得零件(精密铸造),可节省大量金属材料和加工工时,以及生产组织、半成品运输等费用,降低生产成本。

(3)铸件形状与零件接近,尺寸基本上不受限制。铸件的轮廓尺寸可为几毫米到数十米,壁厚可为 0.5 mm~1 m,质量可为几克到数千千克。利用铸造可以生产形状简单的零件,也可以生产形状十分复杂的零件。机器中形状复杂的箱体、缸体、床身、机架等往往都是铸件。

因此,铸造在机械制造业中应用极其广泛。

但是,铸造生产目前还存在着若干问题,如铸件内部组织粗大,常有缩松、气孔等铸造缺陷,导致铸件力学性能不如锻件高。铸造的工序较多,而且一些工艺过程还难以实现精确控制,使得铸件质量不够稳定,废品率较高。铸造生产劳动强度大,生产条件差,铸造生产过程中产生的粉尘、有害气体和噪声会对环境造成污染。

铸造成型的方法很多,主要分为砂型铸造和特种铸造两大类。砂型铸造是指将熔融金属注入砂型,凝固后获得铸件的方法。与砂型铸造不同的其他铸造方法都称为特种铸造。目前砂型铸造应用最为广泛,采用此方法铸造的铸件占铸件总量的 90% 以上。砂型铸造的工艺过程如图 2-1 所示,其中造型与造芯两道工序对铸件的质量和铸造的生产率影响最大。

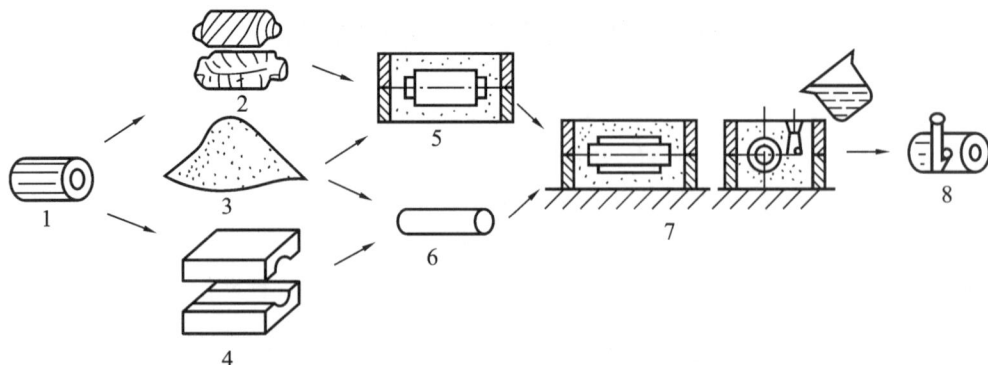

图 2-1 砂型铸造工艺过程示意图

1—零件;2—模样;3—型(芯)砂;4—芯盒;5—铸型;6—型芯;7—合型浇注;8—落砂后铸件

铸型是用型砂、金属材料或其他耐火材料制成的,其结构如图 2-2 所示。它包括形成铸件形状的型腔、型芯、浇注系统等。制造铸型用的材料统称为造型材料。砂型铸造所用的造型材料主要有型砂和芯砂两类。铸件的沙眼、夹砂、气孔及裂纹等缺陷均与型砂和芯砂的质量有关系。

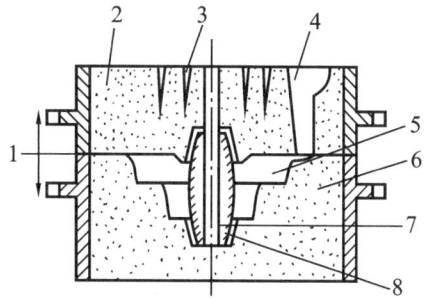

图 2-2　铸型的结构
1—分型面;2—上型;3—出气孔;4—浇注系统;
5—型腔;6—下型;7—型芯;8—芯头

铸型各组成部分的名称及说明如下。

(1)分型面:上、下砂型之间的接合面。

(2)浇注系统:为了将金属液填充入型腔而开设于铸型中的一系列通道。有的浇注系统带有冒口,冒口应设置在最后需补缩部位的上方或热节附近,以便利用金属液的重力进行补缩。冒口还具有排气和集渣的作用。

(3)型腔:铸型中造型材料所包围的与铸件形状相适应的空腔。

(4)排气道:在铸型或型芯中,为排除浇注时形成的气体而设置的沟槽或孔道。

(5)型芯:为获得铸件的内孔或局部外形,用芯砂或其他材料制成,安装在型腔内部的铸型组元。

(6)出气孔:在型砂或型芯上用通气针扎出的通气孔,该孔的底部与模样有一定距离。

(7)冷铁:为增加铸件局部的冷却速度,在型砂、型芯表面或型腔中安放的金属物。

2.2　型砂与芯砂

2.2.1　型(芯)砂应具备的主要性能

(1) 可塑性　可塑性是指型(芯)砂在外力作用下变形,当外力消除后仍能保持外力作用时形状的能力。型(芯)砂可塑性好,造型方便,易于成型,就能获得型腔清晰的铸型,从而保证铸件具有精确的轮廓尺寸。可塑性与型(芯)砂含水量、黏结剂的材质及数量有关。

(2) 强度　强度是指型(芯)砂抵抗外力破坏的能力。强度过低,易造成塌箱、冲砂、砂眼等缺陷,并易使型砂、芯砂透气性和退让性变差。黏土砂中黏土含量越高,砂型紧实度越高,砂子的颗粒越细,强度越高。

(3) 透气性　透气性是指型(芯)砂透过气体的能力,它是由紧实后砂型(芯)的孔隙度决定的。如果透气性差,铸件内部易形成气孔等缺陷。型(芯)砂的颗粒粗大、均匀且为圆形,黏土含量少均可使透气性提高;含水量过多过少均可使透气性降低。

(4) 耐火性　耐火性是指型(芯)砂在高温熔融金属作用下不软化、不烧结或熔化的性能。耐火性差会造成铸件表面黏砂,增加清理和切削加工的困难,严重时还会使铸件报废。型(芯)砂中 SiO_2 含量越多,型(芯)砂颗粒越大,耐火性越好。

(5) 退让性　退让性是指铸件在冷凝时,型(芯)砂可以被压缩的性能。型(芯)砂退让性差,则铸件收缩困难,会产生较大的内应力,甚至会发生变形和开裂。

此外,型(芯)砂还应具有较好的流动性、溃散性、不黏模性、耐用性、保存性、抗吸湿性和再利用性等。

2.2.2　常用型(芯)砂的种类及应用

型(芯)砂是由原砂、黏结剂和其他附加物按一定比例配合而制成的符合造型、制芯要求的混合料。按黏结剂的种类可分为如下几类。

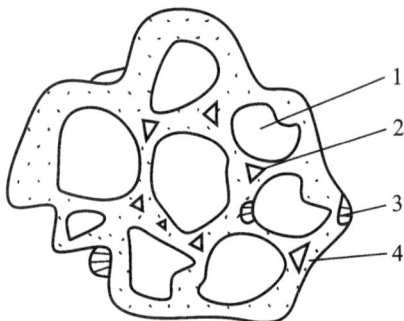

图 2-3　黏土砂构成示意图
1—砂粒；2—空隙；3—附加物；4—黏结剂

（1）黏土砂　黏土砂是由原砂、黏土、水和附加物(如煤粉、木屑等)按比例混合制成的。黏土砂是迄今为止在铸造生产中应用最广泛的型砂，可用于制造铸铁件、铸钢件及非铁合金铸件的铸型和不重要的型芯。黏土砂按浇注时的烘干程度分为湿型砂和干型砂两大类。根据其功能及使用方式的不同，黏土砂可分为面砂、背砂等。图 2-3 为黏土砂构成示意图。

（2）水玻璃砂　水玻璃砂是以水玻璃为黏结剂配制而成的型砂。它是除了黏土砂之外应用最广泛的一种型砂。用水玻璃砂制成的铸型、型芯具有无须烘干，硬化快，强度高，尺寸精确，便于组织流水生产等优点。但它的溃散性差，会导致铸件清理困难，旧砂难以再利用。

一般可以通过减少水玻璃加入量、应用非钠水玻璃、加入溃散剂等措施来改善水玻璃砂的溃散性。

（3）油砂　油砂的黏结剂是植物油，包括桐油、亚麻子油等。由于油料是重要的工业原料，来源有限，为节约起见，现在越来越多地用合脂砂代替它。

（4）合脂砂　合脂砂的黏结剂是合脂。合脂是制皂工业的副产品，来源广、价格低。合脂砂具有烘干后强度高、不吸潮，退让性和溃散性好，铸件不黏砂，内腔光洁等优点。

（5）树脂砂　树脂砂的黏结剂是树脂。它的优点是不需烘干，强度高，表面光洁，尺寸精确，退让性和溃散性好，易于实现机械化和自动化。但是它在生产中会产生甲醛、苯酚、氨等刺激性气体，污染环境。

2.2.3　型(芯)砂的制备及质量控制

型(芯)砂质量的好坏，取决于原材料的性质及其配比和配制方法。目前，工厂一般采用碾轮式混砂机混砂。根据铸件大小、合金种类不同，型砂和芯砂采用不同的原材料，按不同的比例配制而成。配制型砂时，将新砂(2%～20%)、旧砂(80%～98%)、黏土(8%～10%)、煤粉(2%～5%)等按比例加入混砂机，干混 2～3 min，然后加水湿混 5～12 min，性能符合要求后出砂。使用前要过筛并使砂松散。型(芯)砂的性能可用型砂性能试验仪检测，也可用手捏法检验。在单件小批量生产的铸造车间里，常用手捏法来粗略判断型砂的某些性能，如用手抓起一把型砂，捏紧时感到砂团柔软容易变形，放开后砂团不松散、不黏手，并且手印清晰，把砂团折断时断面平整均匀，没有碎裂现象，同时感到砂团具有一定强度，就认为型砂具有合适的性能。

2.2.4 模样与芯盒

模样和芯盒是铸造生产中必要的工艺装备。模样用来形成铸件外部形状,芯盒用来制造型芯,用以形成铸件内腔形状。制造模样和芯盒常用的材料有木材、金属和塑料。在单件小批量生产时广泛采用木质模样、芯盒,在大批量生产时多采用金属或塑料模样、芯盒。金属模样与芯盒的使用寿命长达 10 万～30 万次,塑料的使用寿命最多几万次,而木质的使用寿命仅 1 000次左右。

为了保证铸件质量,必须先设计铸造工艺图,然后根据工艺图的要求,制造模样和芯盒。在设计工艺图时,要考虑下列诸因素。

(1)分型面的选择 分型面是上、下砂型的分界面。选择分型面时必须使模样能从砂型中取出,并便于造型和有利于保证铸件质量。

(2)起模斜度 为了易于从砂型中取出模样,凡垂直于分型面的表面,都要做出 0.5°～4°的起模斜度。

(3)加工余量 铸件需要加工的表面,均需留出适当的加工余量。

(4)收缩量 铸件冷却时要收缩,模样的尺寸应考虑铸件收缩的影响。通常用于铸铁件的模样要加大 1%,用于铸钢件的要加大 1.5%～2%,用于铝合金件的要加大 1%～1.5%。

(5)铸造圆角 铸件上各表面的转折处都要做出过渡性圆角,以利于造型及保证铸件质量。

(6)芯头 有砂芯的砂型,必须在模样上做出相应的芯头。

图 2-4 是压盖零件的铸造工艺图及相应的模样图,从图中可见模样的形状和零件图往往是不完全相同的。

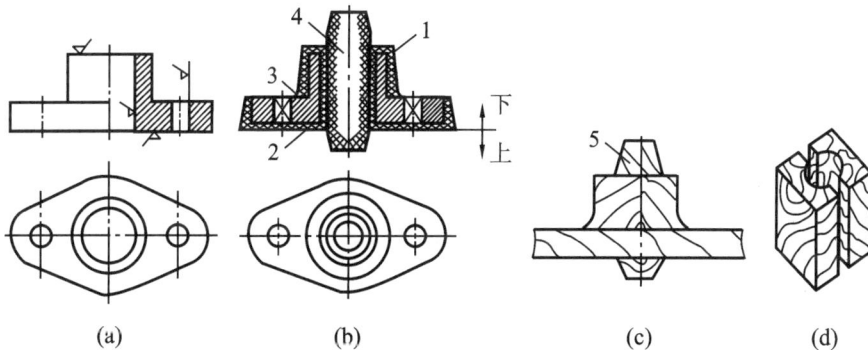

图 2-4 压盖零件的铸造工艺图及相应的模样图
(a)零件图;(b)铸造工艺图;(c)模样图;(d)芯盒
1—起模斜度;2—加工余量;3—铸造圆角;4—砂芯;5—芯头

2.3 造型、造芯与合型

2.3.1 造型

造型是砂型铸造最基本的工序,造型方法选择是否合理,对铸件质量和成本有着重要影响。根据完成造型工序方法的不同,造型方法通常分为手工造型和机器造型两种。

1. 手工造型

手工造型操作灵活,使用图 2-5 所示的造型工具可进行整模造型、分模造型、活块造型、挖砂造型、三箱造型、刮板造型、假箱造型等。可根据铸件的形状、大小和生产批量选择合适的造型方法。

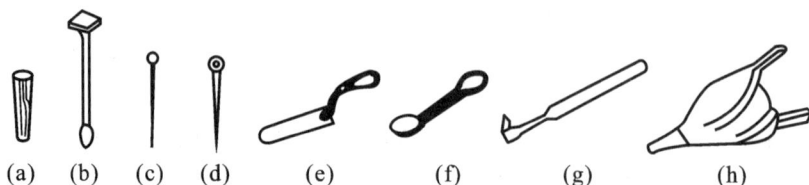

图 2-5　常用手工造型工具

(a)浇口棒;(b)砂冲子;(c)通气针;(d)起模针;(e)墁刀;(f)秋叶;(g)砂钩;(h)皮老虎

(1)整模造型　整模造型过程如图 2-6 所示。整模造型的特点是:模样是整体结构,最大截面在模样一端为平面;分型面多为平面;操作简单。整模造型适用于形状简单的铸件,如盘、盖类零件。

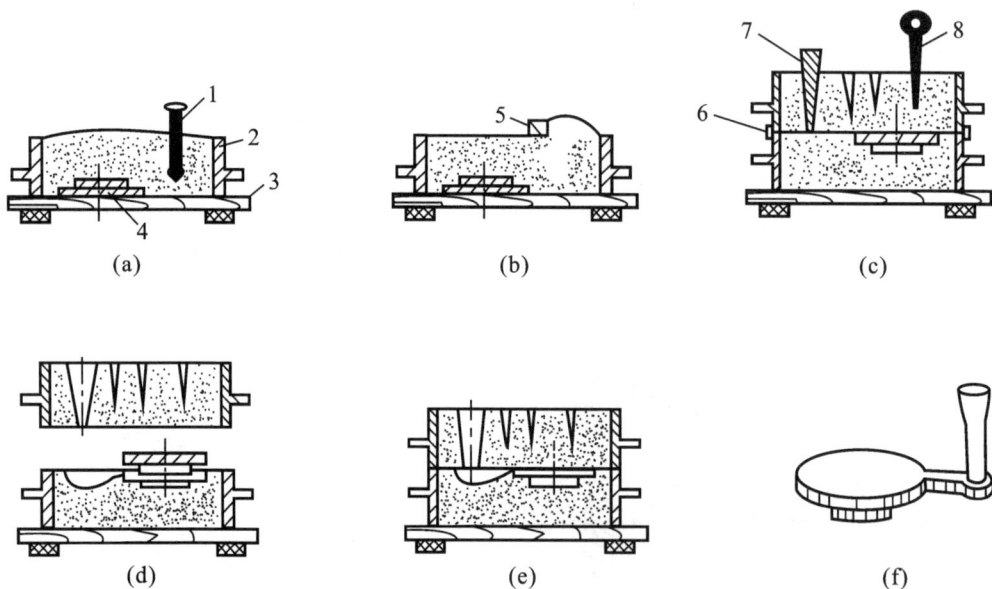

图 2-6　齿轮整模造型过程

(a)造下砂型、添砂、舂砂;(b)刮平、翻箱;(c)造上砂型、扎气孔、做泥号;

(d)起箱、起模、开浇口;(e)合型;(f)落砂后带浇口棒的铸件

1—砂冲子;2—砂箱;3—底板;4—模样;5—刮板;6—泥号;7—浇口棒;8—通气针

(2)分模造型　分模造型的特点是:模样是分开的,模样的分开面(即分型面)必须是模样的最大截面,以利于起模。分模造型过程与整模造型基本相似,不同的是在造上型时增加放上半模样和取上半模样两个操作。套筒的分模造型过程如图 2-7 所示。分模造型适用于形状复杂的铸件,如套筒、管子和阀体等。

(3)活块造型　模样上可拆卸或能活动的部分称为活块。当模样上有妨碍起模的侧面伸出部分(如小凸台)时,常将该部分做成活块。起模时,先将模样主体取出,再将留在铸型内的

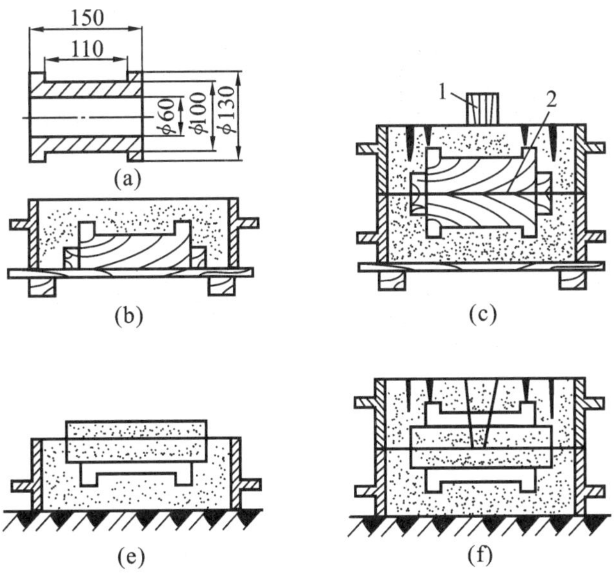

图 2-7 套筒的分模造型过程

(a)零件图;(b)造下型;(c)造上型;(d)开箱、起模;(e)开浇口、下芯;(f)合型;(g)带浇口棒的铸件

1—浇口棒;2—分模面(分型面)

活块单独取出,这种方法称为活块造型。用钉子连接活块进行造型时(见图 2-8),应注意先将活块四周的型砂塞紧,然后拔出钉子。

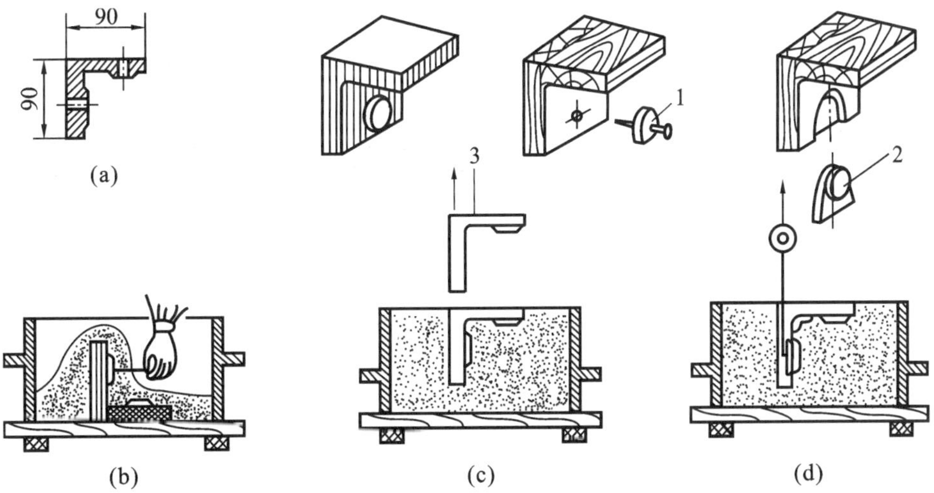

图 2-8 活块造型

(a)零件图;(b)造下型、拔出钉子;(c)取出模样主体;(d)取出活块

1—用钉子连接活块;2—用燕尾连接活块;3—铸件

(4)挖砂造型 当铸件按结构特点需要采用分模造型,但由于条件限制(如模样太薄,制模困难)仍做成整模时,为便于起模,下型分型面需挖成曲面或有高低变化的阶梯形状(称为不平分型面),这种方法称为挖砂造型。手轮的挖砂造型过程如图 2-9 所示。

(5)三箱造型 用三个砂箱制造铸型的方法称为三箱造型。前述各种造型方法都是使用两个砂箱,操作简便、应用广泛。但有些铸件(如两端截面尺寸大于中间截面的铸件)需要采用三个砂箱,从两个方向分别起模。图 2-10 所示为带轮的三箱造型过程。

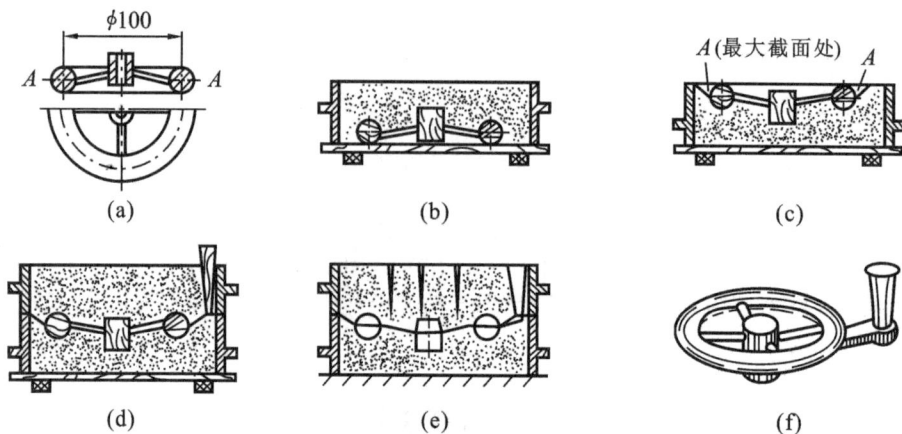

图 2-9　手轮的挖砂造型过程

(a)零件图;(b)造下型;(c)翻下型、挖修分型面;(d)造上型、敞箱、起模;

(e)合箱;(f)带浇口棒的铸件

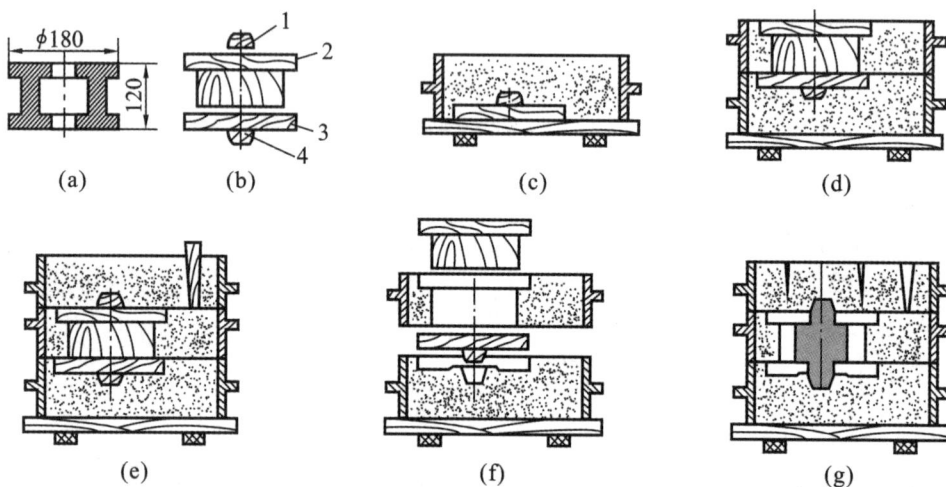

图 2-10　带轮的三箱造型过程

(a)零件图;(b)模样;(c)造下型;(d)翻箱、造中型;(e)造上型;(f)依次取箱;(g)下芯合型

1—上芯头;2—中箱模样;3—下箱模样;4—下芯头

(6)刮板造型　尺寸大于 500 mm 的旋转体铸件,如带轮、飞轮、大齿轮等进行单件生产时,为节省木材、模样加工时间及费用,可以采用刮板造型。刮板是一块和铸件截面形状相适应的木板。造型时将刮板绕着固定的中心轴旋转,在砂型中刮制出所需的型腔,如图 2-11 所示。

(7)假箱造型　假箱造型是利用预制的成型底板或假箱来代替挖砂造型中所挖去的型砂而进行造型的方法,如图 2-12 所示。

2. 机器造型

用机器完成全部操作或至少完成紧砂操作的造型方法称为机器造型。与手工造型相比,机器造型可大大提高劳动生产率(如普通振压式造型机的生产率为 30~50 箱/h,高效率造型机的生产率可达每小时数百箱),改善劳动条件,减轻对环境的污染。通过机器造型铸造出的铸件尺寸精度和表面质量高,加工余量小,生产批量大时铸件成本较低。但是,采用机器造型对厂房结构要求高,机器设备、模具、砂箱的投资费用高,生产准备时间长。因此,机器造型只适用于中、小型铸件成批或大量生产。

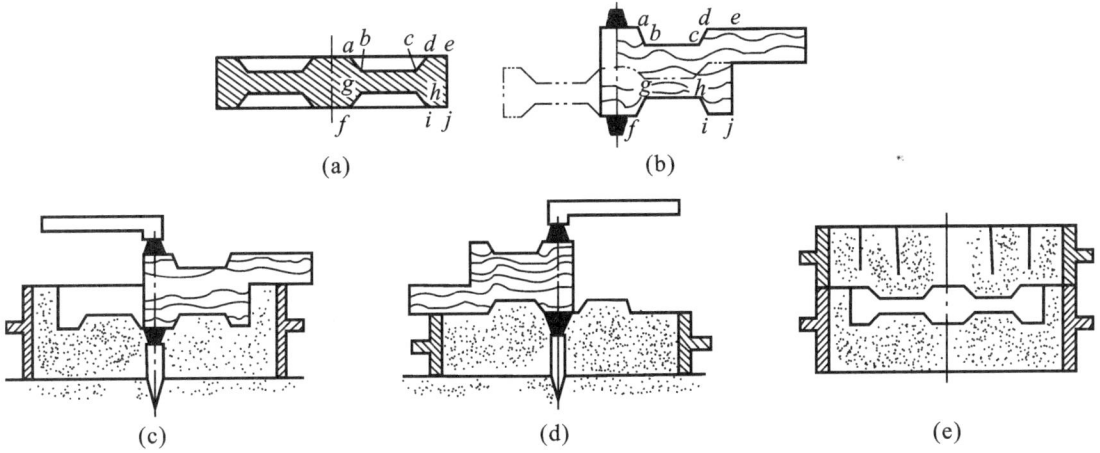

图 2-11 带轮的刮板造型过程
(a)零件图;(b)刮板(图中字母表示与零件图的对应部位);(c)刮制下型;(d)刮制上型;(e)合型

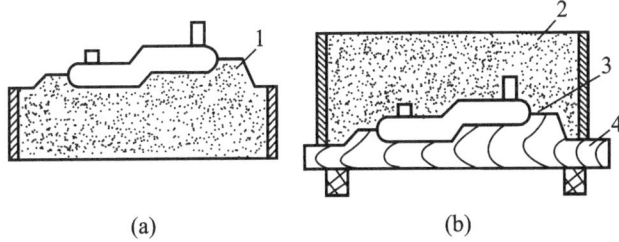

图 2-12 用假箱和成型底板造型
(a)假箱;(b)成型底板
1—假箱;2—下砂型;3—最大分型面;4—成型底板

1) 机器造型的过程

机器造型按照不同的紧砂方式分为振实、压实、振压、抛砂、射砂造型等多种方法,其中以振压造型和射砂造型应用最广。

图 2-13 所示为振压造型过程。工作时打开砂斗门向砂箱中放型砂。压缩空气从振实出口进入微振活塞的下面,工作台上升过程中先关闭振实进气通路,然后打开振实排气口,于是工作台带着砂箱下落,与活塞顶部产生一次撞击。如此反复振击,可使型砂在惯性力作用下变得紧实。

砂型紧实后,压缩空气推动压力油讲入起模油缸,四根起模顶杆将砂箱顶起,使砂型与模样分开,完成起模。

2) 机器造型工艺的特点

机器造型是采用模板进行两箱造型的工艺。所用模板可分为单面和双面的两种,其中以单面模板最为常用。采用单面模板来造型,其特点是上、下型以各自的模板分别在两台配对的造型机上造型,造好的上、下半型用箱锥定位而合型。对于小铸件生产,有时采用双面模板进行脱箱造型。双面模板把上、下两个模样及浇注系统固定在同一模板的两侧,此时,上、下半型均在同一台造型机制出,铸型合型后脱除砂箱,并在浇注前在铸型上加套箱,以防错。

由于机器造型的紧砂方式不能紧实中箱,故不能进行三箱造型。同时机器造型也应尽量避免采用活块,因为取出活块的操作会使造型机的生产率显著降低。所以在大批量生产铸件及制订铸造工艺方案时,必须考虑机器造型的这些工艺要求。

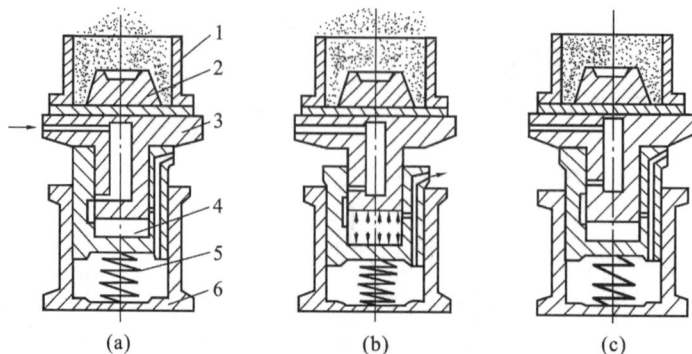

图 2-13 振压造型过程

(a)填砂；(b)工作台上升；(c)振击

1—砂箱；2—模样；3—工作台及微振活塞；4—微振气缸；5—弹簧；6—机座

2.3.2 造芯

为了获得铸件的内腔或局部外形，用芯砂或其他材料制成的、安放在型腔内部的铸型组元称为型芯。绝大部分型芯是用芯砂制成的。型芯的质量主要依靠配制合格的芯砂及采用正确的造芯工艺来保证。在单件小批量生产中，多采用手工造芯；在大批量生产时，则采用机器造芯，但在一般情况下用得最多的还是手工造芯。手工造芯主要是用芯盒造芯。

浇注时，型芯受高温熔融金属的冲击和包围，因此型芯除具有与铸件内腔相应的形状外，还应具有较好的透气性、耐火性、退让性、强度等，故要选用杂质少的石英砂和植物油、水玻璃等黏结剂来配制芯砂，并在型芯内放入金属芯骨和扎出通气孔，以提高型芯强度和改善其透气性。

形状简单的大、中型型芯可用黏土砂来制造，但形状复杂和性能要求很高的型芯，必须采用特殊黏结剂来配制，如采用油砂、合脂砂和树脂砂等。

另外，芯砂还应具有一些特殊的性能，如：吸湿性要低(以防止合箱后型芯返潮)；发气量要小(金属液浇注后，型芯材料受热而产生的气体应尽量少)；出砂性要好(以便于清理时取出型芯)。

型芯一般是用芯盒制成的。对开式芯盒制芯是常用的手工制芯方法，适用于圆形截面的较复杂的型芯。其制芯过程如图 2-14 所示。

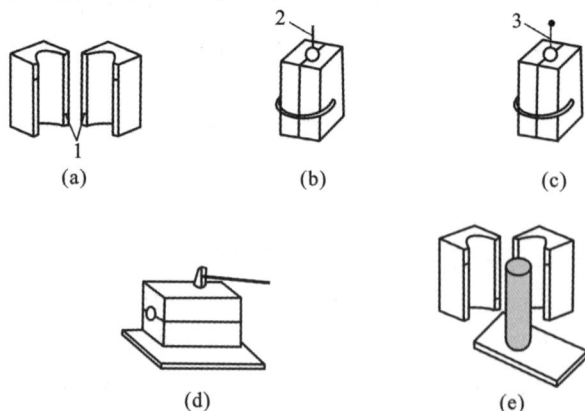

图 2-14 对开式芯盒制芯过程

(a)准备芯盒；(b)夹紧芯盒，分次加入芯砂、芯骨，舂砂；(c)刮平、扎通气孔；

(d)松开夹子，轻敲芯盒；(e)打开芯盒，取出砂芯，上涂料

1—定位销和定位孔；2—芯骨；3—通气针

2.3.3　砂芯的烘干与合型

大型、重型及质量要求高的铸件,其砂型和砂芯均需经过烘干,以除去水分,提高强度和透气性,减小发气量,使铸件不易产生气孔、砂眼、夹砂和黏砂等缺陷,从而保证铸件的质量。为提高生产率和降低成本,砂型只有在不干燥就不能保证铸件质量的时候才进行烘干。

合型就是把砂型和砂芯按要求组合在一起形成铸型的过程,习惯上也称为拼箱、配箱或扣箱。合型是制备铸型的最后工序,也是铸造生产的重要环节。如果合型质量不高,铸件的形状、尺寸和表面质量就得不到保证,甚至还会由于偏芯、错箱、抬箱跑火等原因致使铸件报废。

合型工作一般按以下步骤进行。

(1) 全面检查、清扫、修理所有砂型和砂芯,特别要注意检查砂芯的烘干程度和通气道是否通畅。若不符合要求,则应进行返修或废弃。

(2) 按下芯次序依次将砂芯装入砂型,并检查铸件壁厚,砂芯固定、芯头排气情况和填补接缝处的间隙。无牢固支承的砂芯,要用芯撑在其上下和四周加固,以防砂芯在浇注时移动、漂浮。装在上箱的砂芯要插栓吊紧。砂芯与砂芯之间接缝较大时,须使用填补料修平,并用喷灯烘干。

(3) 仔细清除砂型内的散砂,全面检查下芯质量。对于一些中大型铸型,应在分型面上沿型腔外围放上一圈泥条或石棉绳,以保证合型后分型面密合,避免金属液从分型面间隙流出。随后即可正式合型。

(4) 放上压铁或用螺栓、金属卡子夹紧铸型,放好浇口杯、冒口圈。在分型面四周接缝处抹上砂泥以防止跑火。最后全面清理场地,以便安全方便地浇注。

2.4　熔炼、浇注和清理

2.4.1　熔炼

熔炼是指金属由固态通过加热转变成熔融状态的过程。金属熔炼的质量对能否获得优质铸件有着重要的影响。如果金属液的化学成分不合格,会使铸件的力学性能和物理性能降低;金属液的温度过低,会使铸件产生冷隔、浇不足、气孔和夹渣等缺陷。

在铸造生产中,用得最多的材料是铸铁。铸铁通常用冲天炉或电炉来熔炼。当机械零件的强度、韧度要求较高时,可采用铸钢铸造。铸钢的熔炼设备有半炉、转炉、电弧炉及感应电炉,一般铸钢车间多采用三相电弧炉。在实际生产中,有很多铸件是用有色合金(如铜、铝等合金)铸造的。铝合金在高温下容易氧化,并且吸气(如氢气等)能力强,为了避免铝合金氧化和吸气,熔炼时加入覆盖剂(如 KCl、$NaCl$、NaF 等),使铝合金熔炼在溶剂层覆盖下进行,这样熔炼金属炉料与燃料不直接接触,可以减少金属的损耗,保持金属的纯度。在铸造车间里,铝合金多采用坩埚炉熔炼。

2.4.2　浇注系统

浇注时,金属液流入铸型所经过的通道称为浇注系统。浇注系统一般包括浇口杯、直浇道、横浇道、内浇道和出气口,如图 2-15 所示。

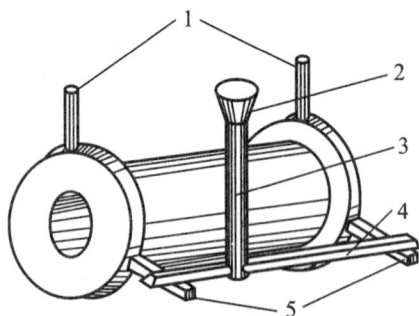

图 2-15　浇注系统示意图
1—出气口；2—浇口杯(漏斗形)；3—直浇道；
4—横浇道；5—内浇道

浇口杯是漏斗形外浇道，它的作用是：承接浇注时的金属液，减缓金属液的冲击，使其平稳地流入直浇道；挡渣和防止气体进入浇道。直浇道是浇注系统中的竖直通道，一般带有一定的锥度。它的作用是利用本身的高度产生一定的静压力，以改善充型能力。横浇道是浇注系统中的水平通道，其作用是阻挡熔渣流入型腔并将金属液分配入各内浇道。内浇道与型腔直接相连，截面多为扁梯形、矩形，其主要作用是引导金属液平稳进入型腔，控制铸件的冷却顺序。内浇道的形状、位置、数目的多少及导入液体的方向直接影响铸件的质量。

2.4.3　浇注

将金属液从浇口杯注入铸型的操作称为浇注。浇注也是铸造生产中一个重要环节。浇注环节组织的质量、浇注工艺设置的合理性不仅影响铸件的质量，而且还关系到工人的安全。因此，为了获得合格铸件，浇注时必须控制浇注温度、浇注速度，严格遵守浇注操作规程。

(1) 浇注温度　浇注温度对铸件的质量影响很大。温度高时，金属液的黏度下降、流动性提高，铸件不易产生浇不到、冷隔及气孔、夹渣等铸造缺陷。但温度过高将使金属的总收缩量、吸气量增大和出现氧化现象，使铸件容易产生缩孔、缩松、黏砂等缺陷。因此在保证流动性足够的前提下，应尽可能做到"高温出炉，低温浇注"。通常，灰口铸铁的浇注温度为 1 200～1 380 ℃，碳素铸钢的浇注温度为 1 500～1 550 ℃。形状简单的铸件取较低的温度，形状复杂的或薄壁铸件则取较高的浇注温度。

(2) 浇注速度　较高的浇注速度可使金属液更好地充满铸型，铸件各部温差小，冷却均匀，不易出现氧化和吸气等现象。但速度过快会使金属液强烈冲刷铸型，铸件容易产生冲砂缺陷。速度太慢，铸件易产生夹砂或冷隔等缺陷。所以浇注速度要适中，一般按铸件形状来确定浇注速度。实际生产中，对薄壁件应采取快速浇注方式，对厚壁件则应按慢→快→慢的规律浇注。

浇注速度可用浇注时间来衡量。对于一般铸件，根据工作经验确定浇注时间；对于重要的铸件，需要经过计算来确定浇注时间。

(3) 浇注操作要点　浇注时要严格遵守操作规程，并注意以下要点。

① 铸型应该在加压铁或夹紧后浇注，防止浇注时抬箱跑火；浇注之前需除去浇包中金属液面上的熔渣；浇注中不能断流，并始终保持浇口杯的充满状态。

② 依规定的浇注速度和方法进行浇注。开始时慢浇，且不能直冲直浇道，以免冲毁砂型；中间快浇(依规定的浇注速度)，以充满浇注系统；快充满时应慢浇，以防溢出。浇注时应避免金属液的飞溅和中断；浇口杯中应始终保持一定数量的金属液，以防渣、气进入铸型。

③ 对于有冒口的铸型，浇注后期应按工艺规范进行点注和补注。

④ 浇注后应注意引燃从铸型中排出的气体，以防止人员中毒。

⑤ 完成浇注后，待铸件凝固完毕，要及时卸除压铁和夹紧装置，以减少铸件的收缩阻力，避免铸件产生裂纹。

2.4.4　铸件的出砂清理

浇注完毕并待铸件凝固以后,还必须对铸件进行落砂、清理、表面处理等工作,这样才能得到合格的铸件。

(1) 落砂　待铸件凝固并冷却到一定温度时,把铸件从砂箱中取出,去掉铸件表面及内腔中的型砂和芯砂的工艺过程称为落砂。落砂时铸件的温度不得高于500℃,如果过早取出,则铸件会产生表面硬化现象或发生变形、开裂;落砂太晚,会增大收缩应力,使铸件晶粒粗大,同时还会影响生产率和砂箱的周转。因此,一定要根据铸件材料和结构来合理地确定落砂时间。落砂通常分为人工落砂和机械落砂两种。

(2) 去除浇冒口　在铸件清理前后,必须去除浇注系统和浇冒口。对于中小型铸铁件可以用锤打掉浇冒口,对于铸钢件一般用氧气切割或电弧切割来去掉浇冒口。不能用气割法切除浇冒口的铸钢件和大部分铝、镁合金铸件,一般用车床、圆盘锯及带锯等进行机械切割以去除浇冒口。

(3) 表面清理　铸件的表面清理包括去除铸件内、外表面的黏砂,分型面和芯头处的披缝、毛刺、浇冒口痕迹等。

2.5　铸件质量检验和常见缺陷分析

2.5.1　铸件质量检验

完成铸件的清理工作后应进行质量检验。铸件质量是指合格铸件本身能满足用户要求的程度,包括外观质量和内在质量。

(1) 外观质量　铸件的外观质量是指铸件表面状况和达到用户要求的程度,衡量铸件外观质量的指标包括铸件的表面粗糙度、表面缺陷、尺寸公差、几何偏差等。

(2) 内在质量　铸件的内在质量是指不能用肉眼检查出来的铸件内部状况和达到用户要求的程度。内在质量检验包括对铸件进行化学成分分析、物理和化学性能检验、金相组织检验,以及用磁力探伤、X射线探测、超声波探伤等方法对铸件内部进行检测,以发现其内部的孔洞、裂纹、夹杂物等缺陷。

2.5.2　铸件常见缺陷分析

铸件质量关系到产品的质量及生产成本,也直接关系到经济效益和社会效益。铸件的结构、材料、铸造工艺过程等都对铸件质量有影响。铸件常见缺陷的特征及其预防措施如表2-1所示。

表2-1　铸件常见缺陷的特征及其预防措施

序号	缺陷	缺陷特征		预防措施
1	气孔	在铸件内部、表面或接近表面处,有大小不等的光滑孔眼。有圆形的、长形的及形状不规则的;有单个的,也有聚集成片的;有白色的,也有带一层暗色的(有时覆有一层氧化皮)		降低熔炼时金属的吸气量,减小砂型在浇注过程中的发气量,改进铸件结构,提高砂型和型芯的透气性,使型内气体能顺利排出

续表

序号	缺陷	缺 陷 特 征		预 防 措 施
2	缩孔	在铸件厚断面内部、两交界面的内部及厚断面和薄断面交接处的内部或表面,形状不规则,孔内粗糙不平,晶粒粗大		壁厚小且均匀的铸件要同时凝固,壁厚大且不均匀的铸件要由薄向厚凝固,并要合理放置冒口的冷铁
3	偏芯	铸件局部形状和尺寸由于砂芯位置的偏移而变动		将砂芯固定好,防止下芯时砂芯变形,合型时避免碰歪型芯,并且在浇注时要平缓,避免冲歪砂型
4	渣气孔	在铸件内部或表面有形状不规则的孔眼。孔眼不光滑,里面全部或部分充塞着熔渣		提高金属液温度;降低熔渣黏性;提高浇注系统的挡渣能力;增大铸件内圆角
5	砂眼	在铸件内部或表面有充塞着型砂的孔眼		严格控制型砂性能和造型操作,合型前注意打扫型腔
6	裂纹	在铸件上有穿透或不穿透的裂纹,开裂处金属表皮氧化	裂纹	严格控制金属液中的硫、磷含量;铸件壁厚尽量均匀;提高型砂和型芯的退让性;浇冒口不阻碍铸件收缩;避免壁厚的突然改变;开型不能过早;不急冷铸件
7	黏砂	铸件全部或部分表面覆盖着一层金属(或金属氧化物)与砂(或涂料)的混(化)合物,致使铸件表面粗糙		减小砂粒间隙;适当降低金属的浇注温度;提高型砂、芯砂的耐火度
8	夹砂	在铸件表面上有一层金属瘤状物或片状物,在金属瘤片和铸件之间夹有一层型砂	金属片状物	严格控制型砂、芯砂性能;改善浇注系统,使金属液流动平稳;大平面铸件要倾斜浇注
9	冷隔	在铸件上有一种未完全融合的缝隙或洼坑,其交界边缘是圆滑的		提高浇注温度和浇注速度;改善浇注系统;浇注时不要断流
10	浇不到	由于金属液未完全充满型腔而产生铸件缺肉现象		提高浇注温度和浇注速度;不要断流;防止金属液从分型面流出

铸造实习安全操作规程

(1)进入车间前要穿戴好劳保用品,并经常保持工作场所清洁整齐。

(2)熟悉一切安全技术规章制度和工艺规程,随时注意避免在工作中可能发生的事故。

(3)熟悉各种机器设备的性能,以免发生损坏机器的事故。

(4)进行生产实习时要严格遵守安全操作规程,如有违反操作规程的现象应及时予以纠正。

第3章 锻造和板料冲压

3.1 概 述

锻造和板料冲压都属于塑性加工方法,或称为压力加工方法,是指利用一定外力使金属材料发生塑性变形,从而获得具有一定形状及一定力学性能的零件加工方法。塑性成型是金属加工方法之一,在机械制造领域是生产零件或坯料的重要加工方法。

锻造是利用锻压设备,通过工具或模具使金属毛坯产生塑性变形,从中获得具有一定形状、尺寸和内部组织的工件的一种压力加工方法。按金属变形的温度,锻造分为热锻、温锻和冷锻;根据工作时作用力的来源,锻造分为手工锻造(简称为手锻)和机器锻造(简称为机锻)两种。手工锻造是用手锻工具,依靠人力在铁砧上进行,仅用于零件修理或初学者对基本操作技能的训练;机器锻造是现代锻造生产的主要方式,在各种锻造设备上进行。机锻包括自由锻、模锻和特种锻造。自由锻和模锻应用最广泛,对于一些形状复杂、精度要求高的锻件,则需用特种锻造。

冲压是利用冲模在压床(又称冲床)上对金属板料施加压力,使其分离或变形,从而得到一定形状、满足一定使用要求的零件的加工方法。冲压通常在常温(冷态)下进行,也称为冷冲压;由于它主要用于加工板料零件,所以又称为板料冲压。

锻造及板料冲压同切削加工、铸造、焊接等加工方法相比,具有下列明显的优点:

(1) 材料利用率高。金属塑性成型是依靠金属材料在塑性状态下的形状变化和体积转移来实现的,因此材料利用率高,可以节约大量金属材料。

(2) 力学性能好。在塑性成型过程中,金属内部组织得到改善,尤其锻造能使工件获得好的力学性能和物理性能。受力大的重要机械零件,大多用锻造方法制造。

3.2 金属的加热

3.2.1 金属加热方式

锻造时为了提高金属塑性,降低变形抗力,使其易于流动成型,获得良好的锻后组织,需要对金属毛坯进行锻前加热。根据所采用的热源不同,金属毛坯加热方法分为火焰加热和电加热。

1. 火焰加热

火焰加热是利用燃料(如煤、焦炭、油等)在加热炉内燃烧,产生含有大量热能的高温气体(火焰),通过对流、辐射把热能传给毛坯表面,再由表面向中心传导,对金属毛坯进行加热。

火焰加热方法广泛用于各种毛坯的加热。其优点是燃料来源方便,炉子修造简单,加热费用较低,对毛坯适应范围广;缺点是劳动条件差,加热速度慢,效率低,加热过程难以控制。

2. 电加热

电加热是指把电能转换为热能来加热金属毛坯。电加热方式包括感应电加热、接触电加热和电阻炉加热。

1）感应电加热

感应电加热原理如图 3-1 所示，即在感应器中通入交变电流，在产生的交变磁场作用下，金属毛坯内部产生交变涡流，通过涡流和磁化发热（温度在磁性转变点以下）将金属毛坯加热。

采用这种加热方式时，涡流在金属毛坯的表层，表层首先被加热，内部金属则靠外层热量向内传导加热。对于大直径的毛坯，为了提高加热速度，最好选择较低的电流频率，这样可以增加涡流透入深度；对于小直径毛坯，则采用高的电流频率。

感应电加热的优点在于：加热速度快，质量好，能准确控制温度，金属烧损少，操作简单，工作稳定，便于和锻压设备组成生产线，实现机械化、自动化生产；劳动条件好，对环境污染少。但是设备费用高，一种规格的感应器所能加热的毛坯尺寸范围较小，电能消耗较大。

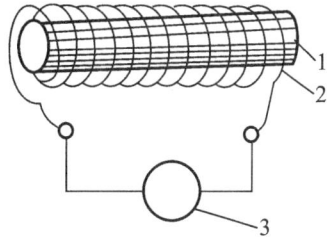

图 3-1　感应电加热原理图
1—毛坯；2—感应器；3—电源

2）接触电加热

接触电加热的原理如图 3-2 所示，即将低压大电流通入金属毛坯，由于金属存在电阻，电流通过就会产生热量，从而使金属毛坯得以加热。

接触电加热的优点在于：加热速度快，金属烧损少，加热温度范围不受限制，热效率高，耗电少，成本低，设备简单，操作方便。其缺点是对毛坯表面粗糙度和形状尺寸的要求较严格，尤其是毛坯端部必须规整，同时加热温度的测量和控制比较困难。

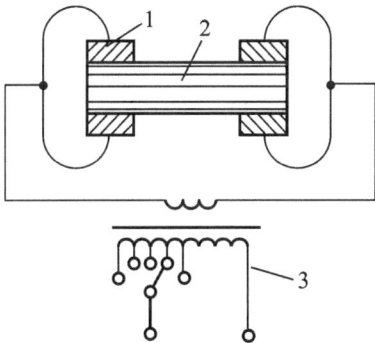

图 3-2　接触电加热
1—触头；2—毛坯；3—变压器

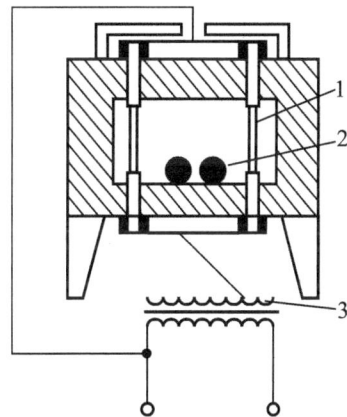

图 3-3　电阻炉加热
1—电热休；2—毛坯；3—变压器

3）电阻炉加热

电阻炉加热的原理如图 3-3 所示。电阻炉加热是利用通入炉内的电热体所产生的热量，以辐射和对流传热的方式来加热金属毛坯。

电阻炉加热的优点是对毛坯加热的适应范围大，便于实现加热机械化、自动化；但是其加热温度受到电热体的限制，热效率比其他电加热方法要低。

3.2.2　加热缺陷及防止

1. 氧化与脱碳

在对毛坯加热的过程中，金属表面会形成氧化皮，这不仅会造成金属损耗，而且在锻压过程中氧化皮可能会被压入锻件表面,使锻件表面质量下降,模具使用寿命缩短。同时,金属表面层的碳分子被烧损,会产生脱碳现象,使零件表面的力学性能下降。毛坯加热温度越高、时间越长,氧化皮就越多,脱碳层就越深。

减轻氧化和脱碳现象的方法是:在保证加热质量的前提下,快速对毛坯加热,避免坯料在高温下停留时间过长;在燃料充分燃烧的条件下尽可能减小送风量。

2. 过热和过烧

毛坯加热温度超过一定值时,金属材料的晶粒会急剧长大,使其力学性能降低,这种现象被称为"过热"。对于过热的坯料,可以在随后的锻造过程中将粗大的晶粒打碎,或在锻造以后进行热处理,使晶粒细化。若加热温度继续升高(接近熔点),则晶粒边界被氧化,晶粒之间的结合被破坏,金属完全失去锻造性,这种现象被称为"过烧"。过烧会使锻件成为废品,是加热处理中不可挽救的缺陷。

3.2.3　始锻温度与终锻温度

在锻造时,允许加热金属坯料达到的最高温度称为始锻温度,停止锻造时的温度称为终锻温度。确定始锻温度时要保证锻件无过烧现象;确定终锻温度时不仅要保证锻件具有足够塑性,还要保证锻件能获得更好的组织性能。确定锻造温度范围的基本原则是保证金属坯料有较高的塑性,较低的变形抗力,以得到高质量锻件,同时锻造温度范围尽可能宽,以便减少加热次数,提高锻造生产率。

常用钢材的锻造温度范围如表 3-1 所示。

表 3-1　常用钢材的锻造温度

材 料 种 类	始锻温度/℃	终锻温度/℃	材 料 种 类	始锻温度/℃	终锻温度/℃
低碳钢	1 200~1 250	800	低合金工具钢	1 100~1 150	850
中碳钢	1 150~1 200	800	高速工具钢	1 100~1 150	900
碳素工具钢	1 050~1 150	750~800	铝合金	450~500	350~380
合金结构钢	1 000~1 180	850	铜合金	800~900	650~700

3.2.4　锻件冷却

金属锻件冷却时,由于表里冷却速度不一致(表层冷却快,内部冷却慢),锻件表层和内部会产生温差,当这一温差达到一定值时,会使锻件产生内应力、变形,甚至裂纹。因此锻制好的工件必须采用正确的冷却方式冷却,以有效防止锻件翘曲、产生裂纹等缺陷。常见的冷却方式如下。

(1) 空冷:将锻件放入无风的环境,在干燥地面上冷却。

(2) 坑冷:将锻件放入填有炉灰、沙子等保温材料的坑中慢慢冷却。

(3) 炉冷:将锻件锻好后放回加热炉中,随炉温慢慢冷却到较低温度后再出炉。

炉冷、坑冷能防止金属表面硬化及产生裂纹。

锻件中碳及合金元素含量越高,锻件体积越大,形状越复杂,冷却速度就要越缓慢,以防止锻件硬化、变形或产生裂纹。碳素结构钢和低合金钢的中、小型锻件采用空冷方式,高合金钢一般采用坑冷或炉冷方式。

冷却速度由快到慢的顺序为:空冷→坑冷→炉冷。

3.3 自 由 锻

自由锻即自由锻造,是指将加热好的金属毛坯放在自由锻造设备的平砧之间或简单的工具之间进行锻造,由操作者来控制金属的变形方向,从而获得符合形状和尺寸要求的锻件。

自由锻的优点是所用工具简单、通用性强,适合单件和小批量锻件的生产。在自由锻时,坯料只有部分表面与上、下砧接触而产生塑性变形,其余部分则为自由表面。因此,自由锻所需变形力较小,设备功率小。自由锻对大型锻件也适用,可以锻造各种变形程度相差很大的锻件。自由锻的不足之处在于:由于这种加工方法是靠人工操作来控制锻件形状和尺寸的,锻件的精度和操作者的技术水平有很大关系,生产率较低,劳动强度大。

3.3.1 自由锻设备

自由锻设备利用锤头等重物自由落下的势能或强迫运动的动能,使坯料产生塑性变形,工作时有强烈的振动和噪声。常用的自由锻设备有空气锤、蒸汽-空气锤和水压机等。砧座质量一般为落下部分的 10~15 倍;蒸汽-空气自由锻锤的落下部分质量一般为 1~5 t,小于 1 t 的使用相应的空气锤,大于 5 t 的使用水压机。

自由锻设备以空气锤最为常见(见图 3-4)。空气锤规格是以落下部分的质量来表示的,落下部分包括工作活塞、锤杆等,打击力是落下部分质量的 1 000 倍左右。例如牌号上标注 70 kg 的空气锤,指的是落下部分的质量为 70 kg,打击力约为 700 kN。

空气锤通过操纵手柄或脚踏板控制旋阀来改变压缩空气流向,从而实现空转、连打、单打、上悬和下压等几种动作循环。空气锤规格的选择依据主要是锻件尺寸与质量。

用空气锤可进行自由锻,也可进行胎模锻,操作方便是其最大的优点,但只适用于小型锻件。

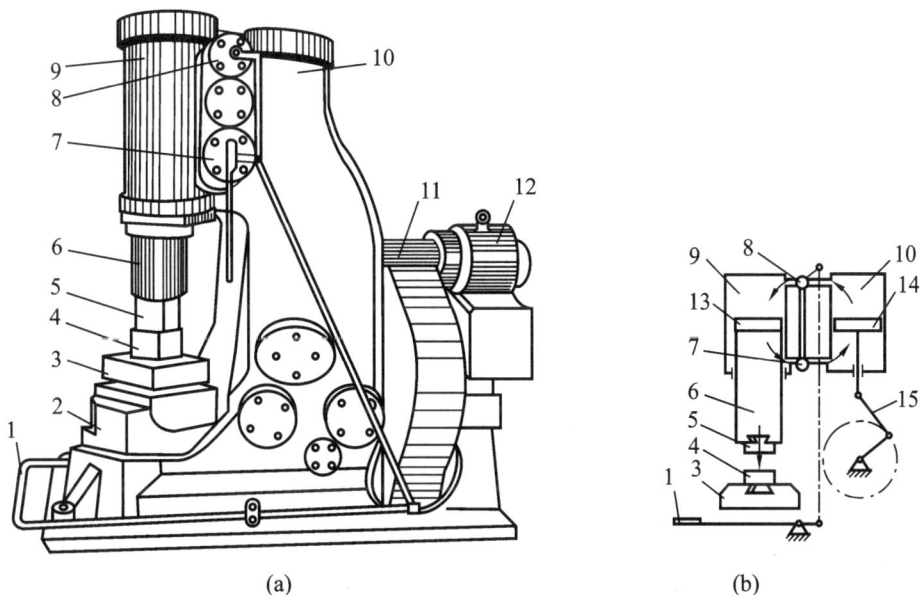

(a)   (b)

图 3-4 空气锤

(a)空气锤外形图;(b)空气锤示意图

1—踏杆;2—砧座;3—砧垫;4—下砧铁;5—上砧铁;6—锤杆;7—下旋阀;8—上旋阀;

9—工作缸;10—压缩缸;11—减速机构;12—电动机;13—工作活塞;14—压缩活塞;15—连杆

3.3.2　自由锻工序

锻件的自由锻成型过程一般包括镦粗、拔长、冲孔、弯曲等工序。

1. 镦粗

如图 3-5 所示,使毛坯高度减小、横截面增大的锻造工序称为镦粗。这是自由锻最基本的工序。镦粗一般用于锻造圆盘形锻件、齿轮坯和凸轮锻件。

在镦粗时,毛坯的高径比(或高宽比)应控制在 2.5～3 以下,否则容易镦弯(见图 3-6(a))。当发现镦弯时,应将工件放平,轻轻锤击矫正,如图 3-6(b)所示。

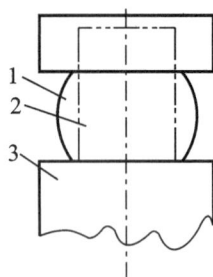

图 3-5　镦粗
1—锻件;2—毛坯;3—平砧

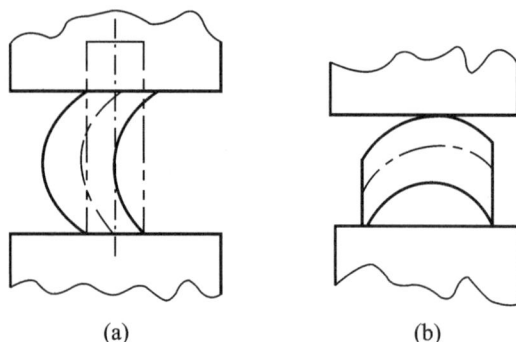

图 3-6　镦弯及矫正
(a)镦弯;(b)矫正

2. 拔长

使毛坯横截面减小而长度增加的锻造工序称为拔长(见图 3-7),拔长一般用于锻造轴类、杆类及长筒形锻件。拔长不但可使锻件成型,而且还可以改善其内部质量,提高锻件的力学性能。

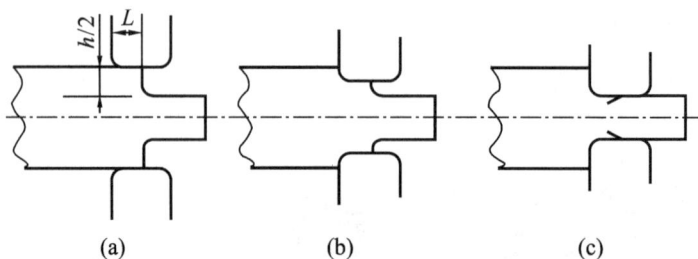

图 3-7　拔长过程
(a)送进量(L)和压下量($h/2$);(b)压下过程;(c)产生折叠缺陷

拔长时,锻件成型质量取决于送进量、压下量、拔长操作等因素。

在进行拔长操作时,送进量 L 过大或过小不仅会影响锻件拔长效率,还会影响锻件质量。一般送进量 $L=(0.4～0.8)B$(B 为砧宽)。增大压下量 h 除了可提高生产率外,还有利于锻合锻件内部的缺陷。只要锻件的塑性足够,就可尽量采取大压下量拔长。塑性较好的结构钢锻件虽不受塑性的限制,但在压下量过大时锻件会出现折叠现象。因此单边压下量 $h/2$ 应小于送进量 L。

为了保证坯料在整个长度上都被拔长,操作时必须一边沿轴线送进,一边不断翻转锻打。翻转方法如图 3-8 所示。

第一种方法是沿圆周拔长一周后再沿轴线方向给一定的送进量,如图 3-8(a)所示。这种

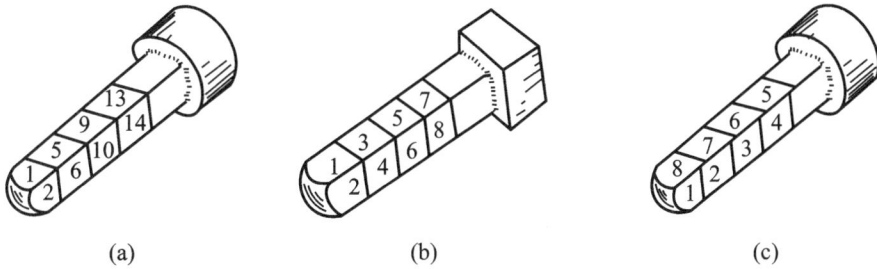

图 3-8 拔长操作方法

方法适用于锻造台阶轴锻件。第二种方法是先对一周的两个面反复翻转 90°进行拔长(见图 3-8(b)),然后对另外两个面进行同样的操作。这种方法常用于手工锻造。第三种方法是沿整个毛坯长度方向拔长一遍后再翻转 90°拔长,如图 3-8(c)所示。该方法多用于锻造大型锻件。这种操作方法容易使毛坯端部产生弯曲,因此需要先翻转 180°将料放平直,然后再翻转 90°依次拔长,同时翻转前后拔长的送进位置要相互错开,这样可使锻件及轴线方向的变形趋于均匀。拔长短毛坯时,可从毛坯的一端拔至另一端;而拔长长毛坯和钢锭时,则应从毛坯的中间向两端拔。

为了防止拔长锻打时锻件内部产生裂纹,无论将工件截面由圆打成方、由方打成圆,还是由大圆打成小圆,都要先将坯料打成方形后再进行拔长,最后锻打至截面形状和尺寸满足要求,如图 3-9 所示。

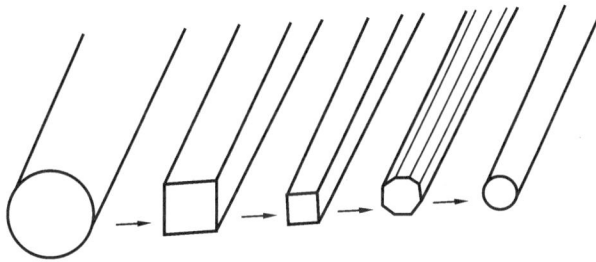

图 3-9 由大圆打成小圆的工艺过程

3. 冲孔

冲孔是指采用冲子将毛坯冲出通孔或不通孔的锻造工序,常用于齿轮、套筒、空心轴和圆环等带孔锻件的加工。直径小于 25 mm 的孔一般在切削工序中加工,大于 25 mm 的孔常用冲孔方法冲出。常用的冲孔方法有实心冲子冲孔等。

采用实心冲子冲孔时,冲子从毛坯的一面冲入,冲到深度为毛坯高度的 70%左右时(见图3-10(a)),将毛坯翻转 180°,再用冲子从另一面把孔冲透(见图 3-10(b))。这种冲孔方法又称

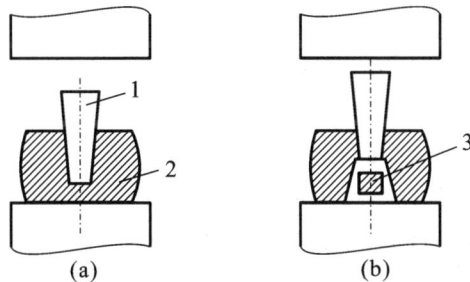

图 3-10 实心冲子冲孔
1—冲子;2—坯料;3—余料

双面冲孔。实心冲子冲孔的优点是操作简单,材料损失少,广泛用于孔径小于 400 mm 的锻件。

4. 弯曲

弯曲是指将毛坯弯成所规定外形的锻造工序,用来锻造各种弯曲类锻件,如起重机吊钩、曲轴杆等。

在进行弯曲时,只需要将弯曲部分加热,进行如图 3-11 所示的操作即可。当需多处弯曲时,一般弯曲的先后顺序是:首先弯锻件的端部,再弯弯曲部分与直线部分的交界部位,最后弯其余部分。弯曲通常是在砧铁的边缘或砧角上进行。

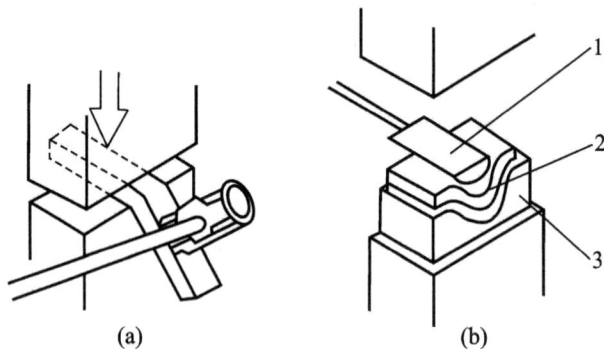

图 3-11　弯曲
(a)角度弯曲;(b)成型弯曲
1—成型压铁;2—毛坯;3—成型垫铁

3.4　模锻和胎模锻

除了自由锻之外,锻造成型还包括模锻和胎模锻。这两种锻造方法都是把金属毛坯放进模具里进行锻造,只是锻造模具的固定方式不同。

1. 模锻

模锻即模型锻造,是指把加热好的毛坯放在固定于模锻设备上的模具内,使锻模型腔中的毛坯在锻造力的作用下产生变形,从而获得锻件的方法。按照模具固定的设备不同,模锻分为锤上模锻和机械压力模锻。

和自由锻相比,由于模具的作用,模锻能锻出形状较复杂、精度较高、表面粗糙度较低的锻件,此外,模锻能提高生产率及改善劳动条件。但模锻设备及模具造价高,消耗能量大,因此模锻只适用于中、小型锻件生产。模锻件主要有短轴类锻件和长轴类锻件两大类。

模锻以锤上模锻更为常用。锤上模锻如图 3-12 所示,上、下模分别固定在锤头和砧座上,锻模用模具钢制成,具有较高的热硬性、耐磨性和抗冲击性能。模腔内分模面上下两部分对称,由于没有顶出装置,因此与分模面垂直的表面都有 5°～10° 的模锻斜度,以便锻件出模;为了便于金属在型腔内流动,避免锻件产生折伤并保持金属流线的连续性,将模型中面与面的交角都做成圆角。下料时,考虑到锻造烧损量及飞边、连皮等消耗量,坯料体积要稍大于锻件。

2. 胎模锻

胎模锻的模具简称胎模。胎模不固定在锤头或砧铁上,只在使用时放在自由锻设备的下

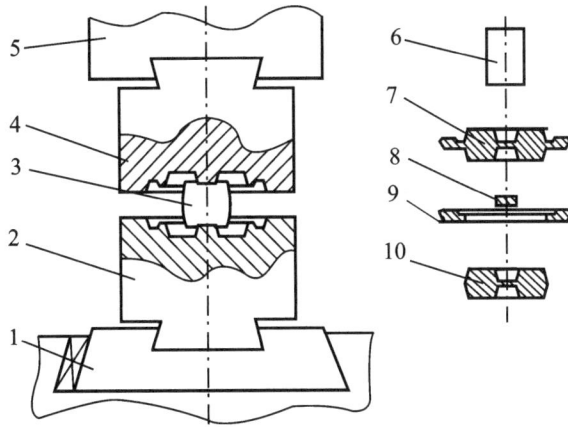

图 3-12　锤上模锻

1—砧座；2—下模；3、6—坯料；4—上模；5—锤头；

7—带飞边和连皮的锻件；8—连皮；9—飞边；10—锻件

砧铁上进行锻造。胎模锻时一般先采用自由锻的方法来镦粗或通过拔长工序初步制坯，然后在胎模内终锻成型。

图 3-13 所示为齿轮坯锻件的胎模锻过程。所用胎模为套筒模，由模筒、模垫和冲头三部分组成。加热的坯料经自由锻镦粗，将模垫和模筒放在砧座上，再将镦粗的坯料平放在模筒内，压上冲头，锻打成型，取出锻件并将孔中的连皮冲掉。

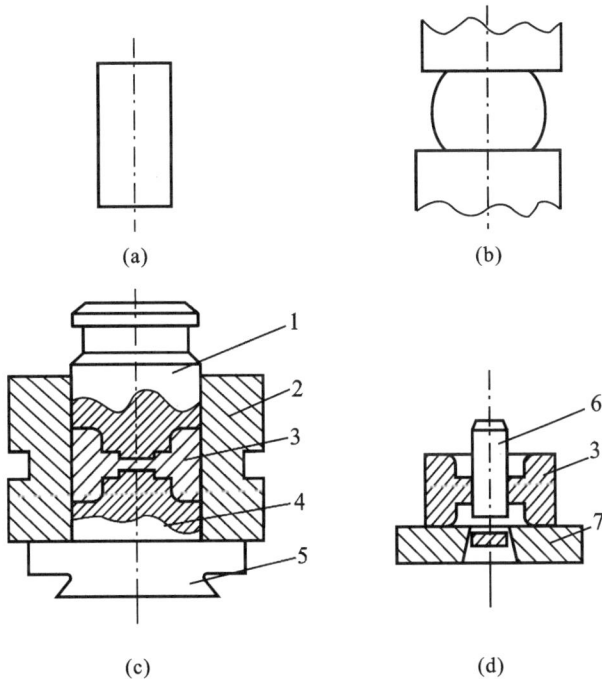

图 3-13　胎模锻过程

（a）毛坯；（b）镦粗；（c）胎模锻；（d）冲去连皮

1—冲头；2—模筒；3—锻件；4—模垫；5—砧座；6—凸模；7—凹模

胎模锻主要适用于小型锻件的中、小批量生产。胎模锻在没有模锻设备的中、小型工厂中应用很广泛。

3.5 板料冲压

板料冲压是利用冲模使板料产生分离或变形的加工方法。常用的板材为低碳钢、不锈钢、铝、铜及其合金等,它们塑性高、抗变形能力低,适合于冷冲压加工。

板料冲压易实现机械化和自动化,生产效率高;冲压件尺寸精确,互换性好,表面光滑,无须进行机械加工。该加工方法广泛用于汽车、电器、日用品、仪表和航空制造业等行业。

3.5.1 冲压设备

冲床是进行冲压加工的主要设备。

冲床有很多种类型,常用的开式冲床如图 3-14 所示。电动机 4 通过 V 带 10 带动大飞轮 9 转动,当踩下踏板 12 后,离合器 8 使大飞轮与曲轴 7 相连而旋转,再经连杆 5 使滑块 11 沿导轨 2 做往复运动,进行冲压加工。当松开踏板时,离合器脱开,制动器 6 立即制止曲轴转动,使滑块停止在最高位置上。

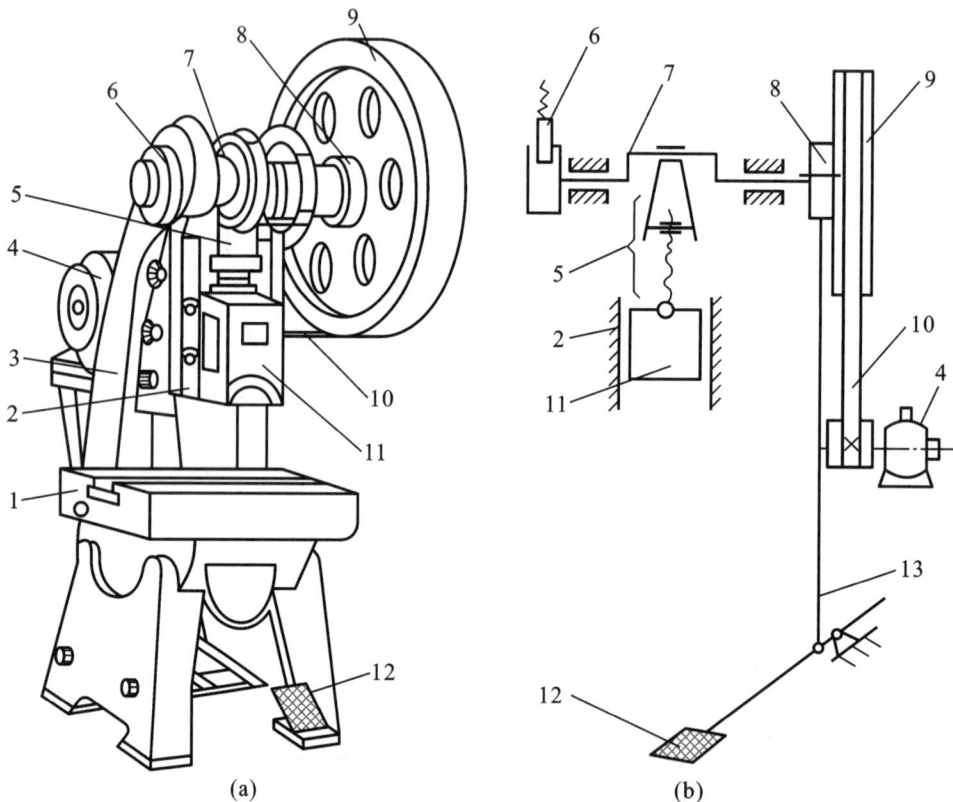

图 3-14 开式冲床

(a)外形图;(b)传动简图

1—工作台;2—导轨;3—床身;4—电动机;5—连杆;6—制动器;7—曲轴;8—离合器;

9—大飞轮;10—V 带;11—滑块;12—踏板;13—拉杆

3.5.2 板料冲压基本工序

根据材料变形的特点,冲压工序分为分离工序和成型工序两类。

分离工序:冲压成型时,变形材料内部的应力超过抗拉强度,使材料发生断裂而产生分离,从而成型零件。分离工序主要有剪切和冲裁等。

成型工序:冲压成型时,变形材料内部应力超过屈服强度,但未达到抗拉强度,使材料产生塑性变形,从而成型零件。成型工序主要有弯曲、拉深、翻边等。

表 3-2 列出了板料冲压基本工序的简图及其特点。

(1)冲裁 落料和冲孔统称为冲裁。落料和冲孔是使坯料分离的工序。落料和冲孔的过程完全一样,只是用途不同。落料时,被冲下的部分是成品,剩下的周边是废料;冲孔则是为了获得孔,被冲孔的板料是成品,而被冲下的部分为废料。冲裁模的冲头和凹模都具有锋利的刃口,在冲头和凹模之间有适当的间隙,以保证切口整齐而毛刺少。

(2)弯曲 弯曲是指将板料、棒料、管料和型材等弯曲成一定形状及角度的成型工序。弯曲模上使工件弯曲的工作部分要有适当的圆角半径 r,以避免工件弯曲时开裂。

(3)拉深 拉深是指将平板坯料制成杯形或盒形件的加工过程。拉深模的冲头和凹模边缘应做成圆角以避免工件被拉裂。冲头与凹模之间要有适当的间隙。为了防止褶皱,坯料边缘需用压板(压边圈)压紧。

表 3-2　板料冲压基本工序的简图及其特点

工序名称	简　图	特　点
冲孔		用冲模沿封闭轮廓线冲切,落下部分是废料
落料		用冲模沿封闭轮廓线冲切,落下部分是零件或为其他工序制造的毛坯
剪切		将板料切成条料、块料,作为其他冲压工序的毛坯
弯曲		将板材沿直线弯成各种形状

工序名称	简　　图	特　　点
拉深	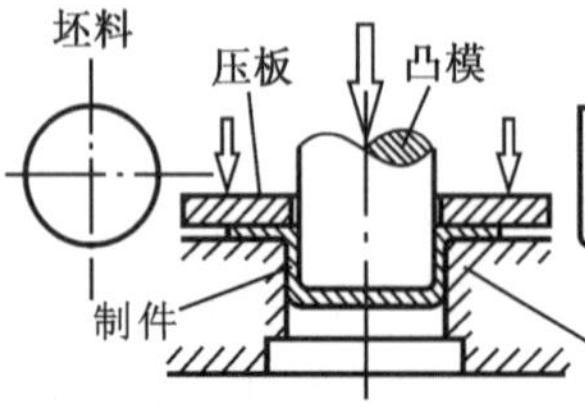	将板材毛坯拉成各种空心零件,还可加工覆盖件
卷边	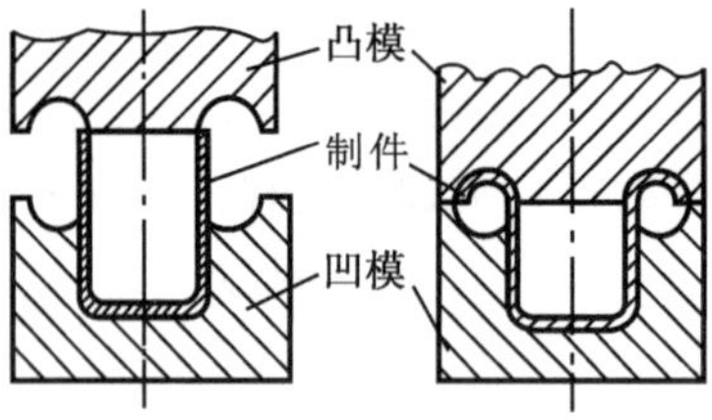	对拉深后的制件外边缘进行卷制

3.5.3　冲压模具

1. 冲模结构

冲压模具简称冲模。冲模是板料冲压的加工工艺装备,典型冲模的结构如图 3-15 所示。虽然冲模类型不同,但通常都由上模和下模两部分构成。上模通过模柄安装在冲床滑块上,随滑块做上、下往复运动;下模通过下模板由压板或螺栓紧固在冲床工作台上。工作时,坯料在下模面上通过定位零件定位,冲床滑块带动上模下压,在模具工作零件的作用下,坯料分离或发生塑性变形,从而得到所需形状和尺寸的制件。上模回升时,模具的卸料与出件装置将冲件或废料从凸、凹模上卸下或推顶出来,以便进入下一个冲压循环。

组成模具的零件主要有以下两类。

(1)工艺零件,其直接参与工艺过程并和坯料有直接接触,包括工作零件、定位零件、卸料与压料零件等。

(2)结构零件,其与坯料没有直接接触,只对模具完成工艺过程起保证作用,或对模具功能起完善作用,包括导向零件、紧固零件、标准件及其他零件。

典型冲模的组成及作用如图 3-15 所示。

(1)凸模与凹模,属于工作零件,凸模(也称冲头)和凹模的作用是使冲压件成型。

(2)导板和定位销,属于定位零件,导板用于控制坯料送进方向,定位销用于控制坯料送进长度。

(3)卸料板,属于卸料零件,卸料板的作用是在冲压后将工件或坯料从冲头上卸下。

(4)导套和导柱,属于导向零件,导套和导柱的作用是引导冲头和凹模对准。

(5)模柄、压板、上模板和下模板,属于固定零件,模柄固定在冲床的滑块上,随滑块上下运动,冲头和凹模用压板分别固定在上模板和下模板上。

(6)其他零件,如螺栓等。

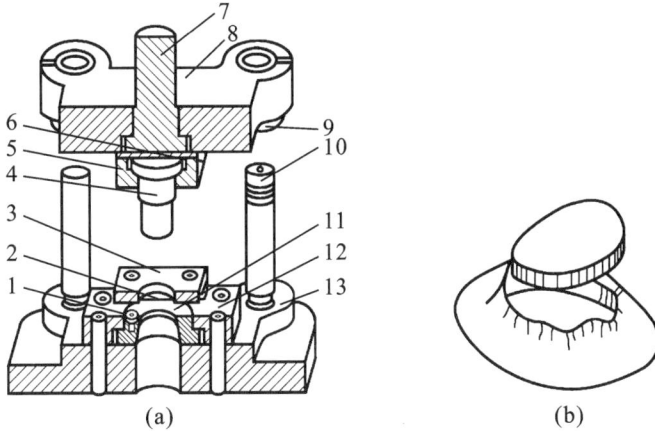

图 3-15　冲模

(a)冲模结构;(b)冲压件

1—定位销;2—导板;3—卸料板;4—凸模;5—压板;6—模垫;7—模柄;8—上模板;

9—导套;10—导柱;11—凹模;12—凹模压板;13—下模板

2. 冲模的分类

冲模的类型很多,一般按以下特征分类。

1) 根据工艺性质分类

(1) 冲裁模　冲裁模是指沿封闭或敞开的轮廓线分离材料的模具,如落料模、冲孔模、切断模、切口模、切边模、剖切模等。

(2) 弯曲模　弯曲模是指能使板料毛坯或其他坯料产生弯曲变形,从而获得具备一定角度和形状的工件的模具。

(3) 拉深模　拉深模是把板料毛坯制成开口空心件,或使空心件进一步改变形状和尺寸的模具。

(4) 成型模　成型模是将毛坯或半成品工件按凸、凹模的形状直接复制成型,而材料本身仅产生局部塑性变形的模具,如胀形模、缩口模、扩口模、翻边模、整形模等。

2) 根据工序组合程度分类

(1) 单工序冲模　单工序冲模是指在冲床的一次行程中,只完成一道冲压工序的模具,如图3-16所示。工作时条料在凹模 2 上沿两个导料板送进(导料板与固定卸料板10做成一体),

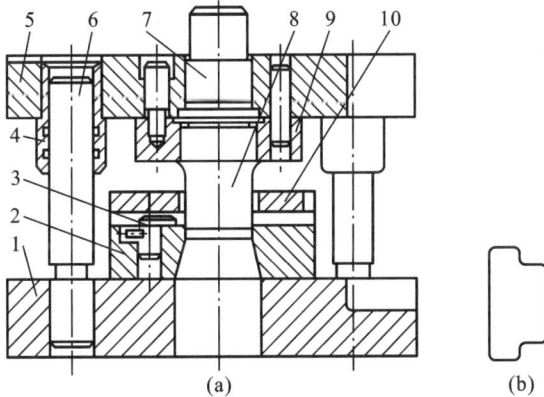

图 3-16　单工序冲模和制件

(a)冲模;(b)制件

1—下模座;2—凹模;3—固定挡料销;4—导套;5—上模座;6—导柱;7—模柄;8—凸模;9—凸模固定板;10—固定卸料板

直至碰到固定挡料销 3 为止。凸模 8 向下冲压时,冲下的零件进入凹模孔,而条料的孔则夹住凸模并随凸模一起回程向上运动。条料碰到固定卸料板 10(固定在凹模上)时被推下,这样,条料继续在导料板间送进。重复上述动作,冲下下一个零件。

(2)复合模　复合模是指在冲床的一次行程中,在同一工位上同时完成两道或两道以上冲压工序的模具。复合模的最大特点是模具中有一个凸凹模。图 3-17 所示为一副典型的落料冲孔复合模,冲模开始工作时,将条料放在卸料板 19 上,并由三个定位销 22 定位。冲裁开始时,落料凹模 7 和推件块 8 首先接触条料。当压力机滑块下行时,凸凹模 18 与落料凹模 7 共同作用冲出制件外形。与此同时,冲孔凸模 17 与凸凹模 18 共同作用冲出制件内孔。冲裁

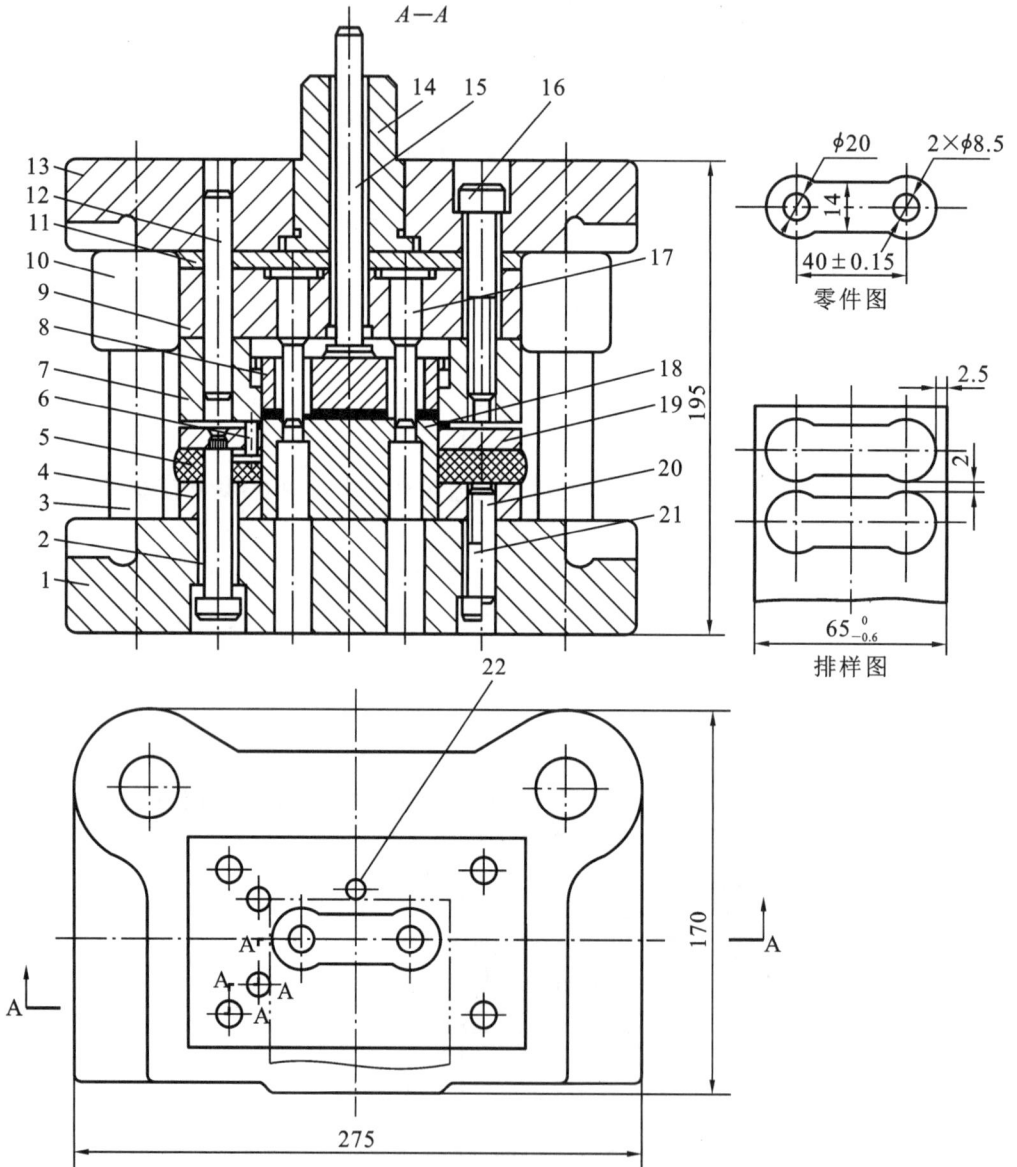

图 3-17　落料冲孔复合模

1—下模板;2—卸料螺栓;3—导柱;4—固定板;5—橡胶;6—导料销;7—落料凹模;8—推件块;9—固定板;10—导套;
11—垫板;12、20—销钉;13—上模板;14—模柄;15—打杆;16、21—螺栓;17—冲孔凸模;
18—凸凹模;19—卸料板;22—定位销

变形完成后,滑块回升时,打杆 15 打下推件块 8,将制件排出落料凹模 7。而卸料板 19 在橡胶反弹力作用下,将条料刮出凸凹模,从而完成冲裁过程。

(3) 连续模 连续模是指在毛坯的送进方向上,具有两个或更多的工位,在冲床的一次行程中,在不同的工位上逐次完成两道或两道以上冲压工序的模具。如图 3-18 所示,工作时定位销 4 对准预先冲出的定位孔,上模向下运动,落料凸模 5 进行落料,冲孔凸模 6 进行冲孔。当上模回程时,挡料板 3 从凸模上推下残料。这时再将坯料 2 向前送进,执行第二次冲裁。如此循环进行,每次送进的距离由挡料板 3 控制。

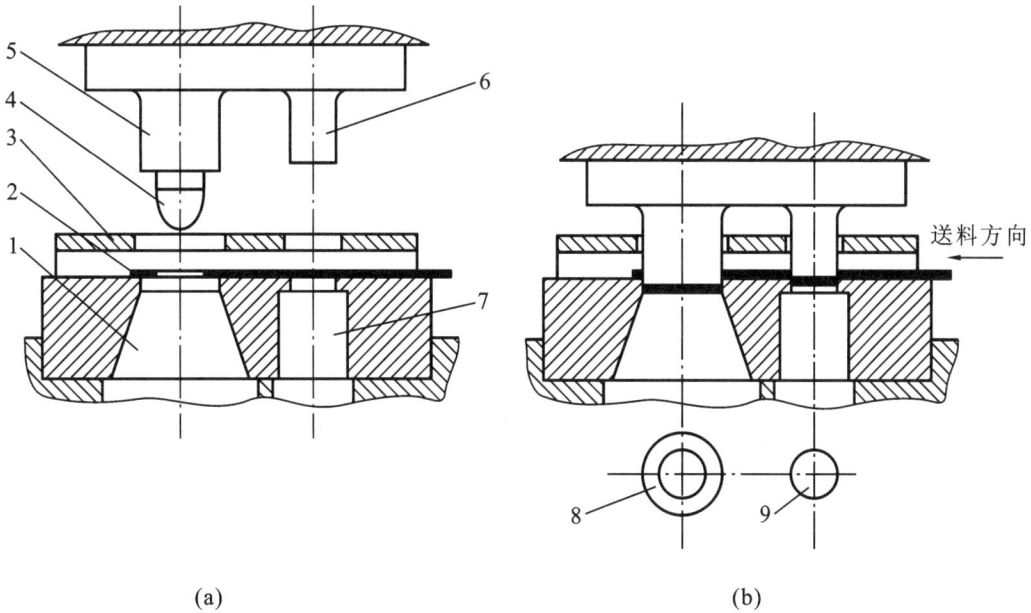

图 3-18 连续模

(a)行程前;(b)行程后

1—落料凹模;2—坯料;3—挡料板;4—定位销;5—落料凸模;6—冲孔凸模;

7—冲孔凹模;8—制件;9—废料

3. 冲模的安装

冲模的上模通过模柄安装在冲床滑块上,随滑块做往复运动,下模通过下模板由压板或螺栓安装紧固在冲床工作台上。装模时必须使模具的闭合高度介于冲床的最大闭合高度和最小闭合高度之间,通常应满足

$$H_{max} - H_1 - 5 \geqslant H \geqslant H_{min} - H_1 + 10$$

式中:H_{max}——冲床最大闭合高度(mm),即滑块位于上死点位置、连杆调至最短时,滑块端面至工作台面的距离;

H_{min}——冲床最小闭合高度(mm),即滑块位于下死点位置、连杆调至最长时,滑块端面至工作台面的距离;

H_1——冲床垫板的厚度(mm);

H——模具的闭合高度(mm),即合模状态下,上模座至下模座的距离。

冲模安装尺寸如图 3-19 所示。

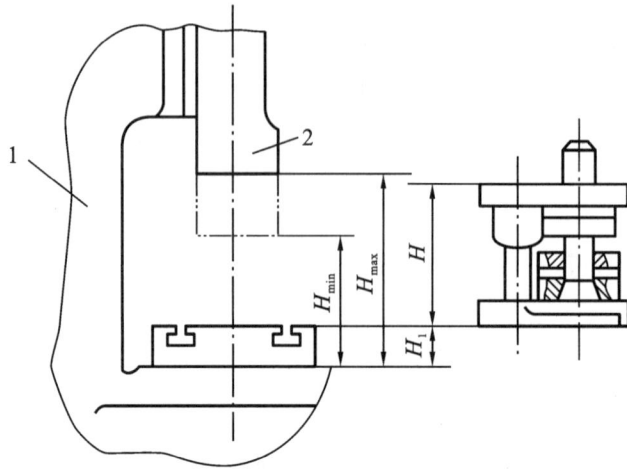

图 3-19　冲模安装尺寸
1—床身;2—滑块

锻造和板料冲压实习安全操作规程

1. 自由锻

(1) 操作时钳身要放平,并将工件平放在砧座中心位置。

(2) 无论何种工序,首锤都要轻击;锻件需要斜锻时,必须选好着力点。

(3) 在锻打过程中,严禁往砧面上塞放垫铁;只能当锤头悬起平稳后方可放置垫铁。

(4) 锤头没停稳前,不得直接将手伸进锤头行程内取、放工具。

(5) 在使用脚踏开锤的情况下,在测量时,应将脚从脚踏开关处挪开,以防误踏。

(6) 为了防止烫伤,红热工件、工具应放在指定地点,不准随意乱放。

2. 胎模锻造

(1) 锻造前,先检查模具是否有裂纹,并将模具预热至 150~200 ℃。

(2) 将胎模平稳放置在砧座中心后,方可锤击空腔模具。

(3) 锤头提升平稳后,方可加上模,上、下模对准,手离开后方可锤击。

(4) 垫铁的上、下表面必须平整,放平稳后方可锤击。

3. 剪床

(1) 电动机不准带载启动,开车前应将离合器脱开。

(2) 送料时要注意人身安全,特别是一张板料剪到末了时,不要将手指垫在板料下送料或将手指送入刃口;严禁两人在同一剪床上同时剪切两件材料;工作时,剪床后不准站人。

第4章 焊 接

4.1 概 述

　　焊接是指通过加热或加压,或两者兼用,使焊件达到原子间结合并形成永久接头的工艺过程。在现代制造工业中,焊接广泛应用于金属结构件,例如桥梁、船体、车厢、容器等的生产。

　　焊接种类繁多,根据操作时加热、加压方式的不同,分为熔化焊、压焊和钎焊。

　　熔化焊是指在焊接过程中将焊件接头加热至熔化状态,不施加压力而形成焊接接头的方法,包括电弧焊、气焊(气割)等。手工电弧焊适用于大多数工业用金属、合金的焊接。电弧焊普及之前,气焊在许多工业部门的焊接工作中应用广泛,气焊对铜、铝等有色金属的焊接具有独特优势,在野外施工等没有电源的情况下,无法进行电弧焊时更要使用气焊。目前,电弧焊和气焊(气割)在各类生产中应用广泛。

　　压焊是指在焊接过程中,必须对焊件施加压力(可加热也可不加热)而完成焊接的方法。压焊包括电阻焊、冷压焊、扩散焊、超声波焊、摩擦焊和爆炸焊等,其中以电阻焊应用最为广泛。

　　钎焊利用熔点比工件低的焊料(又称为钎料)作为填充金属,焊料熔化后流布于固态工件间隙内,冷却凝固后即形成钎焊接头,把分离金属连接起来。钎焊与熔化焊(如手工电弧焊、气焊等)的主要区别是,钎焊时只有焊料熔化,而母材不熔化,液态焊料是借助毛细管的作用而填满接头间隙的。

4.2 手工电弧焊

　　手工电弧焊是指手工操纵焊条进行焊接的电弧焊方法,也称为焊条电弧焊。

4.2.1 手工电弧焊的焊接过程

　　在进行手工电弧焊时,焊条末端和工件之间燃烧的电弧产生高温,使焊条药皮、焊芯熔化,熔化的焊芯端部形成细小的金属熔滴,通过弧柱过渡到局部熔化的工件表面,并熔化工件,形成熔池。随着焊条以适当速度在工件上连续向前移动,熔池液态金属逐步冷却结晶,形成焊缝,如图4-1所示。药皮熔化过程中产生气体和熔渣,使熔池、电弧和周围空气隔绝,熔化了的药皮、焊芯、工件发生一系列反应,保证焊缝的性能。熔渣冷凝后形成的渣壳层要清除掉。

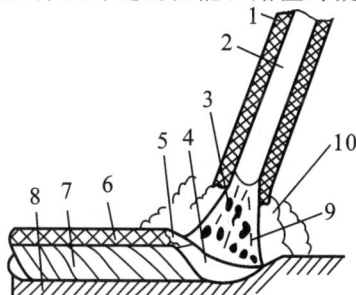

图 4-1 手工电弧焊

1—药皮;2—焊芯;3—熔滴;4—熔池;5—熔渣;6—渣壳;7—焊缝;8—母材;9—电弧;10—保护气体

4.2.2 手工电弧焊设备及用具

手工电弧焊的基本电路如图 4-2 所示。该电路主要由交流或直流弧焊电源、焊钳、电缆、

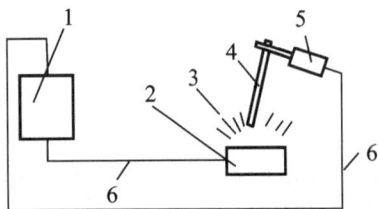

图 4-2 手工电弧焊基本电路

1—弧焊电源；2—工件；3—电弧；

4—焊条；5—焊钳；6—电缆

焊条及工件等组成。这里分别对手工电弧焊的电源(交流、直流焊机)、焊条及常用工具和辅具进行介绍。

1. 电源

手工电弧焊需要专用的弧焊电源，即手工弧焊机，简称弧焊机。根据提供的焊接电流不同，弧焊机分为交流弧焊机和直流弧焊机。

交流弧焊机结构简单、噪声小、成本低，输出电压随输出电流(负载)的变化而变化。使用交流弧焊机焊接时，空载电压为 60～80 V，能满足顺利起弧的要求，并可有效保证人身安全。在正、负极短路瞬间起弧时，电压会自动下降并趋近于零，使短路电流不致过大而烧毁电路或变压器。起弧后，电压自动下降到电弧正常工作所需的 20～30 V。但交流弧焊机的电弧稳定性较差。

图 4-3 所示为一种常用的交流弧焊机，型号为BX1-300，其中"B"表示弧焊变压器，"X"表示下降外特性，"1"为系列品种的序号，"300"表示额定焊接电流为 300 A。该弧焊机可以将工业用220 V或 380 V电压降到焊接的空载电压(70 V)以满足引弧的需要，而焊接时随着焊接电流的增加，电压自动下降到电弧正常工作时需要的电压(22.5～32 V)。箱壳两端装有接线板，较细的接线柱接电源，较粗的接线柱接焊件和焊钳；使用时，后板上的接地螺栓要接好地线。

该交流焊机具有突出的优点：可以实现酸性焊条对低碳钢的焊接；可实现交-直流两用碱性焊条对低合金钢焊件的焊接；具有较高的空载电压，起弧容易。

焊机的输出端有正、负之分，其接电缆处有标记："＋"是正极(或阳极)，"－"是负极(阴极)。使用

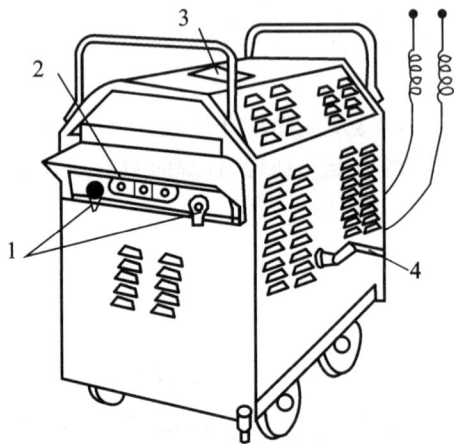

图 4-3 交流弧焊机

1—焊接电源两极(分别接工件和焊钳)；

2—线圈抽头(粗调电流)；

3—电流指示器；

4—调节手柄(细调电流)

交流弧焊电源施焊时，正、负两极是交替变换的，焊件(或焊条)既可接正极又可接负极，两极区的温度几乎是相同的。

使用直流弧焊电源时，弧焊机两极有两种不同的接线法：焊件接电源正极称为正接法(也称正极法)；焊件接电源负极称为反接法(也称负极法)。正极区和负极区的温度不一样，应根据焊件的厚度、材质和焊条的性能选择正接法和反接法。使用直流弧焊电源焊接厚板时，由于电弧正极的温度和热量比负极高，一般采用正接法，这样可以获得较大的熔深；焊接薄板时，采用反接法可以防止烧穿。碱性焊条宜采用反接法，这样电弧燃烧稳定，飞溅小；酸性焊条宜采用正接法。焊接铸铁、有色金属时一般采用反接法。

2. 焊条

涂有药皮、供弧焊用的熔化电极称为电焊条,简称焊条,如图4-4所示。焊条由焊芯和药皮(涂层)组成。有的焊条引弧端涂有引弧剂,使起弧更容易。焊芯为金属芯,在焊接时它是电极,熔化后就成为焊缝的填充金属。焊芯金属占整个焊缝金属的50%～70%,一般为高级优质钢。焊条直径一般指焊芯直径,常用范围是2.5～4.5 mm,焊条长度一般为350～450 mm。焊条药皮是由矿石粉末、铁合金粉、有机物和化工制品等原料按一定比例配制后压涂在焊芯表面的一层涂料。药皮具有以下重要的功能:

(1)机械保护。药皮熔化或分解后产生气体和熔渣可隔绝空气,防止熔滴和熔池金属与空气接触;熔渣凝固后的渣壳覆盖在焊缝表面,可以防止焊缝金属氧化和氮化,并减慢焊缝金属冷却速度。

(2)药皮去除了有害元素,添加了有用元素,使焊缝具备良好的力学性能。

(3)改善焊接工艺性能。药皮能保证电弧容易引燃并稳定地连续燃烧,同时减少熔液飞溅。

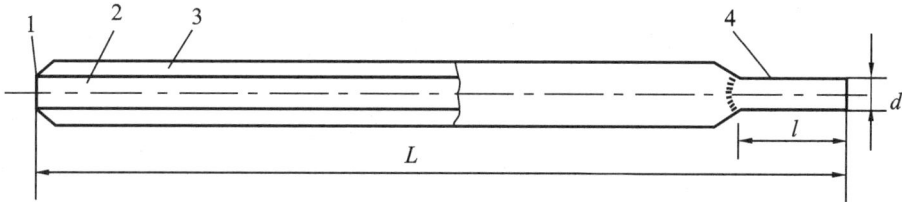

图4-4 焊条结构示意图

1—引弧端;2—焊芯;3—药皮;4—夹持端;

L—焊条长度;l—夹持端长度;d—焊条直径

焊条种类繁多,分类方法也很多。最常用的是按照熔渣性质分为酸性焊条和碱性焊条(其熔渣分别是酸性氧化物和碱性氧化物)。酸性焊条适于交、直流电源两用,其焊接工艺性好,但焊缝力学性能尤其是冲击韧度差,适于一般低碳钢和相应强度的低合金钢结构的焊接。碱性焊条适于直流反接施焊,但若在药皮中加入稳弧剂,也适用于交、直流弧焊两用。碱性焊条的焊缝具有良好的抗裂性和力学性能,冲击韧度高,因此当产品设计或焊接工艺规程规定用碱性焊条时,不得用酸性焊条代替。焊条按照药皮成分又可分为钛钙型、氧化铁型等,按用途可分为结构钢焊条、钼和铬钼耐热钢焊条、不锈钢焊条、低温钢焊条等。

在靠近焊条夹持端的药皮上印有焊条牌号,牌号是焊接材料统一的焊条代号,是根据焊条的主要用途及性能特点对其命名的。焊条的牌号用一个汉语拼音或汉字与三位数字组成,拼音或汉字表示焊条大的类别(通常按焊条用途分类),其后的三位数字中,前两位对于不同的类别表达的内容不相同,第三位数字表示各牌号焊条的药皮类型及焊接电源种类。以结构钢焊条为例,牌号前面是"J",接着的两位数字表示焊缝金属最低抗拉强度(对于低温钢焊条则表示焊条工作温度等级),第三位数字表示药皮类型和焊接电源种类。市场大量供应和工厂大量使用的J422焊条的牌号表达的内容为:该焊条是结构钢焊条,焊缝金属最低抗拉强度不低于420 MPa,药皮种类是钛钙型,对于交、直流电源均适用。

3. 常用工具和辅具

手工电弧焊除了电源和焊条之外,还有常用工具和辅具,如焊钳、焊接电缆、面罩、防护服、敲渣锤、钢丝刷和焊条保温筒等。

焊钳一方面使操作者能夹住和控制焊条,另一方面起着从焊接电缆向焊条传导焊接电流的作用。因此,焊钳应具有良好的导电性,以及不易发热、质量小、夹持焊条牢固及装换焊条方便等特性。面罩及护目玻璃可防止焊接时的飞溅物、强烈弧光及其他辐射物将操作者面部及颈部灼伤。护目玻璃装在面罩正面,焊接时操作者可通过护目玻璃观察熔池情况,正确掌握和控制焊接过程。焊条保温筒可对焊条起防污、防潮、防雨淋的作用。防护服包括皮革手套、工作服、脚盖、绝缘鞋等,可以防止操作者触电或被弧光、金属飞溅物灼伤。敲渣锤和钢丝刷是用来清除工件上和熔敷在焊缝金属表面上的油垢、熔渣及其他杂质的。

4.2.3　焊接规范的选择

手工电弧焊的焊接规范主要对焊条直径、焊接电流、焊接速度和电弧长度做出了规定。

1. 焊条直径

为提高生产率,通常选用较粗的焊条,但一般其直径不大于 6 mm。对于工件厚度在 4 mm 以下的对接焊,一般用直径小于或等于工件厚度的焊条。焊条直径与板厚的关系如表 4-1 所示。焊接大厚度工件时,一般接头处都要开坡口。在进行打底层焊时,可采用直径为 2.5～4 mm 的焊条,之后的各层均可采用直径为 5～6 mm 的焊条。立焊时,焊条直径一般不超过 5 mm,仰焊时则不应超过 4 mm。

表 4-1　焊条直径与板厚的关系

焊件厚度/mm	<4	4～8	9～12	>12
焊条直径/mm	≤板厚	3.2～4	4～5	5～6

2. 焊接电流

焊接电流主要根据焊条直径来确定。焊接电流太小,焊接生产率较低,电弧不稳定,还可能焊不透工件。焊接电流太大,则会引起熔化金属的严重飞溅,甚至烧穿工件。

焊接一般钢材的工件,焊条直径在 3～6 mm 时,可由经验公式求得焊接电流的参考值,即

$$I = (30 \sim 55)d$$

式中:I——焊接电流(A);

　　　d——焊条直径(mm)。

此外,电流大小的选择还与接头形式和焊缝在空间的位置等因素有关。立焊、横焊时的焊接电流应比平焊时小 10%～15%,比仰焊时小 15%～20%。

至于焊接速度和电弧长度,通常由焊工根据焊条牌号和焊缝所在空间的位置,在施焊过程中适当调节。

4.2.4　操作要领

进行手工电弧焊操作时,首先要把焊条引燃,然后用焊钳夹持焊条以适当角度、适当速度在工件上移动,最后使焊条熄灭。要想焊好工件,需要掌握关键的四种方法:引弧方法、运条方法、接头方法和收弧方法。

1. 引弧方法

引燃焊接电弧(引燃焊条)的过程称为引弧。焊接开始时,首先要引弧。引弧方法有敲击法和划擦法两种,如图 4-5 所示。一般敲击法更为常用:将电路连好后,用焊钳夹持焊条,焊条垂直于焊件,接触焊件形成短路后迅速提起 2～4 mm,引燃电弧。

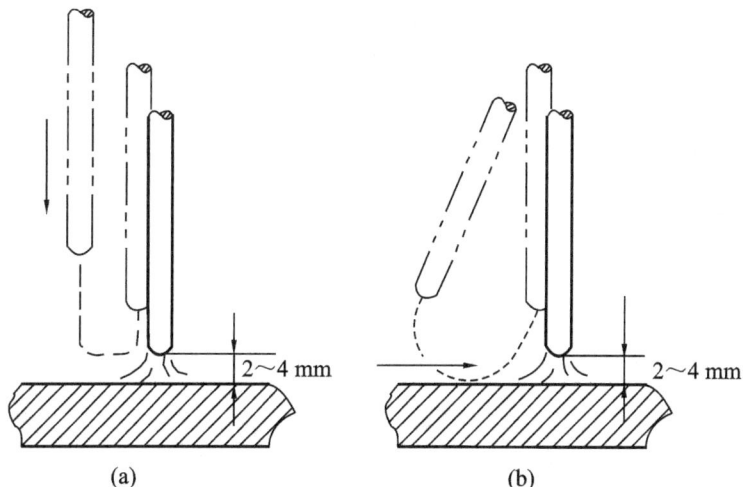

图 4-5　手工电弧焊引弧方法
(a)敲击法；(b)划擦法

运用敲击法时需注意以下操作要点。

(1) 焊条敲击焊件后要迅速提起，否则容易黏住焊件，产生短路。如果发生黏条，可以将焊条左右摇动后拉开，如果拉不开则松开焊钳，切断电路，待焊条冷却后再进行处理。

(2) 焊条不能提得过高，否则电弧会熄灭。

2. 运条方法

在焊接过程中，使焊条相对焊缝做各种动作称为运条。引弧后要掌握好焊条与焊件之间的角度(见图 4-6)，同时完成以下三个基本动作(见图 4-7)：

(1) 使焊条向下做送进运动，送进速度要和焊条熔化速度一致；

(2) 使焊条沿焊缝做纵向运动，移动速度就是焊接速度；

(3) 使焊条沿焊缝做横向摆动，以获得适当宽度的焊缝。

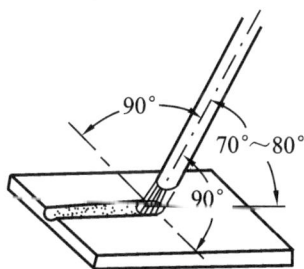

图 4-6　焊条和焊件之间的角度

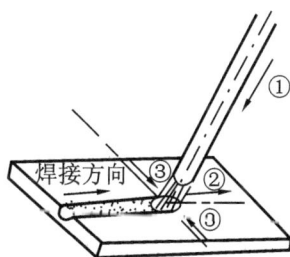

图 4-7　运条过程

3. 接头方法

焊条长度是有限的，因此在焊接过程中一定会产生焊缝接头。常用的接头方法分两类：一类是冷接，另一类是热接。热接是指更换焊条时，接头处在高温红热状态下的接头连接方法。冷接和热接的区别在于重新焊接时，原先的熔池是否冷却。

4. 收弧方法

收弧是焊接过程中关键的动作，若操作不当，则会出现凹坑、缩孔、裂纹等缺陷。收弧方法有两种：连弧法和断弧法。

（1）连弧法　这种收弧方法分两种：一种是更换焊条时，将电弧缓慢拉向后方坡口的一侧约 10 mm 后再慢慢熄弧；另一种是焊缝收尾时，将电弧在弧坑处稍停留，待凹坑填满后向上抬起，将电弧慢慢拉长，然后熄弧。

（2）断弧法　在焊缝收尾处，将电弧拉向坡口边缘，反复运用起弧、收弧的方法填满弧坑。

4.2.5　焊接接头形式、坡口形式和焊接位置

1. 接头形式

将两个工件焊接在一起时，两个工件的相对位置决定了它们的接头形式。手工电弧焊常用的基本接头形式有对接接头、角接接头、搭接接头和 T 形接头（见图 4-8）四类。

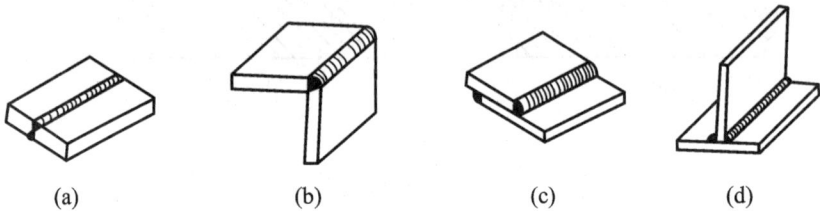

(a)　　　(b)　　　(c)　　　(d)

图 4-8　焊接接头形式

(a)对接接头；(b)角接接头；(c)搭接接头；(d)T 形接头

2. 坡口形式

在焊接过程中，为满足零件设计和工艺的要求，同时为了增大被焊金属在焊缝中所占的比例及确保焊接完成后清渣方便，要在焊件的待焊接部位加工一定形状的沟槽，这种沟槽称为坡口。一般用机械加工方法（如剪切、刨削、车削等）加工坡口（这个过程称为开坡口）。各种坡口形式如图 4-9 所示。为了防止烧穿，常在坡口根部留 2~4 mm 的直边，称为钝边。为保证钝边焊透，也要留一定间隙。

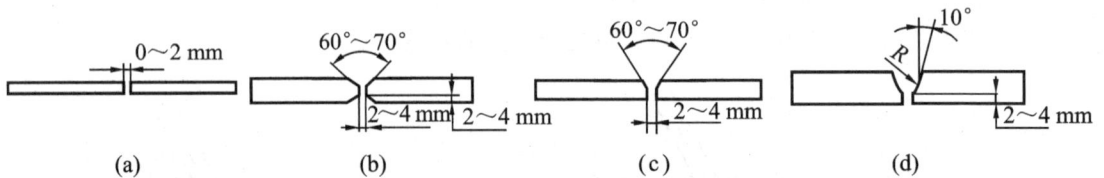

(a)　　　(b)　　　(c)　　　(d)

图 4-9　坡口形式

(a)平头对接坡口；(b)X 形坡口；(c)V 形坡口；(d)U 形坡口

3. 焊接位置

焊件接缝所处的空间位置称为焊接位置。焊接位置可分为平焊位置、立焊位置、横焊位置和仰焊位置，如图 4-10 所示。

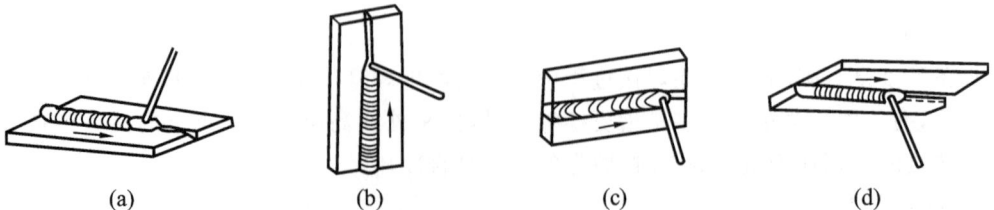

(a)　　　(b)　　　(c)　　　(d)

图 4-10　焊接位置

(a)平焊；(b)立焊；(c)横焊；(d)仰焊

4.2.6 手工电弧焊的优缺点

手工电弧焊具有的优点:① 使用设备简单,设备投资少,只需要简单的辅助工具;② 不需要气体防护,焊条不但能提供填充金属,而且在焊接过程中能够产生保护熔池和焊接处,避免其发生氧化的保护气体,同时具有较强的抗风能力;③ 操作灵活,适应性强,凡是焊条能够到达的地方都能进行手工电弧焊;④ 应用范围广,适用于大多数工业用金属和合金的焊接。

手工电弧焊的缺点:焊接质量在一定程度上取决于操作者的操作技术;由于主要靠操作者手工操作和用眼睛观察,并且始终处于高温和有毒烟尘环境中,因此劳动条件差;手工电弧焊是手工操作,工作时还要经常更换焊条,并清理熔渣,因此生产率比自动焊低;手工电弧焊不适用于特殊金属,如活泼金属钛(Ti)、锆(Zr),难熔金属钼(Mo)、钽(Ta)等的焊接;焊接工件厚度一般在 1.5 mm 以上、1 mm 以下的薄板不适合采用手工电弧焊。

4.3 气焊与气割

虽然目前电弧焊、CO_2 气体保护焊等先进的焊接方法发展很迅速,气焊的应用范围相应减小,但是它在铜、铝等有色金属的焊接领域仍有独特优势。气焊与气割的应用几乎覆盖了机械、造船、军工、石油化工、矿山冶金、能源、交通等多个领域。

气焊和气割均是利用热能加热金属,并且热能都由气体火焰提供,用气都以乙炔为主。不同之处在于:气焊是将分离的金属表面熔化后焊接在一起,而气割则是将工件切割处金属加热后实现分离。乙炔在纯氧中温度可以达到 3 100 ℃ 以上,是目前气割用燃气中温度最高、应用量最大、使用最早的气焊、气割用燃气。

4.3.1 气焊

1. 气焊设备

气焊设备由焊炬、氧气瓶、乙炔瓶、减压阀、回火防止器、胶管等组成(见图 4-11),是利用气体火焰作热源的焊接设备。

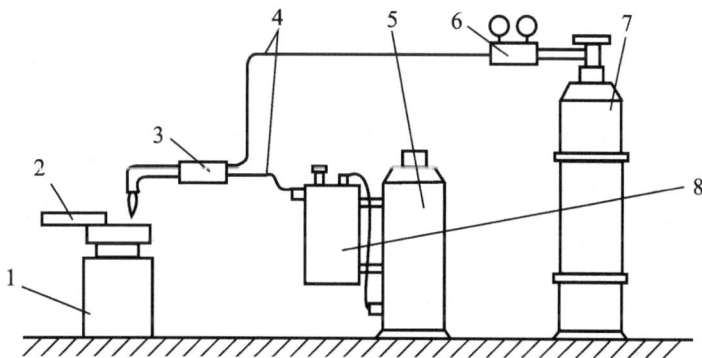

图 4-11 气焊系统

1—工作台;2—工件;3—焊炬;4—胶管;5—乙炔瓶;6—减压阀;7—氧气瓶;8—回火防止器

(1) 焊炬 焊炬是气焊的主要工具,乙炔和氧气通过焊炬以一定比例混合,由焊嘴喷出点燃后进行金属气焊。常用的射吸式焊炬结构如图 4-12 所示。焊炬通过更换不同焊嘴,可以用于焊接不同厚度的钢板。

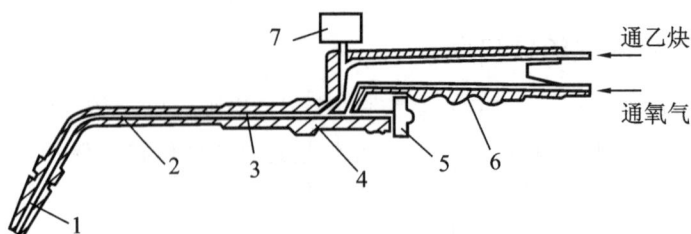

图 4-12　射吸式焊炬结构

1—焊嘴；2—混合气管；3—射吸管；4—喷嘴；5—氧气调节阀；6—氧气导管；7—乙炔调节阀

（2）气体钢瓶　气体钢瓶包括氧气钢瓶和乙炔钢瓶。氧气钢瓶用来储存高压气态氧，它是由优质碳素钢或低合金钢制成的无缝容器；乙炔钢瓶是储存乙炔的压力容器，瓶口安装专门的乙炔气阀，瓶内充满浸渍了丙酮的多孔物质（硅酸钙颗粒），乙炔溶解在丙酮里。乙炔钢瓶内部还装有易熔合金安全塞，一旦温度超过 105 ± 5 ℃，合金安全塞就会熔化，乙炔就可以缓慢逸出，以免爆炸。

（3）减压阀　减压阀的作用是将钢瓶内或管路的气体压力调节到工作压力，并在使用过程中保持工作压力的稳定。

（4）回火防止器　回火防止器装在燃气系统上，当发生回火时，它可以防止火焰或燃烧气体向燃气管路或气瓶倒流。

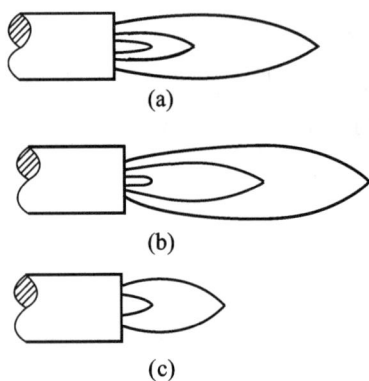

图 4-13　氧气-乙炔火焰形状

(a)中性焰；(b)碳化焰；(c)氧化焰

2. 气焊火焰

乙炔作为传统的燃气一直在气焊中占据着不可替代的主导地位。为了使乙炔充分燃烧，要在焊炬中混入一定比例的氧气。按气焊操作时氧气、乙炔的比例不同，氧气-乙炔火焰可分为中性焰、碳化焰和氧化焰，它们的火焰性质和形状各不相同（见图 4-13），可以适应不同金属的焊接。

（1）中性焰　氧气、乙炔之比为 1.1～1.2 时形成中性焰，又称为正常焰。中性焰有轮廓明显的焰心，亮白色的焰心端部有淡白色火焰闪动。这种火焰应用最广，适用于低碳钢、中碳钢、低合金钢、纯铜、铝及铝合金、铅、锡等的气焊。

（2）碳化焰　氧气、乙炔之比小于 1.1 时，火焰变成碳化焰，其焰心轮廓不如正常焰明显。这种火焰有较强的还原作用及一定的渗碳作用，能对高碳钢、高速钢、硬质合金钢等金属进行气焊。

（3）氧化焰　当氧气、乙炔之比大于 1.2 时，火焰变成氧化焰，焰心呈现圆锥形，中层和火舌的长度大为缩短，并且燃烧时带有噪声，含氧量越多，噪声越大。轻微氧化的氧化焰适用于黄铜、锰黄铜、镀锌铁皮等的气焊。

3. 气焊的操作

在气焊操作之前应根据焊件厚度选择焊炬和焊嘴，并且进行检查。首先，检查乙炔管、氧气管，确保不漏气；其次，检查射吸状况，氧气管接上，不接乙炔管，将焊炬上的两种气体调节阀均打开，用手堵在乙炔进气管上，若感到有吸力则说明射吸作用正常；最后，检查焊炬各接头及气体通道是否通畅。经检查确定合格后方可进行气焊。气焊时需要注意以下三点。

（1）点火及灭火　气焊时要注意两种气体打开和关闭的顺序。点火时先稍微打开氧气调节阀，然后打开乙炔调节阀，点火后应立即调整火焰大小和形状，直至得到所需的火焰。停止使用时应先关闭乙炔调节阀，然后再关闭氧气调节阀，这样可防止产生烟尘。工作结束时将氧气瓶阀和乙炔瓶阀关闭,并收好焊炬。

(2)焊接方向 在气焊时,焊接方向有两个(见图4-14):左向焊接(从右向左沿焊缝移动焊炬和焊丝),适用于焊接薄板;右向焊接(从左向右沿焊缝移动焊炬和焊丝)适用于焊接厚度较大的工件。

(3)焊嘴的倾斜角度 焊嘴垂直于焊件表面(焊嘴中心线与焊件表面夹角为90°)时,火焰热量最为集中,工件可以吸收的热量也最大。随着焊嘴倾斜程度的加大(焊嘴中心线与焊件表面的夹角小于90°),焊件吸收的热量也随之下降。气焊操作时:对于熔点高、导热性好、厚度较大的焊件,要使接头处吸收的热量大,应将焊嘴中心线与焊件表面的夹角调整至接近90°;反之,则将夹角调小。

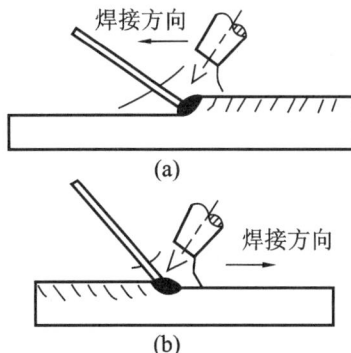

图4-14 焊接方向
(a)左向焊接;(b)右向焊接

4.3.2 气割

1. 气割原理及过程

从宏观上说,气割是将金属在高纯度氧气流中燃烧的化学过程与借助切割气流排除熔渣的物理过程相结合的一种加工方法。

气割的过程是这样的:用乙炔和氧气混合燃烧产生的热量预热金属表面,使其达到燃烧温度,同时送进高纯度、高速度的氧气,使金属在氧气中剧烈燃烧,生成氧化熔渣并放出大量热量,燃烧热和熔渣共同作用,不断加热切口处金属,并使热量迅速传递到工件底部;用高速气流把燃烧生成的氧化熔渣吹去,使割炬在被切工件上相对移动形成割缝,从而实现对金属的切割。

2. 气割设备

气割所使用的设备除了要将气焊使用的焊炬改为割炬(见图4-15)外,其他结构和气焊设备相同。

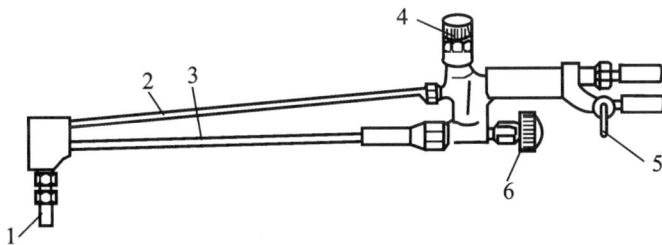

图4-15 割炬结构
1—割嘴;2—氧气管;3—预热焰混合气体管道;4—氧气调节阀;5—乙炔调节阀;6—预热氧气阀

3. 气割条件

要使金属气割正常进行,金属材料需要满足以下条件。

(1)金属的熔点必须高于它的燃点。

(2)金属氧化物的熔点应该低于金属本身的熔点。如高铬钢,铬氧化物的熔点高于高铬钢熔点,因此不能用一般的采用火焰的气割。

(3)金属燃烧时会释放出大量的热量,金属本身的导热性要弱,这样才可以使切割处的热量不易散失,足以维持切割过程。

（4）生成的氧化物流动性好,这样可以使切割形成的氧化物被割炬射出的气流吹掉,使切割过程顺利进行。

4.4　其他焊接方法简介

现代工业对焊接的要求越来越高,新的焊接方法也不断出现。电弧焊以电极和工件之间的电弧作为热源,是目前应用最广泛的焊接方法。除了手工电弧焊之外,常用的焊接方法还有埋弧焊、气体保护焊、电阻焊等。

4.4.1　埋弧焊

埋弧焊以连续送进的焊丝作为电极和填充物,焊接时在焊接区的上面覆盖一层颗粒状的焊剂,电弧在焊剂层下燃烧,将焊丝端部和局部母材熔化后形成焊缝。

埋弧焊分为自动埋弧焊和手工埋弧焊两种。自动埋弧焊的送进和电弧的移动均由专用焊接小车完成;手工埋弧焊的焊丝送进由机械完成,电弧的移动则通过手持焊枪移动来实现。

1. 埋弧焊的工作过程

埋弧焊的焊接设备由电源、导电嘴、送丝机构、焊剂漏斗、软管等组成,其工作过程如图4-16所示。焊接电源分别接在导电嘴和工件上,用来产生电弧;焊丝由焊丝盘经过送丝机构和导电嘴送入焊接区;颗粒状的焊剂由焊接漏斗经软管均匀地堆敷到焊缝接口区;焊丝和送丝机构、焊机漏斗和焊接控制盘等通常装在小车上,以便于焊接电弧的移动。

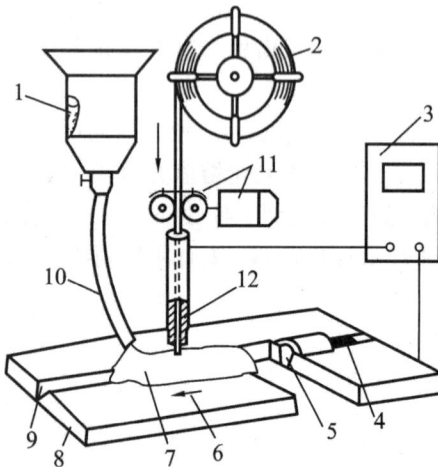
图4-16　埋弧焊的工作过程
1—焊剂漏斗;2—焊丝;3—电源;4—渣壳;5—熔敷金属;6—焊接方向;7—焊剂;8—母材;9—坡口;10—软管;11—送丝机构;12—导电嘴

埋弧焊电弧和焊缝的形成过程如图4-17所示。焊接时,连续送进的焊丝在一层可熔化的颗粒焊剂覆盖下引燃电弧。当电弧热量使焊丝、母材和焊剂熔化以至部分蒸发后,在电弧区由金属和焊剂蒸气构成一个空腔,电弧就在这个空腔内稳定燃烧。空腔底部是熔化的焊丝和母材形成的金属熔池,顶部是熔融焊剂形成的熔渣。气泡快速溢出熔池表面,熔池金属受熔渣和焊剂蒸气的保护不和空气接触。随着电弧前移,电弧力将液态金属推向后方并逐渐冷却成焊缝,熔渣则凝固成渣壳覆盖在焊缝表面。

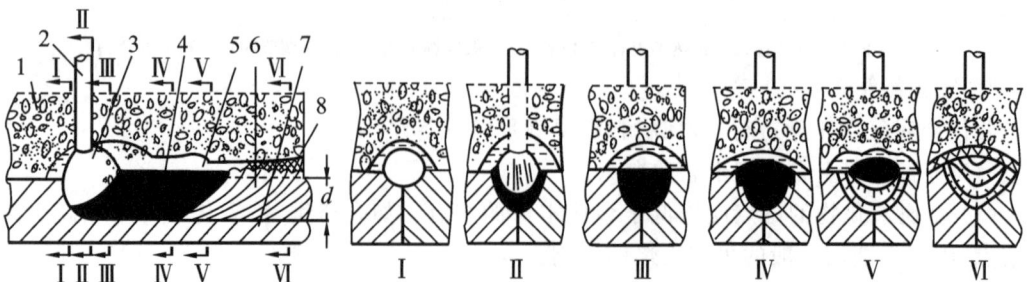
图4-17　埋弧焊焊缝的形成过程
1—焊剂;2—焊丝;3—电弧;4—熔池;5—熔渣;6—焊缝;7—焊件;8—渣壳

埋弧焊可以采用较大的焊接电流。和手工电弧焊相比,它最大的优点是焊缝质量好、焊接速度高,特别适合用于焊接大型工件的直缝和环缝,并且多数采用专用设备完成。

2. 埋弧焊的特点及应用

埋弧焊的优点:① 生产率高,由于焊接电流大及受到焊剂和熔渣的保护,电弧的熔透能力和焊丝的熔敷速度都大大提高;② 焊接质量好,熔化金属不与空气接触,焊缝金属中含氮量低,熔池金属凝固慢,使焊缝中气孔、裂纹减少;③ 弧光不外露,劳动条件好,焊接过程通过自动调节保持稳定,对操作者技术要求不高。

埋弧焊的缺点:① 由于采用颗粒状的焊剂进行保护,一般只适用于平焊和角焊;② 焊接时由于不能直接观察电弧和坡口的相对位置,只能采用焊缝自动跟踪装置来保证焊炬对准焊缝而不焊偏。

由于埋弧焊熔深大、生产率高、机械化程度高,所以特别适合用于中厚板长焊缝的焊接。在船舶、锅炉、压力容器、化工设备、桥梁金属结构、起重机械、工程机械及冶金机械等的制造中,埋弧焊是主要的焊接方法。

4.4.2 气体保护焊

气体保护焊简称气电焊,其工作原理是:保护气体从喷嘴中以一定速度喷出,作为保护介质把电弧、熔池与空气隔开,从而获得性能良好的焊缝。根据电极是否熔化,气体保护焊分为钨极气体保护焊和熔化极气体保护焊。由于利用外加气体作为保护介质,因此电弧和熔池可见性好,操作方便。

1. 钨极气体保护焊

根据保护气体的活性程度,气体保护焊可分为惰性气体保护焊和活性气体保护焊。钨极氩气保护焊是典型的惰性气体保护焊。在氩气的保护下,利用钨电极和工件产生的电弧热熔化母材(若加填充焊丝则同时熔化焊丝)进行焊接。下面以钨极惰性气体保护电弧焊(tungsten inert gas arc welding,通常简称 TIG 焊)为例介绍钨极气体保护焊。

1) TIG 焊的原理及特点

在进行焊接时,氩气从焊枪的喷嘴中连续喷出,在电弧周围形成气体保护层来隔离空气,以防止其对钨极、熔池及临近热影响区的有害影响,而且氩气不与金属发生化学反应,从而可获得优质的焊缝。根据工件的具体情况,可以加或不加焊丝。钨极电弧非常稳定,特别适合用于薄板焊接,但容易受周围气流影响,不适宜室外工作;焊接时不产生飞溅,焊缝成型比较美观;由于氩气价格较贵,焊机较复杂,与其他焊接方法相比,生产成本较高。

2) TIG 焊的应用范围

虽然 TIG 焊适用于各种金属和合金的焊接,但从成本方面考虑,通常多用于焊接铝、镁、钛、铜等有色金属,以及不锈钢、耐热钢等。另外,对于低熔点和易蒸发的金属(如铅、锡、锌等)焊接困难。从厚度上来说,更适合焊接 3 mm 以下的金属焊件。

2. 熔化极气体保护焊

该方法利用外加气体作为电弧介质,并保护熔滴、熔池金属及焊接区高温金属免受周围空气的有害影响,通过连续等速送进可熔化的焊丝与被焊工件之间的电弧来熔化焊丝和母材,形成熔池和焊缝。

不同种类的熔化极气体保护焊对电弧状态和焊缝成型等有不同的影响。以氩气、氦气或其他惰性气体为保护气体的焊接方法称为熔化极惰性气体保护电弧焊(metal in sert gas arc welding,通常简称 MIG 焊),该方法一般用于焊接铝、铜、钛等有色金属;在氩气中加入少量氧化性气体(如 O_2、CO_2 等)能提高电弧稳定性,改善焊缝性能,以这样的混合气体作为保护气体的焊接方法称为熔化极活性气体保护电弧焊(metal active gas arc welding,通常简称 MAG焊),通常用于黑色金属。采用纯 CO_2 作为保护气体的焊接方法称为 CO_2 气体保护焊,这种焊接方法已经成为黑色金属的主要焊接方法。该方法由于具有诸多优点,应用最为广泛。这里以 CO_2 气体保护焊为例介绍熔化极气体保护焊。

1) CO_2 气体保护焊的原理

这种焊接方法的原理是:用焊件和焊丝作电极产生焊接电弧,通入干燥、预热的 CO_2 气体对焊接区域进行保护,以自动或半自动方式进行焊接,如图 4-18(a)所示。CO_2 气体保护焊焊机的结构如图 4-18(b)所示。

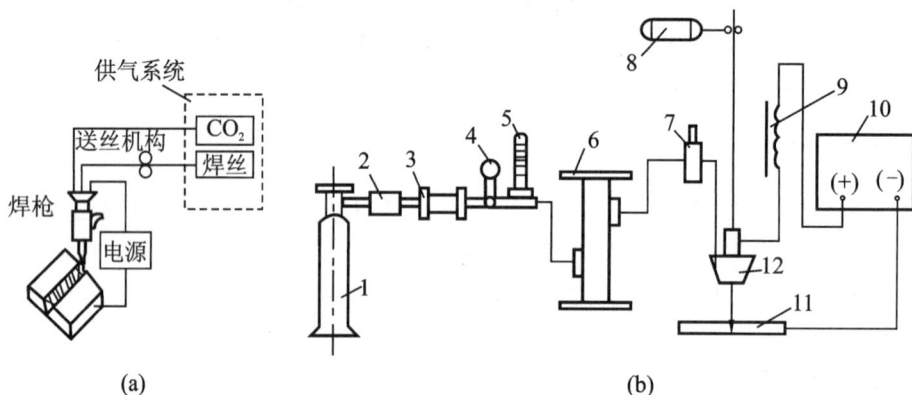

图 4-18　CO_2 气体保护焊原理及焊机结构示意图

(a)CO_2 气体保护焊的原理;(b)CO_2 气体保护焊焊机的结构

1—CO_2 气瓶;2—预热器;3—高压干燥器;4—减压器;5—流量计;6—低压干燥器;

7—气阀;8—送丝机构;9—可调电感;10—焊接电源;11—焊件;12—焊枪

2) CO_2 气体保护焊的特点及应用

由于焊丝熔化率高,熔敷速度快,CO_2 气体保护焊生产率比手工电弧焊高 1～3 倍;成本低,由于气体价格低,CO_2 气体保护焊成本只是手工电弧焊的 40%～50%;能耗低;由于焊缝含氢量低,所以抗锈蚀、抗裂性好,电弧可见性好,焊后不需要清渣,有利于实现焊接过程的机械化。但是 CO_2 气体保护焊在焊接时金属飞溅较严重、弧光强、烟雾较大,焊缝不是很美观。CO_2 在 1 000 ℃ 以上的高温下分解成 CO 和原子态的 O_2,具有一定的氧化性,因此不适合焊接易氧化的有色金属,主要用于焊接低碳钢和合金钢、铸钢件等。

4.5　常见焊接缺陷

4.5.1　常见焊接缺陷

手工电弧焊常见焊接缺陷有焊缝形状缺陷、气孔、夹渣、裂纹等。焊接缺陷会导致应力集中,降低零件的承载能力,缩短其使用寿命等。

1. 焊缝形状缺陷

焊缝形状缺陷包括焊缝尺寸不符合要求、咬边、底层未焊透、未熔合等。

（1）焊缝尺寸不符合要求 焊缝尺寸不符合要求是指焊缝不直、宽窄不均（见图 4-19(a)），焊缝余高太大（见图 4-19(b)）或焊肉不足（见图 4-19(c)），变形较大等。焊缝尺寸不符合要求的原因一般在于坡口角度不当或焊接速度不均匀、焊接电流不合适。

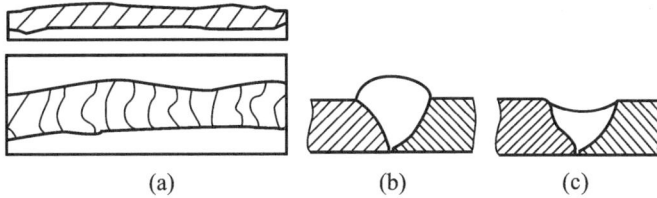

图 4-19 焊缝尺寸不符合要求
(a)焊缝不直、宽窄不均；(b)余高太大；(c)焊肉不足

（2）咬边 如图 4-20 所示，将焊件的焊接部位烧熔形成沟槽或凹陷称为咬边。咬边减弱了焊接接头强度，并且会因应力集中引起裂纹。电流太大、电弧过长、焊条角度不正确、运条方法不当都会造成咬边缺陷。

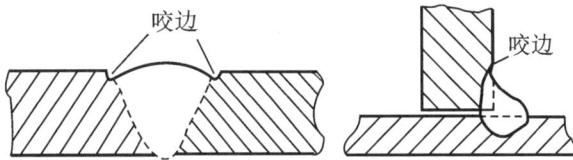

图 4-20 咬边

（3）底层未焊透 底层未焊透是指焊接时焊接接头底层未完全熔透的现象（见图 4-21）。未焊透容易造成应力集中，从而引起裂纹。产生未焊透缺陷的主要原因有：坡口角度或间隙太小，钝边太大，电流太小，运条速度太快，焊条角度不合适，等等。

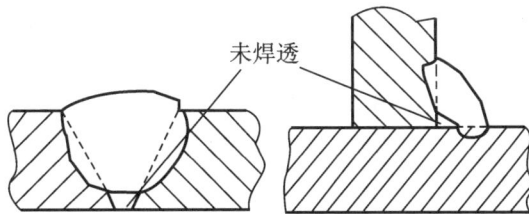

图 4-21 未焊透

（4）未熔合 未熔合是指焊道与母材或焊道与焊道在未完全熔化的情况下结合的缺陷（见图 4-22）。产生未熔合缺陷的原因有：焊接热量太低，电弧指向偏斜或坡口侧壁有锈垢及污物，等等。

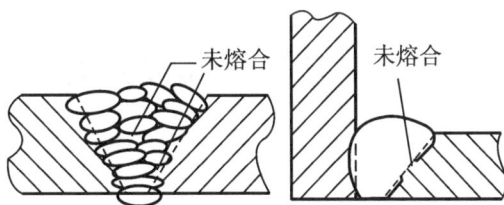

图 4-22 未熔合

2. 气孔

焊接时,在熔池金属凝固过程中,熔池中的气体未能逸出所造成的空穴称为气孔(见图 4-23)。气孔会降低焊缝的致密性,降低其力学性能。焊接处有油、锈、水分等污物,或者焊条药皮受潮、焊接速度过快、焊接电流过大等都会导致气孔。

3. 夹渣

残留在焊缝中的熔渣称为夹渣。这种缺陷会降低焊缝的力学性能,引起应力集中,可能导致焊接结构在承载时遭受破坏。层间清渣不干净、焊接电流太小、焊接速度太快都可能会导致夹渣缺陷。

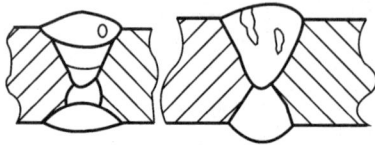

图 4-23　焊接气孔

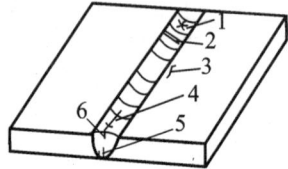

图 4-24　焊接裂纹

1—弧坑裂纹;2—横裂纹;3—热影响区裂纹;
4—纵裂纹;5—焊根裂纹;6—融合线裂纹

4. 裂纹

裂纹(见图 4-24)是焊件中最危险的一种缺陷,严重时会引起事故。如果产品有裂纹就应报废。裂纹形式有很多,按产生的温度分热裂纹、冷裂纹;按产生的部位分为根部裂纹、弧坑裂纹、熔合区裂纹、热影响区裂纹等;按裂纹的延伸方向分为纵裂纹、横裂纹、辐射裂纹等。

热裂纹一般发生在奥氏体不锈钢、铝合金、镍合金中,低碳钢一般不发生热裂纹;冷裂纹一般在焊后一段时间才出现,选用碱性焊条并经适当处理可以避免出现冷裂纹。

4.5.2　焊接缺陷的检验

焊接缺陷是不可能完全避免的,因此焊件要经过检查和试验,达到规定标准才可以使用。对于正常使用的焊件,裂纹、未焊透、未熔合、表面夹渣等缺陷是不允许有的;内部缺陷和气孔不能超过允许的范围。

未焊透、裂缝、气孔、夹渣等缺陷可用 X 射线、超声波来检测。用 X 射线检测焊接缺陷的检验方法称为 X 射线探伤,是用 X 射线穿透金属材料来对焊件内部缺陷进行检验的一种无损检测方法。超声波探测则是利用频率在 20 000 Hz 以上的超声波,穿透金属内部来判断焊缝中缺陷的位置和大小。对工件表面缺陷和尺寸偏差可以通过肉眼和放大镜检查;要判断焊缝是否存在穿透性缺陷,则需要进行气密性检验、氨气试验和煤油试验。检测焊缝强度和致密性则应进行水压试验,一般用工作压力的 1.25～1.5 倍水压来检验,需保持水压 5 min 以观察是否存在渗漏。该方法主要用在锅炉、容器、输送管道的检验中。

焊接实习安全操作规程

1. 手工电弧焊

(1)电源外壳要可靠地接地,电缆要绝缘良好,防止触电。

（2）操作时使用面罩，穿工作服，防止眼睛被弧光和紫外线辐射伤害，防止火花飞溅灼伤皮肤。

（3）操作场地避免存放易燃品、易爆品，防止火灾、爆炸的发生。

（4）操作场地要通风良好，防止有毒气体和烟尘中毒。

2. 气焊与气割

（1）工作前或停工时间较长再工作时，必须检查所有设备，乙炔瓶、氧气瓶的阀门及橡胶软管的接头应紧固牢靠，不能有松动的现象。氧气瓶及其附件、橡胶软管、工具上不准沾染油脂或污垢。

（2）氧气瓶、乙炔瓶必须距离高温源或明火 10 m 以上，如受条件限制，至高温源或明火的距离也不准小于 5 m，并应采取隔离措施。

（3）禁止用易产生火花的工具去开启氧气瓶或乙炔瓶的阀门。

（4）在工作完毕离开工作现场时，要拧上气瓶安全帽，收拾现场，把氧气瓶和乙炔瓶放在指定的安全地点。

第 5 章　切削加工基础知识

5.1　切削加工概述

切削加工是指用工具去除毛坯上多余的材料,以获得具有所需要的尺寸精度、形状精度、位置精度和表面粗糙度的零件的加工方法。

切削加工通常分为机械加工(简称机加工)和钳工两大类。机械加工是通过操纵机床对工件进行的切削加工,如车、铣、刨、磨、镗、钻、拉、插等。钳工一般是指手持工具进行的装配、维修或切削加工,如划线、錾、锯、锉、刮研、攻螺纹和套螺纹等。图 5-1 所示为常见的机械加工方式。

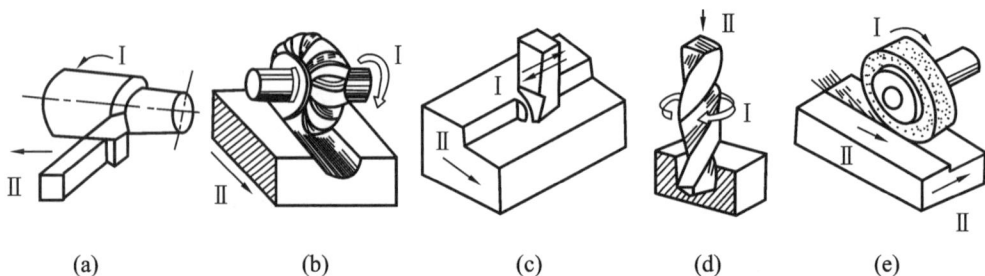

图 5-1　常见的机械加工方式
(a)车削;(b)铣削;(c)刨削;(d)钻削;(e)磨削

5.1.1　机械加工的切削运动

切削加工是通过刀具和工件之间一定的相对运动来实现的,这个相对运动称为切削运动,它包括主运动和进给运动。

1. 主运动

形成机床切削速度或消耗主要动力的运动称为主运动。没有这个运动,切削加工就无法进行。它可以是旋转运动,也可以是往复直线运动,如车削时工件的旋转,钻、铣、磨削时刀具的旋转,刨削时(牛头刨)刨刀的往复直线运动等。

2. 进给运动

使工件多余的材料不断投入切削的运动称为进给运动。没有进给运动,就不能进行连续切削。它可以是直线运动、旋转运动或两者的组合,如车削和钻削时刀具的移动,铣、刨(牛头刨)时工件的移动,磨外圆时工件的旋转和轴向移动等。

无论哪种切削加工,都必须有主运动和进给运动,但主运动只有一个,而进给运动可以有多个。

图 5-1 示出了常用机械加工方式下的切削运动,其中Ⅰ为主运动,Ⅱ为进给运动。

5.1.2 机械加工的切削用量

切削用量是切削速度 v_c、进给量 f 和背吃刀量 a_p 三者的总称。如图 5-2 所示,以车外圆为例来说明切削用量的计算方法及单位。

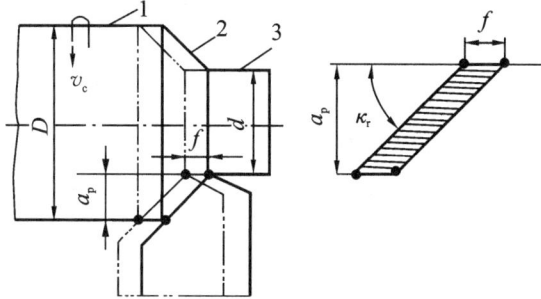

图 5-2 车削时的切削用量
1—待加工表面;2—加工表面;3—已加工表面

1. 切削速度 v_c

切削速度 v_c 是指单位时间内,刀刃上选定点相对于工件沿主运动方向的位移,即

$$v_c = \frac{\pi D n}{1\,000 \times 60} \quad \text{(m/s)}$$

式中:D——工件或刀具上相对于刀刃选定点处的直径(mm);

n——主运动的转速(r/min)。

2. 进给量 f

进给量 f 是指在主运动的一个循环内,工件与刀具在进给运动方向上的相对位移,单位为 mm/r。

3. 背吃刀量 a_p

背吃刀量 a_p 又称为切削深度,是指已加工表面和待加工表面之间的垂直距离,即

$$a_p = \frac{D-d}{2} \quad \text{(mm)}$$

5.2 机械加工零件的技术要求

任何机械产品都是由若干机械零件装配而成的,产品的使用性能和寿命取决于每个零件的加工质量和零件的装配质量。在设计零件时,应对每个零件提出合理的技术要求。零件的技术要求包括加工精度、表面粗糙度、零件热处理及表面处理等。

5.2.1 加工精度

加工精度是指工件加工后,其实际的尺寸、形状和相互位置等几何参数与理想几何参数相符合的程度,它包括尺寸精度、形状精度和位置精度。

1. 尺寸精度

尺寸精度是指零件的实际尺寸相对于理想尺寸的准确程度,用尺寸公差来控制。公差是指允许尺寸的变动量。尺寸精度的高低,用尺寸公差等级或相应的公差值来表示。尺寸公差分为 20 个等级,即 IT01、IT0、IT1~IT18,IT 表示标准公差,后面的数字表示公差等级。从

IT1～IT18,尺寸公差等级依次降低。IT1～IT12用于配合尺寸,IT13～IT18用于非配合尺寸。

2.形状精度

形状精度是指零件上的线、面要素的实际形状相对于理想形状的准确程度,如直线度、平面度、圆度、圆柱度、线轮廓度、面轮廓度等。

3.位置精度

位置精度是指零件上点、线、面要素的实际位置相对于理想位置的准确程度,如两平面间的平行度、垂直度,两圆柱面轴线的同轴度,一根轴线与一个平面间的垂直度、倾斜度等。

形状公差和位置公差统称为几何公差,其等级分为1～12级(圆度和圆柱度分为0～12级),12级精度最低,公差值最大。

5.2.2　表面粗糙度

表面粗糙度是指零件表面的微观不平程度。它影响零件的配合性质、耐磨性及密封性,从而影响零件的寿命和产品的使用性能。国家标准《产品几何规范　表面结构　轮廓法　表面结构的术语、定义及参数》(GB/T 3505—2009)推荐用轮廓算术平均偏差 Ra 标注表面粗糙度。Ra 值越大,表面越粗糙;反之,表面越光滑。图5-3所示为某曲轴的技术要求与标注示例。

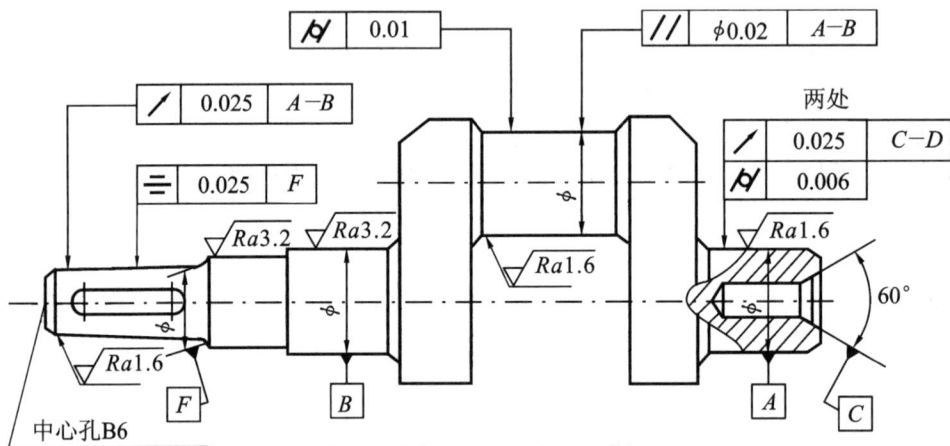

图5-3　曲轴的技术要求与标注示例

5.3 刀　具

在切削过程中,刀具切削性能的好坏与刀具材料密切相关,刀具材料通常是指刀具切削部分的材料。

5.3.1　对刀具材料的基本要求

在切削过程中,刀具切削部分不仅要承受很大的切削力和摩擦,而且要承受切削所产生的高温。因此,对刀具材料有以下要求。

(1)刀具材料硬度必须高于工件材料的硬度,否则无法切入工件。

(2)为了承受切削力和切削过程中的冲击和振动,刀具材料应有足够的强度和韧性。

(3)刀具材料要有好的抵抗磨损的能力。

（4）刀具材料应具有在高切削温度下保持高硬度、高强度的性能,即耐热性,并有良好的抗扩散、抗氧化的能力。

（5）刀具材料应具有尽量大的导热系数和小的线膨胀系数,这样由刀具传导出去的热量多,有利于降低切削温度和提高刀具的使用寿命,并可减少刀具的热变形。

（6）为便于制造刀具和使刀具有高的性能/价格比,要求刀具材料具有良好的工艺性(如可加工性、可磨削性和热处理特性)和经济性。

5.3.2 常用刀具材料的种类、性能及应用

目前,常用刀具材料可以分为三大类:工具钢(如碳素工具钢、低合金工具钢、高速工具钢等)、硬质合金和新型刀具材料(如陶瓷、金刚石、立方氮化硼等)。除新型刀具材料以外的常用刀具材料的种类、性能及应用如表5-1所示。

表5-1 部分常用刀具材料的种类、性能及应用

种 类	硬 度	红硬温度/℃	抗弯强度/GPa	常 用 牌 号		应 用 范 围
碳素工具钢	60～64 HRC	200～250	2.5～2.8	T10A T12A		常用于制造低速手动工具,如锉刀、手用锯条、刮刀等
低合金工具钢	60～65 HRC	350～450	2.5～2.8	CrWMn 9SiC		多用于制造形状复杂的低速刀具,如丝锥、板牙、铰刀、拉刀等
高速工具钢	62～67 HRC	500～600	2.5～4.5	W18Cr4V W6Mo5Cr4V2		常用于制造速度较高的精加工刀具和形状复杂的刀具,如钻头、铣刀、齿轮刀具等
硬质合金	74～82 HRC	800～1 000	0.9～2.5	钨钴类	YG3 YG6 YG8 切削铸铁	一般制成各种形状的刀片,通过钎焊固定或机械夹固在刀体上使用
				钨钛钴类	YT5 YT15 YT30 切削钢	

5.4 量 具

在切削加工过程中,为了确定所加工的零件是否达到图样要求(包括加工精度和表面粗糙度要求),必须用工具对工件进行测量,这些测量工具简称量具。量具的种类很多,本节仅介绍常用的几种。

5.4.1 游标卡尺

游标卡尺是一种比较精密的量具,它可以测量出工件的内径、外径、长度及深度尺寸等。

按其用途可分为通用游标卡尺和专用游标卡尺两大类。

通用游标卡尺按测量精度可分为 0.10 mm、0.05 mm、0.02 mm 三个量级,按其尺寸测量范围分有 0～125 mm、0～150 mm、0～200 mm、0～300 mm、0～500 mm 等多种规格。下面以精度为 0.02 mm、规格为 0～150 mm 的通用游标卡尺(见图 5-4(a))为例,说明它的读数原理和方法。

1. 读数原理

当主、副尺的卡脚贴合时,副尺(游标)上的零线对准主尺上的零线(见图 5-4(b)),主尺上 49 格(49 mm)长度正好等于副尺上的 50 格长度,则副尺每格长度＝49/50 mm＝0.98 mm。主尺与副尺每格相差 0.02 mm。

2. 读数方法

如图 5-4(c)所示,先由主尺上在副尺零线以左部分的刻线读出最大整数 31 mm,然后由副尺零线以右与主尺刻线对准的刻线,读出小数 0.52 mm(共有 26 格,乘上每格之差 0.02 mm,为0.52 mm),把读出的整数和小数相加即为测量的尺寸 31.52 mm。

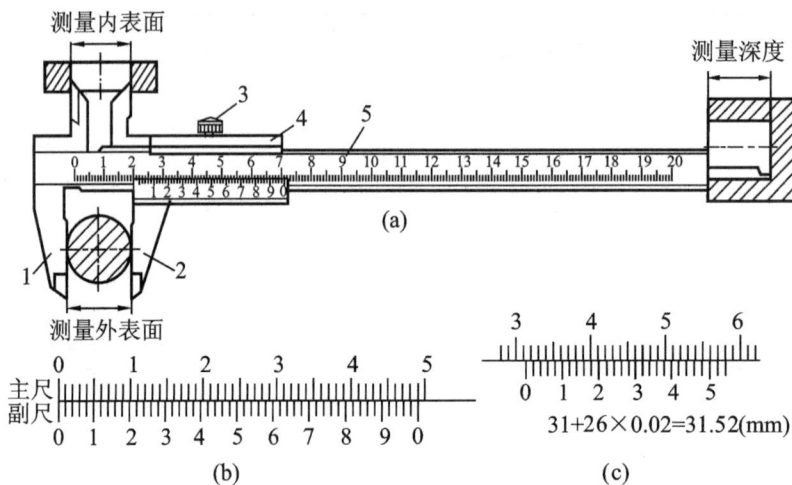

图 5-4　游标卡尺及读数方法

1—固定卡脚;2—活动卡脚;3—制动螺钉;4—副尺;5—主尺

3. 注意事项

使用游标卡尺时应注意下列事项。

(1) 检查零线。使用前应先擦净卡尺,合拢卡脚,检查主、副尺的零线是否重合,若不重合,记下误差,测量时用它来修正读数。按规定,若主、副尺误差太大,则应送计量部门检修。

(2) 放正卡尺,用力适当。测量时,应使卡脚与工件表面逐渐接触,最后达到轻微接触。卡脚不得用力压紧工件,以免发生变形或磨损,使测量精度降低。测量时还要注意放正卡尺,切忌歪斜,以免测量不准。

(3) 防止松动。卡尺如需取下来读数,应先拧紧制动螺钉将其锁紧,再取下卡尺。

(4) 读数时,视线要垂直于卡尺并对准所读刻线,以免读数不准。

(5) 不得用卡尺测量表面粗糙和正在运动的工件的尺寸。

(6) 不得用卡尺测量高温工件的尺寸,否则会使卡尺受热变形,影响测量的精度。

专用游标卡尺有深度尺和高度尺两种,分别用来测量深度和高度尺寸。高度尺还可用于精密划线。

5.4.2　千分尺

千分尺分为外径千分尺、内径千分尺和深度千分尺等,测量精度比游标卡尺更为精确,量级为 0.01 mm。千分尺及其组成部分如图 5-5 所示。

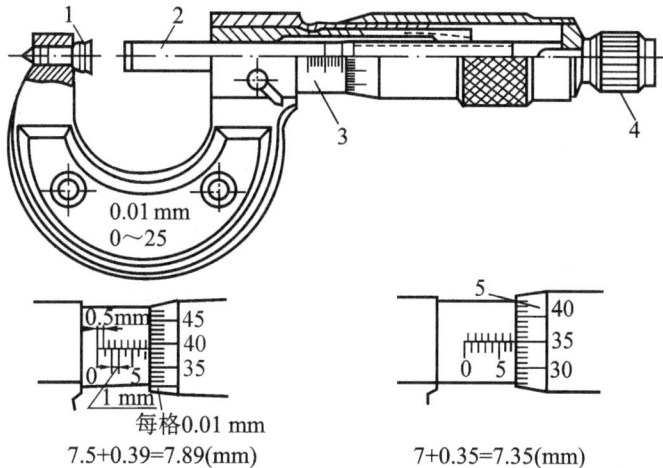

图 5-5　千分尺及其组成部分

1—砧座;2—测微螺杆;3—固定套筒;4—棘轮;5—微分筒

千分尺的测量尺寸由 0.5 mm 的整数倍部分和小于 0.5 mm 的小数部分组成。

(1) 0.5 mm 的整数倍部分是指由固定套筒上距离微分筒边线最近的刻度数得到的读数。

(2) 小于 0.5 mm 的小数部分是指微分筒上与固定套筒中线重合的圆周刻度数乘以 0.01 得到的读数。

使用千分尺时应注意下列事项。

(1) 使用前将千分尺砧座和测微螺杆擦净接触,检查圆周刻度零线是否与中线零点对齐,若有误差,记下此值,测量时要根据这一误差修正读数。

(2) 测量时,先旋转微分筒,使螺杆靠近工件,在螺杆快要接触工件时再改而旋转端部棘轮,当听到"嘎嘎"的打滑声时,停止拧动,否则将导致螺杆弯曲或测量面磨损。另外,工件一定要放正。

5.4.3　百分表

百分表是将测量杆的直线位移转变为角位移的高精度的量具,主要用来检查工件的形状和位置误差,也常用于工件的精密找正和装夹位置校正。图 5-6 所示为百分表外形及其安装示意图。

百分表的测量尺寸由 1 mm 的整数倍部分和小数部分组成,具体读数方法如下。

(1) 1 mm 的整数倍部分是指由短指针转过的刻度数得到的读数。

(2) 小数部分是指由长指针转过的刻度数乘以 0.01 mm 得到的读数。

使用百分表时应注意下列事项。

(1) 使用前应检查测量杆活动是否灵活。

(2) 使用时,常将百分表装于专用的百分表尺架上,保证测量杆与被测的平面或圆的轴线垂直。

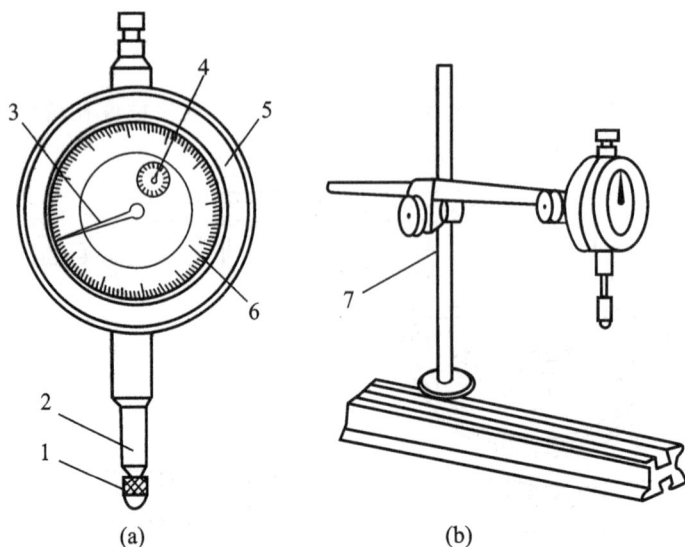

图 5-6　百分表外形及其安装示意图

(a)外形；(b)百分表的安装

1—测量头；2—测量杆；3—长指针；4—短指针；5—表壳；6—刻度盘；7—尺架

（3）被测工件表面应光滑，测量杆的行程应小于测量范围。

5.4.4　量规

量规包括塞规和卡规（见图 5-7），是用来检验大批工件的一种专用量具。它无刻度，只能检验工件是否合格，而不能测量出工件的具体尺寸。塞规用来检验孔径或槽宽，卡规用来检验轴径或厚度，两者都有通端（通规）和止端（止规），通端和止端配合使用。

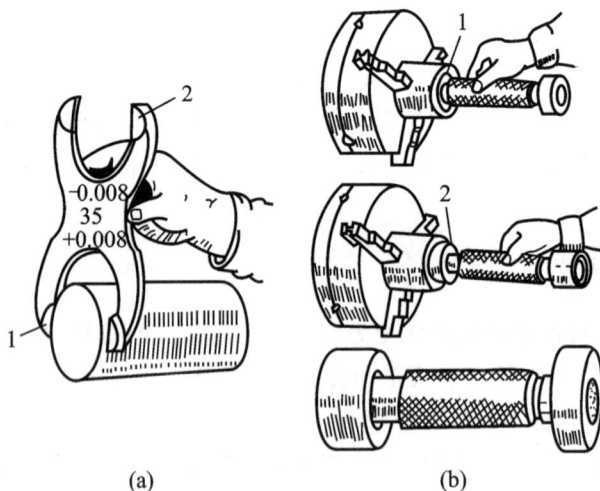

图 5-7　量规及其使用

(a)塞规；(b)卡规

1—通端；2—止端

塞规的通端直径等于工件的最小极限尺寸，止端直径等于工件的最大极限尺寸，而卡规则相反。无论塞规还是卡规，检验工件时，只要通端能通过而止端不能通过，就说明工件的实际尺寸在规定的公差范围之内，为合格品，否则就为不合格品。

第6章 钳 工

6.1 概 述

钳工是指操作者手持工具来完成的对工件的切削加工,对机械设备的装配、调试及维修等工作。工件的钻孔、铰孔、扩孔、攻螺纹、套螺纹等工作,一般也属于钳工。

钳工是机械加工和修配工作中不可缺少的重要工种,其主要特点是以手工进行操作,具有工具简单,加工灵活、方便,能够加工机床难以加工的某些形状复杂、质量要求较高的工件,以及大型工件的局部加工。但钳工的劳动强度大、生产率较低,对操作者的技术水平要求较高。

钳工工作种类繁多,一般分为普通钳工、划线钳工、模具钳工、装配钳工、机修钳工等。钳工的基本操作有:划线、錾削、锯削、锉削、刮削、研磨,以及孔的加工,螺纹的加工,机器和零部件的装配,设备的安装、调试、维修等。

6.2 划 线

根据图样和工艺要求,在毛坯或半成品工件上划出加工界线和位置的操作称为划线。

6.2.1 划线的作用和种类

1. 划线的作用

(1) 明确表示出加工余量、加工位置,划好的线可作为加工工件和安装工件的依据。

(2) 通过划线,可以检查毛坯的形状和尺寸是否合格,并合理分配各加工面的加工余量。

划线时要求尺寸准确,线条清晰,线条不易抹掉。由于划出的线有一定的宽度,划线误差为 0.25~0.5 mm,所以不能以划线来确定最后尺寸,而要在加工过程中,通过测量来控制尺寸精度。

2. 划线的种类

按复杂程度,划线分为平面划线和立体划线两种,如图 6-1 所示。

(1) 平面划线:在工件或毛坯的某个平面上划线(见图 6-1(a))。

(2) 立体划线:在工件或毛坯的长、宽、高三个方向的表面上划线(见图 6-1(b))。

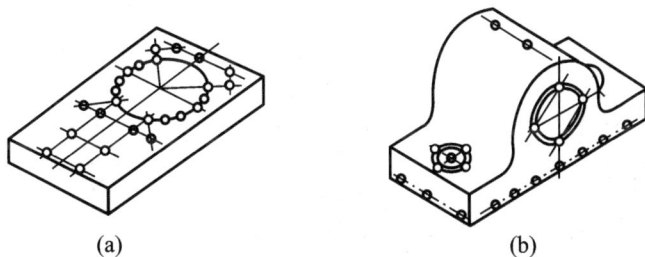

(a)   (b)

图 6-1 平面与立体划线
(a)平面划线;(b)立体划线

6.2.2　划线的工具及作用

1.划线平板

平板是划线的基准工具,如图 6-2 所示。划线平板通常用铸铁制造,它的上平面经过精细加工,其平直度直接影响划线精度。平板安装要牢固,上平面保持水平,以便稳定支承工件。平板各处应均匀使用,以免局部磨损。不能碰撞和锤击平板,以免降低精度。要经常保持平板清洁,长期不用时,应涂上防锈油,并加盖木板保护。

图 6-2　划线平板

2.方箱

方箱是用铸铁制成的空心立方体,如图 6-3 所示。方箱的 6 个面都经过精加工,相邻平面互相垂直,相对平面互相平行,上有 V 形槽和压紧装置。V 形槽用来安装轴、套筒、圆盘等圆柱体工件,以便找出中心位置和划出中心线。方箱用于夹持尺寸较小而加工面较多的工件,通过翻转方箱可以实现一次装夹,在工件表面上划出相互垂直的线条。

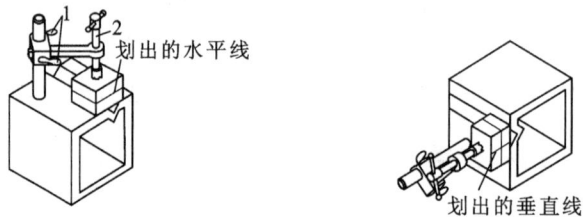

图 6-3　方箱与方箱的使用
1—紧固手柄;2—压紧螺栓

3.V 形铁

V 形铁用碳素钢制造,淬火后磨削加工,V 形槽的角度为 90°。V 形铁用于夹持圆柱形工件,可使工件轴线与平板平行,若工件较长,可用等高的两块 V 形铁夹持,以保证工件轴线与平板平行。

4.千斤顶

千斤顶用来在平板上支承较大及不规则的工件,调整其高度,以便找正工件位置,如图6-4所示。通常用三个千斤顶来支承一个工件。

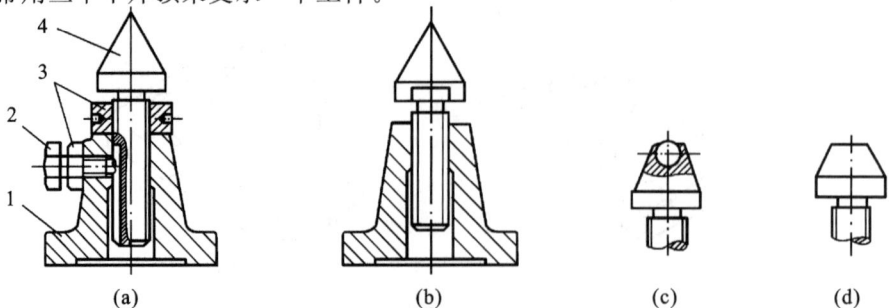

(a)　　　　(b)　　　　(c)　　　　(d)

图 6-4　千斤顶
(a)结构完善的千斤顶;(b)简单的千斤顶;(c)带钢球螺杆;(d)平顶螺杆
1—底座;2—螺钉;3—锁紧螺母;4—调节螺杆

5. 划针和划线盘

划针是用来在工件上划线的基本工具,划针及其使用方法如图 6-5 所示。

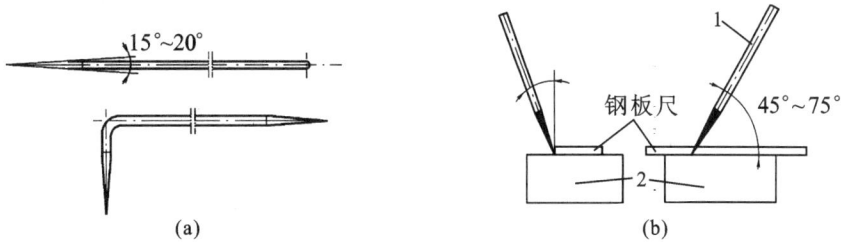

图 6-5　划针及其使用方法

(a)直划针与弯头划针;(b)划针的使用方法

1—划针;2—工件

划线盘是用来进行立体划线和找正工件位置的工具,有普通划线盘和可调划线盘,如图 6-6 所示。调整划针高度,并在平板上移动划线盘,即可在工件上划出与平板平行的线条,如图 6-7 所示。

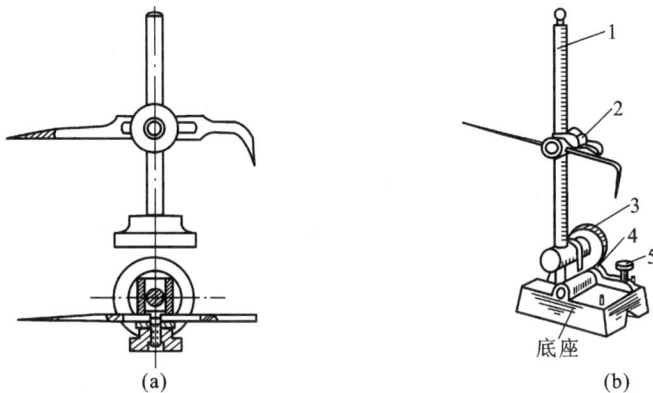

图 6-6　划线盘

(a)普通划线盘;(b)可调划线盘

1—支杆;2—划针夹头;3—锁紧装置;4—杠杆;5—调节螺钉

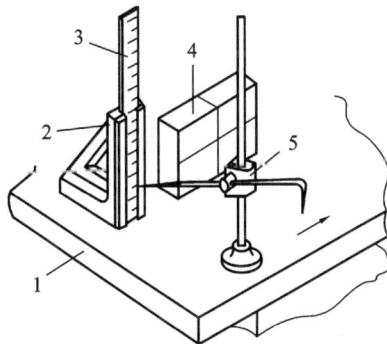

图 6-7　划线盘的使用

1—平板;2—高度尺架;3—钢尺;4—工件;5—划线盘

6. 游标高度尺

游标高度尺是精密测量工具,如图 6-8 所示。游标高度尺配有测高量爪和划线量爪,既可以用来测量高度,又可用于已加工表面的精密划线,但不能用于毛坯和未加工表面的划线,以免损坏划线量爪。

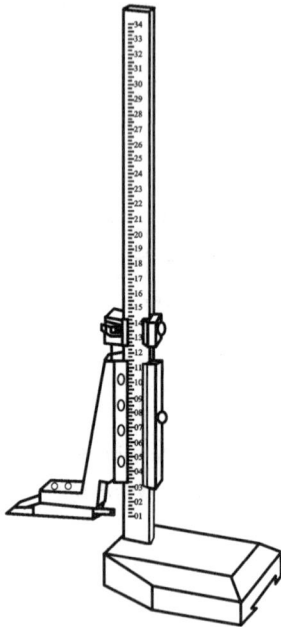

图 6-8　游标高度尺　　　　　　　　　图 6-9　划规

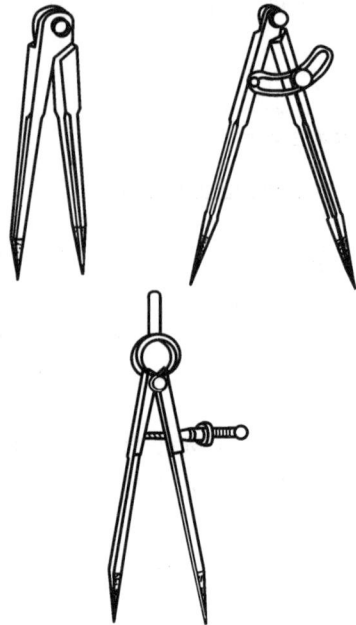

7. 划规和划卡

划规是平面划线的主要工具,可用于划圆、量取尺寸、等分线段和角度,如图 6-9 所示。

划卡又称单角划规,用来确定轴和孔的中心位置(见图6-10),也可以用来划平行线。

8. 直角尺

直角尺两边相互垂直,用于划垂直线或找正垂直面。

9. 样冲

样冲用来在工件已划好的线上打出样冲眼,以便在所划线条模糊后找出线条的位置。在划圆和钻孔时,要在中心位置打出样冲眼,以便找准中心。使用样冲时,先将样冲向外倾斜,使冲尖对准线条正中或两线交点位置,然后摆正,用手锤轻击样冲顶部(见图6-11)。钻孔所用的样冲眼在划好圆后再打深一些,以便将钻头对准中心。

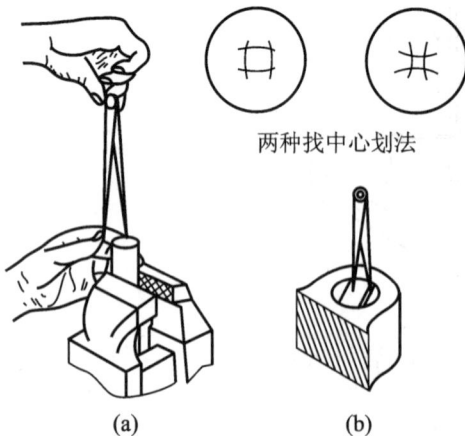

两种找中心划法

(a)　　　　　　　　(b)

图 6-10　划卡
(a)定轴中心;(b)定孔中心

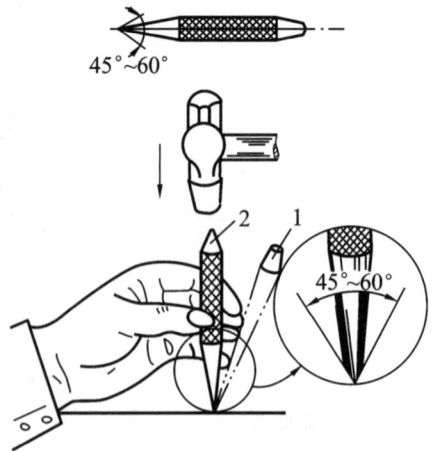

45°~60°

45°~60°

图 6-11　样冲与使用
1—对准位置;2—打样冲眼

6.2.3　划线基准及其选择

1. 划线基准

在划线时,为确定工件各部分尺寸、几何形状和相对位置的点、线、面,必须选定工件上的某个点、线、面作为划线依据的基准,称为划线基准。正确选择划线基准是划线的关键,有了合理的基准,才能提高划线的准确性,简化划线程序,方便以后的加工。

2. 选择划线基准的原则

选择划线基准时,应根据工件的形状和技术要求等因素综合考虑,其原则如下。

(1) 以设计基准作为划线基准,即零件图上尺寸标注的基准。

(2) 以孔或凸出部分的中心作为划线基准。

(3) 将工件已加工的表面作为划线基准。

(4) 当工件为毛坯时,应选择重要孔的中心线作为划线基准,此外可选择较平整的大平面作为划线基准。

3. 基准的常用类型

(1) 以两个相互垂直的外平面或线为基准,如图 6-12 (a) 所示。

(2) 以一个平面和一条中心线为基准,如图 6-12 (b) 所示。

(3) 以两条相互垂直的中心线为基准,如图 6-12 (c) 所示。

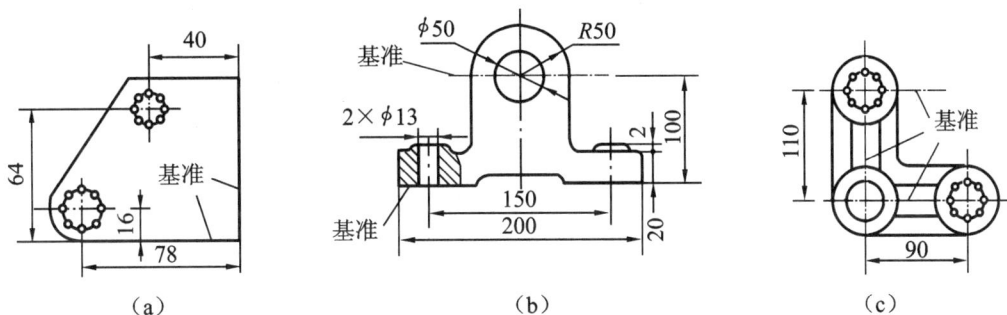

图 6-12　常用基准实例

4. 划线的方法和步骤

不同形状的工件,其划线的方法和步骤是不相同的,甚至同一个零件由不同的人划线,其划线方法和步骤也可能不相同,但采用的基本方法和步骤是一致的。

(1) 研究图样和加工的工艺要求,检查毛坯和半成品的尺寸和质量,分析工件划线部位,确定划线基准和支承方法。

(2) 清理毛坯上的毛刺、氧化皮、铸砂等。

(3) 在划线部位刷涂颜料。铸造和锻造毛坯表面涂大白浆;已加工表面涂紫色或绿色颜料(由甲基紫、孔雀绿加虫胶和酒精配制而成)。

(4) 为便于确定孔的中心位置,要将孔用铅块牢固地堵塞或嵌入带有铁皮的木块。

(5) 支承、压紧和找正工件。工件支承和压紧要牢靠;工件的支承、压紧位置要合理,翻转次数要尽可能地少。

(6) 先划出划线基准,再划出其他线条和位置。

(7) 检查所划的线条和位置是否正确,最后打样冲眼。

5. 立体划线实例

图 6-13 所示为一轴承座的立体划线方法和步骤(图中Ⅰ、Ⅱ、Ⅲ分别表示第一次、第二次、第三次所划的线)。

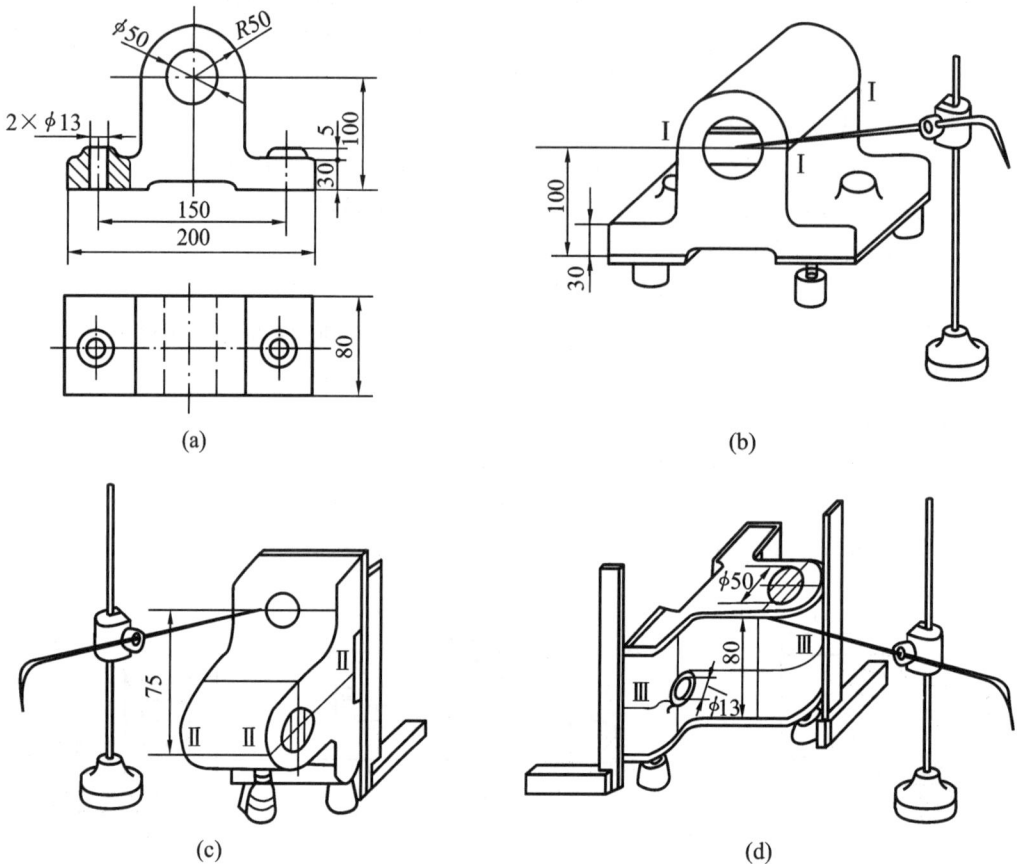

图 6-13　轴承座的立体划线方法和步骤

6.3　锯　　削

锯削是用手锯锯断金属材料或在工件上进行切槽的操作。

6.3.1　手锯的构造

手锯由锯弓和锯条组成。

(1) 锯弓　锯弓用来夹持和拉紧锯条,它有固定式和可调式两种,其固定夹头和活动夹头可转动 90°,以便锯出较长的锯缝,如图 6-14 所示。目前广泛使用的是可调式锯弓。

(2) 锯条　锯条一般用碳素工具钢制造,其规格用锯条两端的安装孔距来表示。常用规格是长为 300 mm,宽为 12 mm,厚为 0.8 mm。

锯齿的形状如图 6-15 所示。锯齿的粗细以齿距 t 的大小(或每 25 mm 长度内的齿数)来表示,可分为粗齿($t=1.6$ mm)、中齿($t=1.2$ mm)、细齿($t=0.8$ mm)三种。

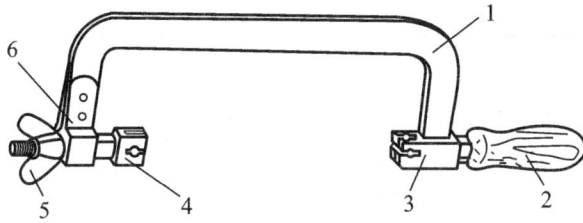

（a）

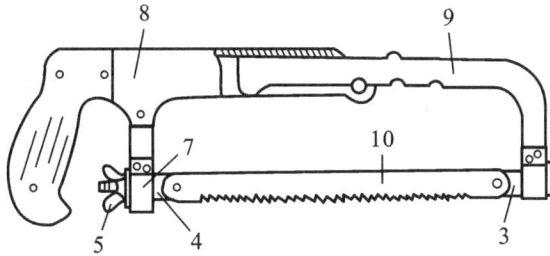

（b）

图 6-14　锯弓

（a）固定式锯弓；（b）可调式锯弓

1—弓架；2—手柄；3—固定夹头；4—活动夹头；5—翼形螺母 6、7—方孔导管；

8—固定部分；9—可调部分；10—锯条

锯齿的排列多呈波浪形，以减少锯口与锯条两侧间摩擦或避免卡死锯条，如图 6-16 所示。

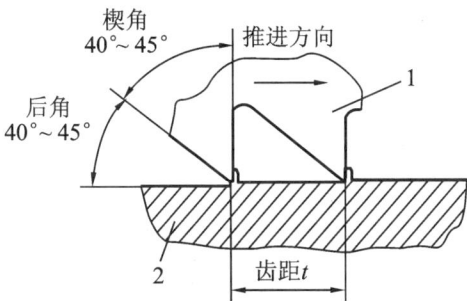

图 6-15　锯齿形状

1—锯条；2—工件

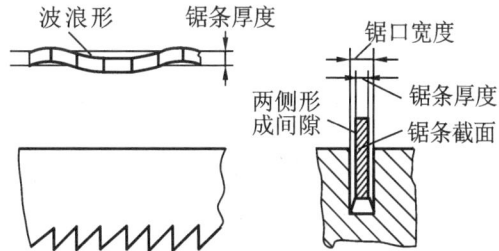

图 6-16　锯齿的排列

6.3.2　锯削方法

（1）锯条的选择和安装　在实际工作中，通常是根据工件的材质、形状和厚度来选择锯条。锯削较软材质（如铜、铝）或厚工件时，宜选用粗齿；锯削较硬材质或薄工件时，宜选用细齿，如图 6-17 所示。

因手锯向前推动时为切削，所以在安装锯条时，锯齿应向前方。安装锯条的松紧要合适，不得歪斜和扭曲，否则锯削时易折断锯条。

（2）工件的安装　工件应安装在虎钳的左边，夹紧要牢靠；工件伸出钳口的长度要短，以免锯削时产生颤动；在装夹工件时，要避免工件变形，并应对已加工表面加以保护，以免损坏工件表面。

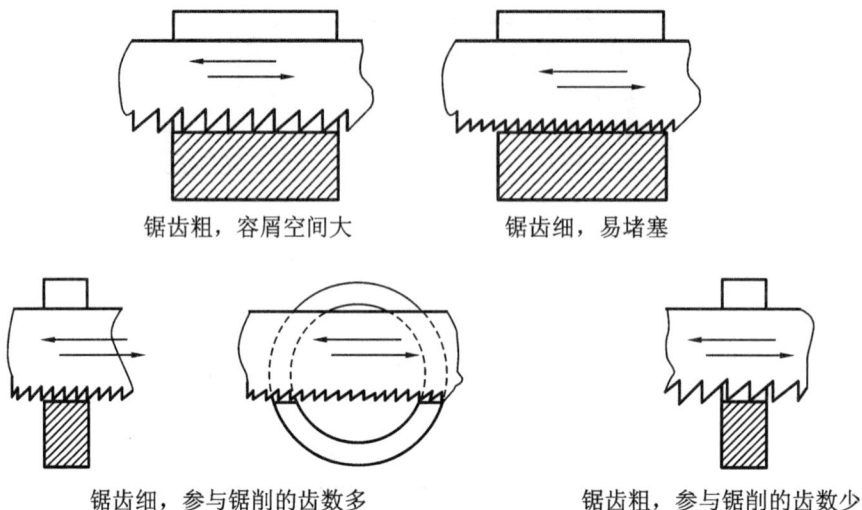

锯齿粗，容屑空间大　　　　　　　锯齿细，易堵塞

锯齿细，参与锯削的齿数多　　　　　锯齿粗，参与锯削的齿数少

图 6-17　锯齿粗细的选择

6.3.3　锯削实际操作

1. 锯削操作

通常,应根据工件材质、形状及厚度,选择不同的操作,如图 6-18 所示。

(1) 在锯削棒料(见图 6-18(a))时,由一个方向开始锯削直到结束,可获得整齐的端面;由多个方向起锯,所获得端面的质量要相对差一些,但加工效率相对较高。

(2) 在锯削管料(见图 6-18(b))时,薄壁管料要夹在 V 形木衬垫之间,以免工件变形和表面损坏。锯到管子内壁处时,可转动工件,在另一角度上继续锯削。

(3) 在锯削薄板(见图 6-18(c))时,可将薄板工件夹在两木板之间,增加工件刚度,以免工件产生振动和变形。

(4) 在锯削深缝时,若锯缝深度大于锯弓空间,可将锯条偏转 90°安装,锯弓平放进行锯削。

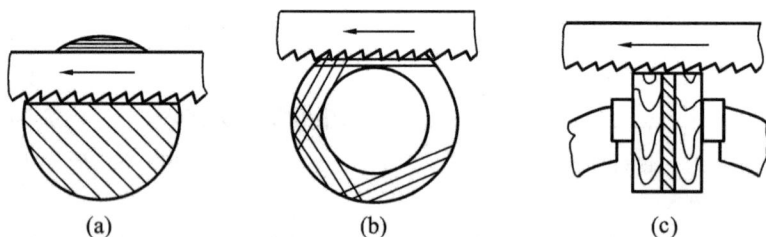

(a)　　　　　　　　(b)　　　　　　　　(c)

图 6-18　常见的锯削方法

(a)锯削棒料;(b)锯削管料;(c)锯削薄板

2. 注意事项

(1) 在锯削时,锯弓要直线往复,往复长度要大于锯条长度的 2/3,这样可延长锯条的寿命,提高锯削效率。锯削用力要适宜、均匀,动作要合理、协调,切忌猛推、猛拉或强行扭转。锯削钢件时,可加机油进行冷却和润滑。

(2) 起锯时,锯条应与工件表面间形成一个起锯角度 α,α 保持在 $10°\sim15°$ 之间。α 过大易崩齿,过小不易锯入,如图 6-19 所示。为了定位准确,可用左手拇指靠住锯条,防止锯条左右滑动,如图 6-20 所示。

(3) 不要近距离观察锯削情况,以防锯条折断时弹出伤人。

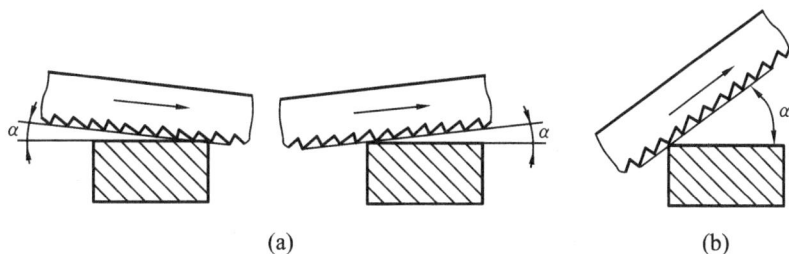

图 6-19　起锯角度
(a)起锯角度应小于 15°;(b)起锯角度过大,易损坏锯齿

图 6-20　锯条定位
1—锯条;2—工件

6.4　锉　　削

锉削是用锉刀对工件表面进行加工的操作,所加工的表面粗糙度 Ra 可达 $3.2\sim0.8\ \mu m$。锉削多用于锯削或錾削后对工件表面进行加工,以及机器、部件装配时对零件进行修整。

6.4.1　锉刀及其使用

1. 锉刀

锉刀用工具钢制成,经淬火、回火处理后,其硬度可达到 $62\sim65\ \mathrm{HRC}$。其结构与齿形如图 6-21 所示。

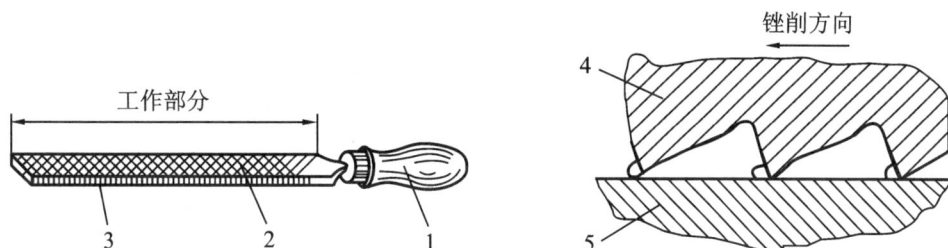

图 6-21　锉刀的结构与齿形
1—锉柄;2—锉面;3—锉边;4—锉刀;5—工件

锉刀的规格以其工作部分的长度来表示,常用的规格有 100 mm、150 mm、200 mm、250 mm、300 mm、350 mm 等。

锉刀的齿纹分为单齿纹和双齿纹两种:单齿纹锉刀多用于有色金属的加工;双齿纹锉刀的齿刃是间断的,能使锉屑碎断,锉面不易堵塞,锉削省力。

锉纹的粗细是以每 10 mm 长度内的齿数来划分的,可分为粗齿锉刀、中齿锉刀、细齿锉刀、油光锉刀,其各自的特点及用途如表 6-1 所示。

表 6-1　锉刀的种类、齿数、特点及应用

种　　类	每 10 mm 齿数/个	特点及应用
粗齿锉刀	4~12	齿间大,不易堵塞,适用于粗加工或锉削铝、铜等有色金属
中齿锉刀	13~23	齿间适中,适用于粗锉后的锉削加工
细齿锉刀	30~40	齿间较小,适用于精锉表面或锉削硬金属
油光锉刀	50~62	适用于精加工时修光表面

锉刀按用途可分为普通锉、整形锉(也称什锦锉)和特种锉三种。

普通锉刀按截面形状可分为平锉、圆锉、半圆锉、方锉、三角锉等。

2. 锉刀的使用

使用锉刀时,根据锉刀的大小有不同的握法。在使用大锉刀时,右手握锉把,左手压在前端,保持水平;使用较小锉刀时,右手握法不变,左手的大拇指和食指捏住前端,引导锉刀水平移动。

锉削时施力要随锉刀的位置有所变化,这样可保持锉刀水平运动。锉刀的握法和施力如图6-22所示。

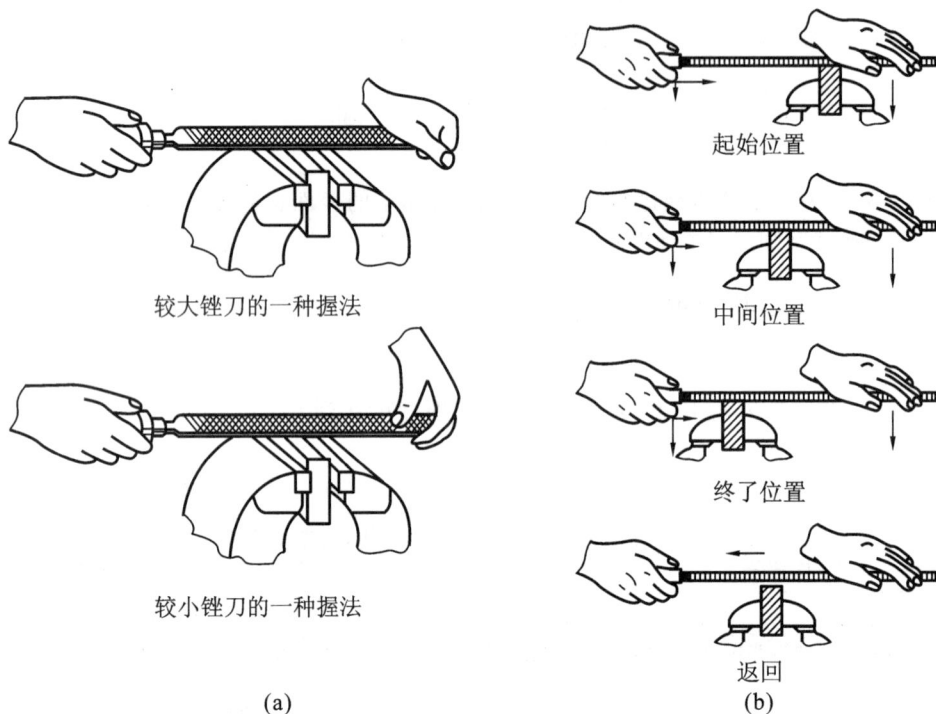

图6-22　锉刀的握法和施力
(a)握法;(b)施力

6.4.2　锉削的实际操作

1. 锉刀的选择

锉刀的规格要根据所加工面的大小来选择;锉刀的截面形状要根据所加工面的形状来选择;锉刀锉齿的粗细要根据工件的材质、加工余量、所要求加工精度和表面粗糙度来选择,同时也要考虑操作者的操作经验和技术水平。各种锉刀适宜的加工余量和加工精度如表6-2所示。

表6-2　各种锉刀适宜的加工余量和加工精度

锉刀种类	加工余量/mm	加工精度/mm	表面粗糙度 $Ra/\mu m$
粗齿锉刀	0.5~1	0.2~0.5	50~12.5
中齿锉刀	0.2~0.5	0.05~0.2	0.3~3.2
细齿锉刀	0.05~0.2	0.01~0.05	6.3~1.6

2. 工件的安装

在锉削加工时,工件要安装在虎钳口的中部,被加工面要高于钳口。夹持已加工表面时,要用铜皮或铝皮垫在钳口与工件之间,以防止夹伤工件。

3. **锉削方法**

(1) 锉削平面　锉削平面常用三种方法,即顺向锉法、交叉锉法和推锉法,如图 6-23 所示。

锉削平面时先用交叉锉法,这样不仅锉得快,而且可以利用锉痕判断加工面是否平整。平面基本锉平后,再用顺向锉法锉削,把粗锉后的平面锉平和锉光,降低表面粗糙度。最后用细齿锉刀或油光锉刀以推锉法修光。

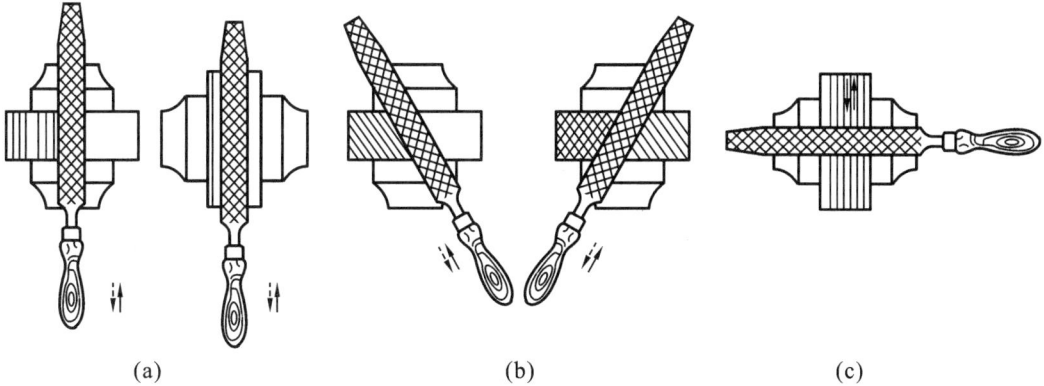

(a)　　　　　　　　　　　(b)　　　　　　　　　　　(c)

图 6-23　平面的锉削

(a)顺向锉法;(b)交叉锉法;(c)推锉法

在锉削时,工件的尺寸可用钢板尺或卡尺检查;工件的直线度、平面度、垂直度可用直角尺和刀口尺检查,根据是否透光以及透光间隙的大小来判断工件的直线度、平面度和垂直度是否符合要求。

(2) 锉削曲面　经常锉削的曲面有外圆弧面、内圆弧面、球面等。如图 6-24 所示,锉削外圆弧面时一般用滚锉法,即在顺着圆弧向前运动的同时绕圆弧中心摆动;锉削内圆弧面时要选用半径小于内圆弧面半径的半圆锉刀进行锉削。

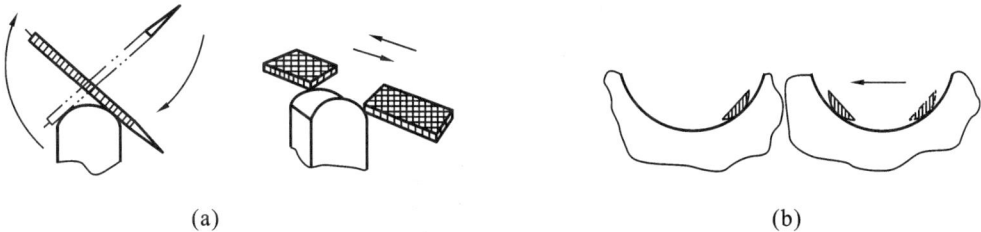

(a)　　　　　　　　　　　　　　　　　　　(b)

图 6-24　曲面的锉削

(a)锉削外圆弧面;(b)锉削内圆弧面

(3) 配锉　配锉在机器装配和机械修理中经常使用,它是指通过锉削两个零件相互接触的表面来达到规定配合要求的一种操作。

4. **注意事项**

(1) 不要使用无柄锉刀进行锉削,以免手心受伤。

(2) 不要锉削工件的硬皮、氧化皮,不要锉削硬度较高的金属(如白口铸铁、淬硬的工件等),以免锉刀磨损过快。

(3) 不要用手摸锉削的表面,因为手上有油污,会导致锉刀打滑。

(4) 当锉刀被锉屑堵塞时,要用钢丝刷顺着锉纹方向刷去锉屑。

(5) 在放置锉刀时,所放位置要安全可靠,以免碰落摔坏或伤人。不可用锉刀翘其他物件,以免锉刀被折断或折弯。

6.5　钻床及其使用

钻床可以实现钻孔、扩孔、铰孔、锪孔、攻螺纹等加工。钻削加工通常属于钳工的应用范围。在一些较大企业设有钻工工种,专门从事孔的加工。

6.5.1　钻床的种类及用途

钳工常用的钻床有台式钻床、立式钻床和摇臂钻床。

1. 台式钻床

台式钻床简称台钻,如图 6-25 所示。它是一种放在工作台上的小型机床,可以加工的孔径在 1~12 mm 之间。由于加工的孔径较小,故台钻的主轴转速较高,可达到每分钟近万转。通过调整 V 带在带轮上的位置可改变主轴的转速。通过扳动手柄可实现主轴的上下进给运动。台钻具有小巧灵活、结构简单、使用方便等特点,主要用于小型工件上各种孔的加工。

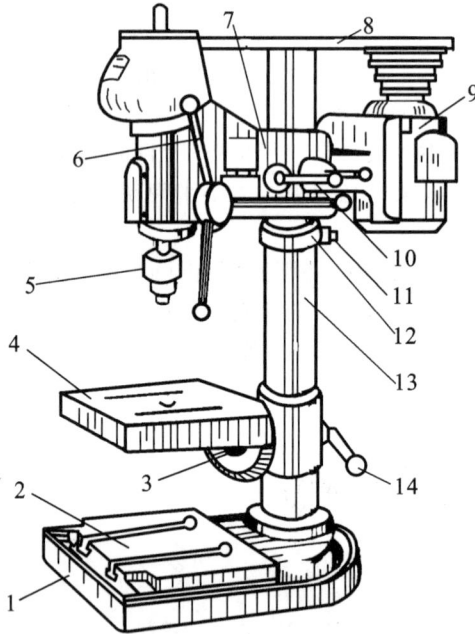

图 6-25　台式钻床

1—机座;2—工作台;3—锁紧螺钉;4—工作台;5—钻夹头;6—钻头进给手柄;7—主轴架;8—V 带;
9—电动机;10、14—锁紧手柄;11—锁紧螺钉;12—定位环;13—立柱

2. 立式钻床

立式钻床简称立钻,如图 6-26 所示。其规格用最大钻孔直径表示,常用的规格有 Z25、Z35、Z40、Z50 几种。

立钻主要由主轴、主轴变速箱、进给箱、电动机、工作台、立柱、机座等组成。通过调整主轴变速箱和进给箱上的手柄位置可以得到所要求的主轴转速和进给速度。

在立钻上加工孔时,要移动工件,使钻头对准孔的中心后再固定工件。这样,当工件较大或批量加工时很不方便,因此,立钻只适合加工小型工件和小批量的工件。如批量较大,可用夹具对工件进行定位和固定。

3. 摇臂钻床

摇臂钻床的构造如图 6-27 所示。摇臂钻床的摇臂可围绕立柱旋转,并可沿立柱上下移动,主轴箱可在摇臂上左右移动,主轴可在主轴箱中上下移动。正是由于摇臂钻床具有这些特点,操作者可以很方便地调整钻头位置,方便对准被加工孔的中心位置,而不需要移动工件。摇臂钻床适用于一些较大工件和多孔工件的加工,比在立钻上加工要方便得多。因此,摇臂钻床在生产上得到了广泛的应用。

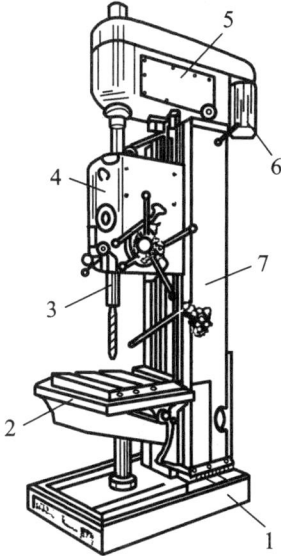

图 6-26 立式钻床

1—机座;2—工作台;3—主轴;4—进给箱;
5—主轴变速箱;6—电动机;7—立柱

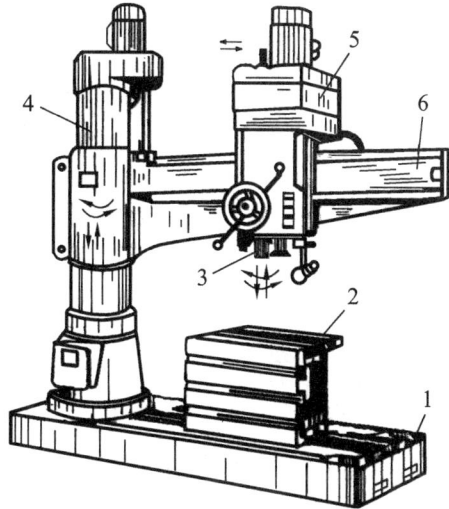

图 6-27 摇臂钻床

1—机座;2—工作台;3—主轴;4—立柱;
5—主轴箱;6—摇臂

6.5.2 钻孔

用钻头在工件上加工孔的操作称为钻孔。在钻床上钻孔时,工件固定不动,钻头旋转并做轴向移动。钻头旋转称为主运动,钻头轴向移动称为进给运动。由于钻头的结构存在刚度差、导向作用差、排屑困难等不足,因此,钻孔的精度较低,尺寸公差等级一般为 IT12 级左右,表面粗糙度 Ra 值为 $12.5\ \mu m$ 左右。

1. 麻花钻

麻花钻简称钻头,是钻孔的主要刀具,其结构如图 6-28 所示。麻花钻的工作部分由高速钢(W18Cr4V)制成,经淬火、回火后硬度为 62~68 HRC。尾部是钻头的夹持部分,用来定心和传递动力(扭矩和轴向力)。麻花钻柄部分为直柄和锥柄两种。直柄传递动力较小,常用于直径小于 13 mm 的钻头;锥柄传递动力较大,常用于直径大于 13 mm 的钻头。颈部是制造钻头的工艺结构,多在此处标出钻头规格和商标。导向部分有两条螺旋槽和刃带,对称的螺旋槽具有排屑和输送冷却液的作用,刃带具有导向和减少钻头与孔壁之间摩擦的作用。切削部分有两个对称的主切削刃,两刃夹角称为顶角,其大小一般为 116°~118°,如图 6-29 所示。两主后刀面的交线称为横刃,横刃越长,在钻孔时产生的轴向力越大,因此大直径的钻头常用修磨的方法缩短横刃。

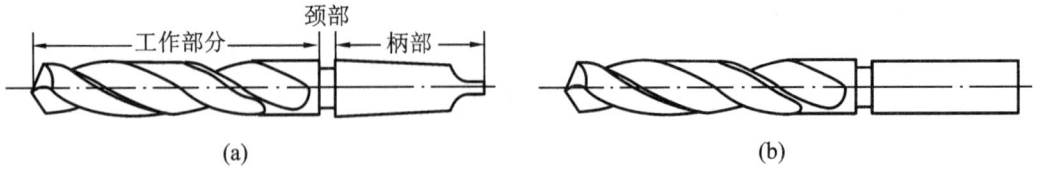

图 6-28　麻花钻

(a)锥柄麻花钻;(b)直柄麻花钻

为了改造钻头的切削性能和提高效率,在生产实践中,可刃磨出各种性能优越的钻头,群钻就是其中典型的一种,图 6-30 所示为群钻的切削部分。群钻的刃磨对操作者的技术要求很高。

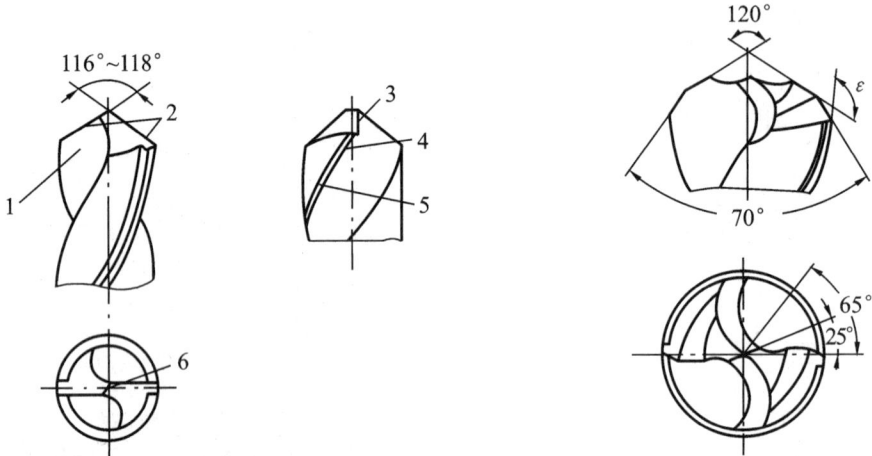

图 6-29　麻花钻的切削部分

1—前刀面;2、3—主切削刃;
4—棱刃;5—刃带;6—横刃

图 6-30　加工钢材的群钻的切削部分

2. 钻头的选择与安装

(1)钻头的选择　应根据孔径来选择直径合适的钻头。新的钻头可以直接使用,对于使用过的钻头,要检查其两条主切削刃是否锋利和对称,若磨损或不对称则需重新刃磨。若孔径较大,可分两次钻削:第一次选用直径为孔径的 $\frac{1}{2} \sim \frac{7}{10}$ 的钻头进行预钻孔;第二次钻至所需孔径,这时横刃不接触工件,轴向力大大减小,钻孔的质量和效率得以提高,有利于保护钻床的进给系统。

(2)钻头的安装　直柄钻头用钻夹头安装。锥柄钻头可直接安装在钻床主轴的锥孔中;当钻头的锥柄小于钻床主轴的锥孔时,要用一个或数个钻套来过渡,如图 6-31 所示。

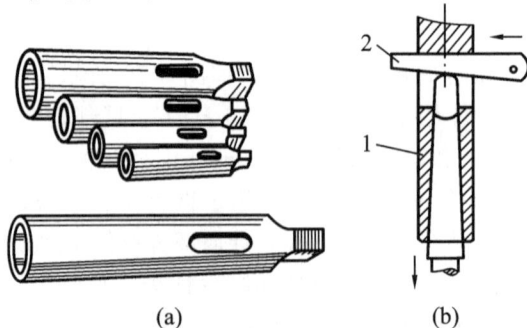

图 6-31　锥柄钻头的安装

(a)系列钻套;(b)钻头(钻套)的安装

1—主轴;2—斜铁

3．工件的安装

通常应根据工件的大小和形状，以及孔径的大小，采用不同的安装方法。一般工件常用平口钳装夹。工件较大或其孔径较大时，可用压板、螺栓将工件直接固定在钻床工作台上，如图6-32所示。

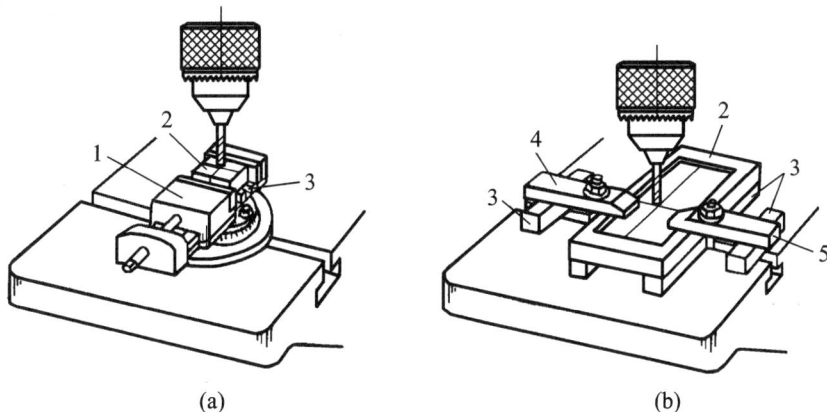

(a)   (b)

图 6-32　工件的安装
(a)用平口钳装夹工件；(b)用压板、螺栓装夹工件
1—平口钳；2—工件；3—垫铁；4、5—压板

在成批生产中，广泛使用钻模夹具。采用钻模时可免去划线工序，钻头对中方便，钻头的导向性好，工件安装快捷牢靠，孔的精度和相对位置精度高，加工效率较高，如图6-33所示。

4．钻孔的操作要点

在划线钻孔时，先要将钻头对准预先打好的样冲眼，然后钻新出一浅坑，判断是否对中；如有偏差，可重新打样冲眼。在钻孔时，进给速度要均匀，快钻透时，要减小进给量。在钻深孔时，要经常退出钻头，排出切屑。为了降低切削温度，提高钻头耐用度，在钻削韧性材料和深孔时，要使用冷却液。

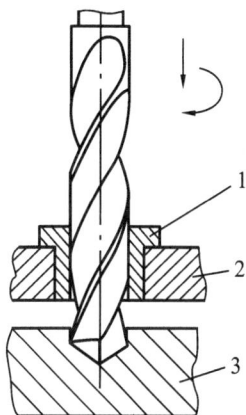

图 6-33　用钻模钻孔
1—钻套；2—钻模板；3—工件

主轴转速和进给速度要根据孔径、工件材质等因素确定，可参照有关手册进行选择。一般钻大孔时转速要低，钻小孔时转速要高，进给要慢；钻硬材料时转速要低。

5．注意事项

(1) 不允许戴手套或手拿棉纱进行操作。

(2) 切屑要用毛刷清理，不能用手抹或用嘴吹。

(3) 在钻通孔时，要在工件下面垫垫板或将孔对准工作台的空槽处。

(4) 在更换钻头、装夹工件、清理工作台面和场地时，切记先要停车。

(5) 要穿合格的工作服，毛织品衣服不得露在外边；头发较长时，要戴工作帽。

6.5.3　扩孔

扩孔用于扩大已加工孔的孔径，已加工的孔可以是锻造的孔、铸造的孔、钻出的孔。扩孔所用的刀具是扩孔钻，如图6-34所示。扩孔钻的结构和麻花钻相似，有3～4个切削刃，前端是平面，无横刃，螺旋槽较浅，钻体较粗。扩孔钻的刚度和导向性好，切削平稳，可以校正孔的轴线偏差。

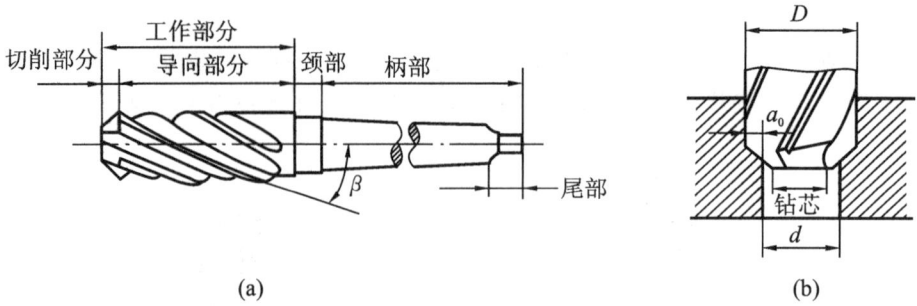

图 6-34　扩孔钻与扩孔
(a)扩孔钻;(b)扩孔

扩孔属于半精加工,扩孔的尺寸公差等级可达到 IT10～IT9,表面粗糙度 Ra 值可达到 6.3～3.2 μm。

扩孔可作为中等精度孔的最终加工工序,也可作为铰孔前的工序。扩孔的加工余量一般为0.5～4 mm。扩孔常在钻床、车床、镗床及铣床上进行。

6.5.4　铰孔

用铰刀对已有的孔进行精加工的方法称为铰孔。铰刀的结构如图 6-35(a)所示。铰刀分机用的和手用的两种:手用铰刀柄部为直柄,工作部分较长;机用铰刀柄部多为锥柄。铰刀的工作部分由切削部分和修光部分组成:切削部分呈锥形,承担主要的切削工作;修光部分起导向、校正孔径及修光孔壁的作用。由于铰刀刀刃多(6～12 个)、刚度强、导向性好、修光效果好,因此,铰孔是应用较多的精加工方法之一,其加工的尺寸公差等级可达 IT8～IT6,表面粗糙度 Ra 值可达到 1.6～0.4 μm。

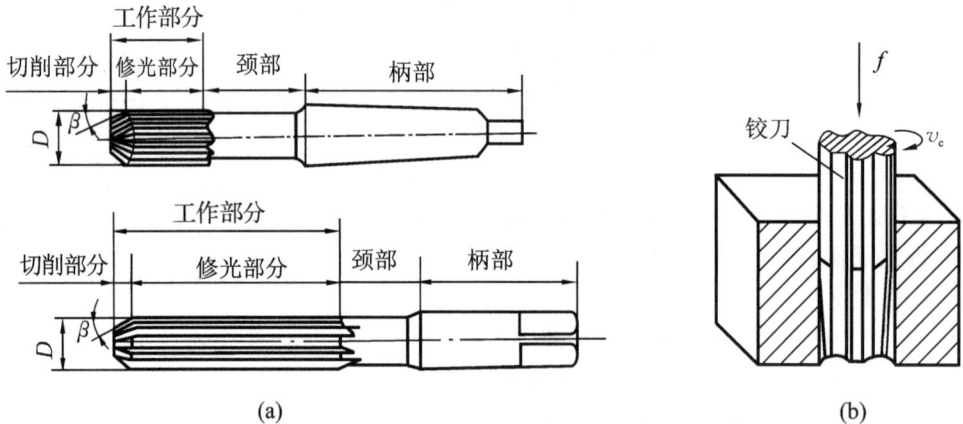

图 6-35　铰刀与铰孔
(a)铰刀的结构;(b)铰孔

铰孔分为粗铰和精铰。粗铰的加工余量为 0.15～0.35 mm,精铰的加工余量为 0.05～0.15 mm。铰孔时的切削速度和进给量也要合理选择。铰孔一般切削速度低,进给量大,并要使用冷却液(见图 6-35(b))。

在铰孔时,铰刀不可倒转,以免切屑被挤压而划伤孔壁或崩刃。机铰时,要在铰刀完全退出孔后方可停车,以免拉伤孔壁。铰通孔结束时,铰刀修光部分不可全部露出,以免孔口被拉坏。

6.6　螺纹加工

螺纹加工在机械加工中占有较大比重。螺纹的应用非常广泛,加工方法很多。钳工加工螺纹的方法以手工为主,主要是指攻螺纹和套螺纹。

6.6.1　攻螺纹

1. 丝锥

丝锥是加工内螺纹的刀具,它由高速钢制成,其结构如图 6-36 所示。丝锥由工作部分和尾柄两部分组成。尾柄制成方形,可方便地安装在铰杠中。工作部分是一段开有 3～4 条容屑槽的外螺纹,包括切削部分和校准部分。切削部分承担主要的切削任务,它呈圆锥形,容易导入底孔,牙型的不完整使每个刀齿都能分层切削;校准部分有完整的牙型,用来校准和修光已切出的螺纹,并具有导向作用。

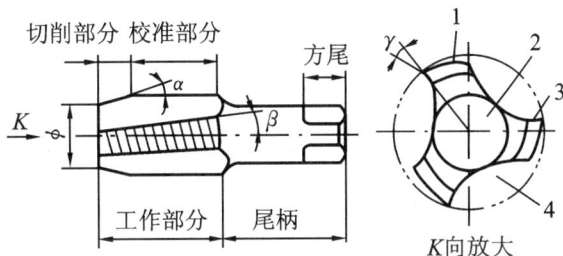

图 6-36　丝锥的结构

1—后刀面;2—心部;3—前刀面;4—容屑槽

丝锥分机用丝锥和手用丝锥两种。手用丝锥一般两支为一组,这两支丝锥分别称为头锥和二锥。头锥的切削部分长,锥角小;二锥的切削部分短,锥角大。头锥承担 75% 左右的切削量,二锥承担 25% 左右的切削量。

丝锥是一种可重复使用的刀具,磨损后可在专用磨床上刃磨。

2. 铰杠

铰杠是手工攻螺纹的专用工具。铰杠分为固定式和可调式两种,常用的铰杠是可调式,可以夹持不同规格的丝锥。

3. 攻螺纹的方法

(1) 钻孔　攻螺纹前要在工件上钻底孔,孔口要倒角。攻螺纹时,丝锥除了切削金属外,还有挤压金属的现象,材料塑性越大,挤压现象越明显,因此,底孔的直径要略大于螺纹的内径。

钻头直径可用经验公式计算确定。

对于脆性材料,有

$$d = D - (1.05 \sim 1.1)P$$

对于韧性材料,有

$$d = D - P$$

式中：d——钻头的直径；

　　D——螺纹外径；

　　P——螺距。

按照经验公式计算,钻头直径应圆整成标准钻头直径;钻头直径还可参照有关手册中的规范来确定。

攻盲孔螺纹时,由于丝锥不能攻到孔底,所以孔的深度要大于所要求的螺纹有效长度。钻孔深度计算公式为

$$钻孔深度＝螺纹有效长度＋0.7D$$

(2) 手工攻螺纹　首先使用头锥,将丝锥垂直放入孔内,然后用铰杠轻压旋入 1～2 圈,目测丝锥是否歪斜,如歪斜及时纠正。将丝锥切削部分旋入工件后,双手平稳地转动铰杠,不再加压。每顺转 1～2 圈,要轻轻反转 1/4 圈左右,以便断屑。在钢件上攻螺纹时应加机油润滑,在铸铁及铝件上攻螺纹时应加煤油润滑。

使用二锥攻螺纹时,先将丝锥放入孔中,旋转几圈后,再用铰杠转动,不要加压。

攻盲孔螺纹时,要先使用头锥加工,再使用二锥加工,这样才能攻到需要的深度。如果盲孔较深,当切屑掉入孔底或丝锥槽堵塞时,需退出丝锥,清理切屑。

(3) 机械攻螺纹　当使用机械攻螺纹时,丝锥和底孔保持同轴,主轴不得自动进刀;要定出准确的攻螺纹深度,以免攻盲孔螺纹时丝锥挤死而损坏螺纹;通孔攻螺纹结束时,丝锥不得全部露出底孔,以免退出丝锥时乱扣。

6.6.2　套螺纹

1. 板牙

板牙是外螺纹加工刀具,用高速钢制造,有固定式和开缝式两种,图 6-37 所示为开缝式圆板牙。圆板牙有 3～4 个排屑槽,切削刃两端有 40°～50° 的切削锥角,是圆板牙的切削部分;中间部分的螺纹是板牙的校准部分,起校准螺纹牙型和导向作用。板牙可掉头使用。

板牙是一种可重复使用的刀具,磨损后可在专用磨床上刃磨。

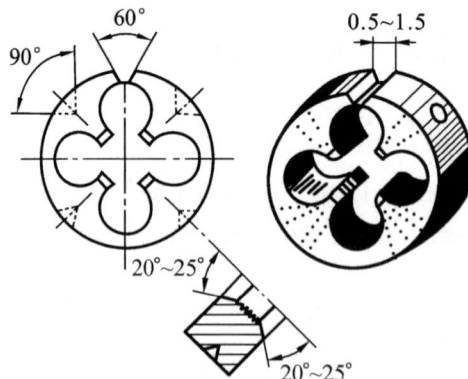

图 6-37　开缝式圆板牙

2. 板牙架

板牙架是手工套螺纹的专用工具,其结构如图 6-38 所示。

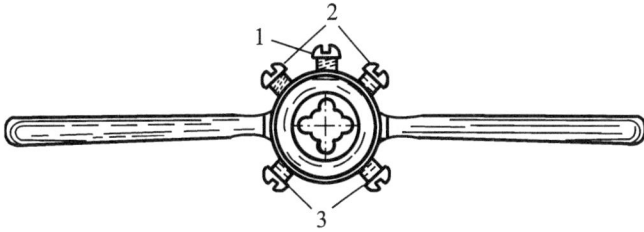

图 6-38　板牙架的结构

1—拧松板牙螺钉；2—调整板牙螺钉；3—紧固板牙螺钉

3. 套螺纹的方法

（1）套螺纹时螺杆直径选择与攻螺纹时相似，板牙的切削刃除了会起到切削作用外，还会挤压螺杆圆柱面，因此：若螺杆直径过大，板牙将不易套入，而且会使板牙切削刃受损；若螺杆直径过小，则螺纹牙型会不完整。

螺杆直径可用经验公式计算确定，即

$$D = d_0 - (0.13 \sim 0.2)P$$

式中：D——螺杆直径；

　　d_0——螺纹大径；

　　P——螺距。

螺杆直径还可通过查阅有关手册来确定。

（2）螺杆端面的倒角　为了使板牙容易对准中心和顺利切入，螺杆端面需要倒角 $15° \sim 20°$，如图 6-39 所示。

（3）套螺纹操作要点　套螺纹时，板牙端面应垂直于螺杆（见图 6-40）。开始转动板牙架时，要轻轻施压，套入几扣后，即可旋转而不再施压；套螺纹中要时常反转，以便断屑。和攻螺纹一样，套螺纹时也要根据工件材质加注冷却液来进行润滑。

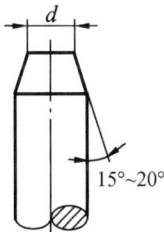

d 要小于螺纹内径

图 6-39　螺杆端面的倒角

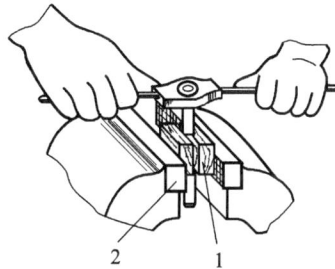

图 6-40　套螺纹

1—带 V 形槽硬木衬垫；2—台虎钳钳口

6.7　刮　削

刮削是指用刮刀从工件表面刮去一层很薄金属的加工方法。刮削是钳工中常用的一种精密加工手段，刮削后的工件表面平整、粗糙度低、精度高，并且在工件表面会有大量分布均匀的微小凹坑，形成储油空间，可使摩擦阻力减小；刮削后的表面刮痕清晰美观。但刮削劳动强度大、生产率低，一般用于配合精度高和难以磨削的表面，如机床导轨、钳工平板、滑动轴承等。

6.7.1 刮刀

刮刀是刮削的主要刀具,刮削部分应具有高的硬度和锋利的刀刃,常用碳素工具钢或轴承钢制造。刮削硬金属时,刮削部分也可焊接硬质合金刀片。刮刀可分为平面刮刀和曲面刮刀。平面刮刀有手握式刮刀(见图6-41)、挺进式刮刀等,用来刮削平面。曲面刮刀有三角刮刀、圆头刮刀、柳叶刮刀等,用来刮削内曲面。

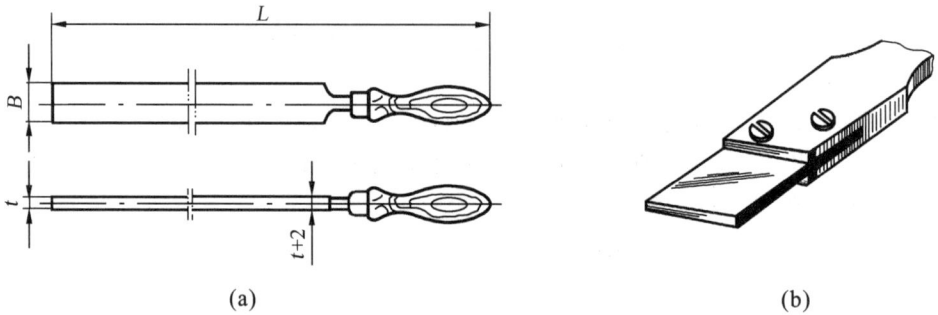

图 6-41　刮刀
(a)普通刮刀;(b)活头刮刀

6.7.2 刮削质量的检验

刮削后的平面可用检验平板或平尺检验。检验平板和平尺用铸铁制造,具有刚度高、不变形等特点。其工作面具有高的平面度、直线度,表面光滑,如图6-42所示。

图 6-42　检验平板和平尺
(a)小型检验平板;(b)检验平尺

检验时,首先将工件擦净,并涂上一层薄薄的红丹油(由红丹粉和机油混合而成),然后将工件表面和检验平板加压配研。配研后,工件表面的高点因磨去红丹油而显示亮点(贴合点),这种显示高点的方法称为研点法,如图6-43所示。

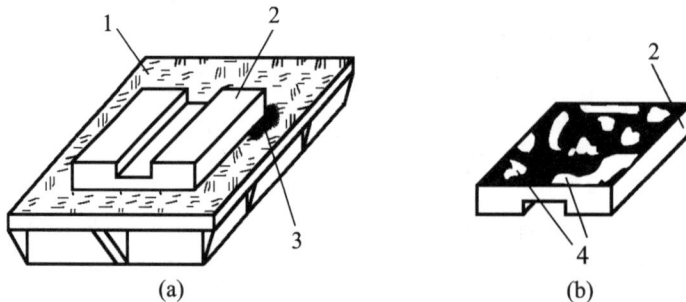

图 6-43　研点法
(a)配研;(b)显示的贴合点
1—检验平板;2—工件;3—显示剂;4—高点

刮削表面的精度以 25 mm×25 mm 面积内均匀分布的贴合点的数目来表示。普通机床导轨面的贴合点为 8～10 个,精密平面的贴合点为 16～20 个,超精密平面的贴合点多于 25 个。

6.7.3 平面刮削

(1) 粗刮　若工件表面比较粗糙,则应先将其全部粗刮一遍。粗刮时宜选用较长的刮刀,用力较大,刮痕较长。刮削方向与加工刀痕约成45°角,交叉进行刮削,如图 6-44 所示。刮削至刀痕全部消失时,进行研点检验,依次将高点刮去,直至每 25 mm×25 mm 面积内有 4～6 个贴合点时,才可开始细刮。

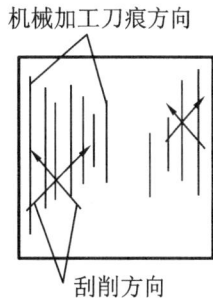

图 6-44　平面刮削

(2) 细刮　细刮时宜选用较短的刮刀,用力较轻,刀痕较短(3～5 mm)。经反复检验和刮削,点数逐渐增多,直到符合要求为止。

(3) 刮花　刮花是用刮刀在平面上刮出各种美丽的刀痕。刮花主要有三个作用:①使工件表面美观;②形成良好的润滑条件;③在使用过程中,通过观察刀花可判断出平面的磨损程度。

6.7.4 曲面刮削

曲面刮削的方法和检验方法与平面刮削基本相同,不再赘述。

6.8　装配与拆卸

任何设备都是由多个零、部件组合而成的。将合格的零件按照规定的技术、工艺要求组装成组件、部件和机器,这个组装过程就称为装配。装配质量的好坏直接影响设备的质量。因此,装配在机械制造业中占有极其重要的地位。

6.8.1 装配步骤

1. 装配前的准备

(1) 研究和熟悉装配图及技术要求、装配工艺等,了解产品的结构及零件的作用和相互关系。

(2) 制订装配方案、程序,备好所需设备、工艺装备和工具。

(3) 备齐零件,进行清洗、去毛刺、去油污、涂防护油等工作。

(4) 对关键零件进行检测。

(5) 装配场地要规范、整洁、有序。

2. 装配的一般程序

装配的一般程序为:零件→组件装配→部件装配→总装配→检测、调整→试车→喷漆、涂油、钉铭牌等→装箱。

有些组件、部件装配后,也要进行检测、调整。

6.8.2 装配实例

图 6-45 所示为减速器中一个轴系组件的装配顺序图,现以此来说明装配过程。

1. 绘制装配工艺规程图

在装配组件、部件或总装配时,应根据制订出的装配工艺规程绘制装配工艺规程图,装配工艺规程图可直观反映装配顺序,便于装配工作组织和装配管理。绘制装配工艺规程图(见图6-46)的步骤如下。

(1) 先画出一条竖线(或横线)。

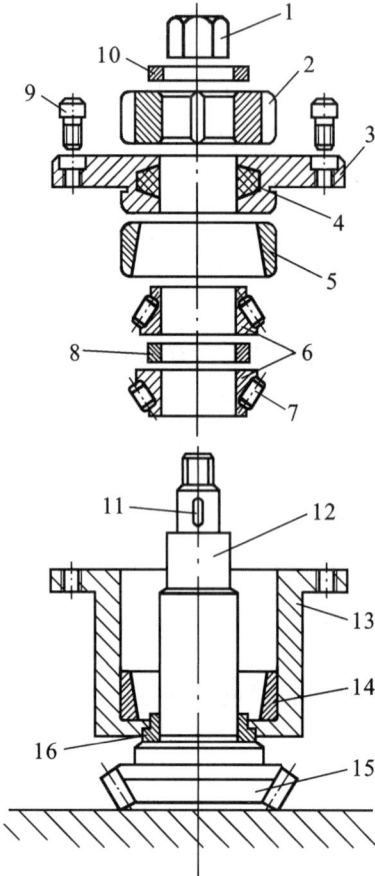

图 6-45　轴系组件的装配顺序图

1—螺母;2—齿轮;3—轴承盖;4—毛毡垫;5,14—轴承外环;

6—轴承内环;7—滚动体;8—隔圈;9—紧固螺钉;

10—垫圈;11—键;12—锥齿轮轴;13—轴承套;

15—锥齿轮;16—衬垫

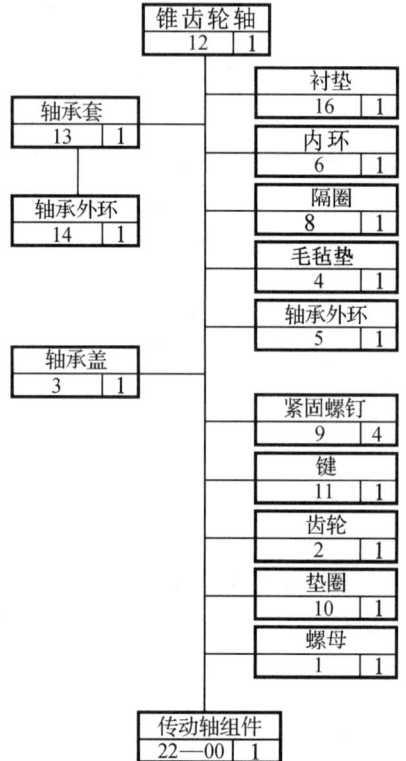

图 6-46　装配工艺规程图

(2) 在竖线的上端画一长方格,代表基准零件。在长方格里标出装配的零件、组件或部件的名称、编号和数量。

(3) 在竖线的下端画一长方格,代表装配的成品,在长方格里标出成品的名称、编号和数量。

(4) 竖线由上到下表示装配顺序。直接用来装配的零件画在竖线的右侧,用来装配的组件或部件画在竖线的左侧。

2. 装配方法

(1) 按装配工艺规程图的标示,依次将零件、组件装配起来。

(2) 检测、试车。检测各零件的装配是否正确、可靠,运动部分是否灵活,密封是否可靠,发现问题及时纠正。在试车时,要先手动再机动,先慢速再加速运行。

6.8.3　几种典型装配

1. 滚动轴承的装配

在机械设备上,滚动轴承应用非常广泛。滚动轴承已经标准化、系列化。滚动轴承的外圈与孔的装配为基轴制装配,滚动轴承的内圈与轴的装配为基孔制装配,一般采用较小过盈的过盈配合或过渡配合。

(1) 装配滚动轴承时,为了使轴承能顺利压入,轴承内、外圈都要均匀受力。常用手锤和压力机来装配,如图 6-47 所示。轴承要压到轴上时,应通过垫套施力于内圈端面(见图 6-47(a));轴承要压入孔中时,应通过垫套施力于外圈端面(见图 6-47(b));轴承要同时压到轴上和孔中时,应同时施力于内、外圈端面(见图 6-47(c))。

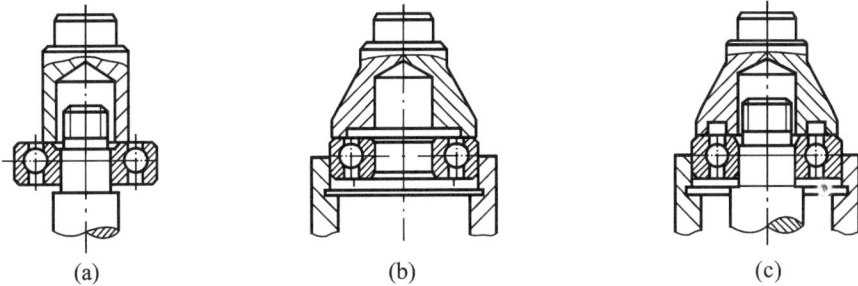

(a)　　　　　　　　(b)　　　　　　　　(c)

图 6-47　滚动轴承的装配

(a)压到轴上;(b)压入孔中;(c)同时压到轴上和孔中

(2) 若滚动轴承与轴的配合为过盈较大的配合,最好先将轴承吊入 80～90 ℃机油中加热,然后趁热压入。

2. 平键连接装配

平键连接是轴类与轮毂类零件连接的主要方式,应用极其广泛。

平键连接的装配如图 6-48 所示。装配要求是:在完成装配后,键的两侧应有一定的过盈

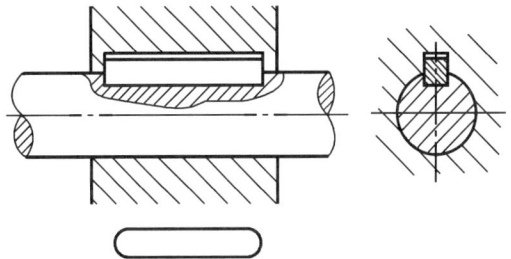

图 6-48　平键连接的装配

量,键的底部要紧贴轴上键槽底部,键的顶部与轮毂孔上键槽底部有一定的间隙。键已经标准化、系列化。在装配时,首先清除键槽的毛刺,按键槽的长度截取键的长度,修整键的两端,将键压入轴上键槽,然后将轮毂压入。

3. 螺纹连接的装配

螺纹连接具有装配简单,调整、更换方便,连接可靠,经济适用等特点,在机械设备上得到了广泛应用。

螺栓、螺母、垫圈已经标准化、系列化,设计、选用、购买非常方便。

(1) 螺栓与螺母的连接　连接时,先用手自由旋转螺母,然后用扳手拧紧。螺母端面要垂直于螺孔轴线,如不垂直可加斜口垫片;结合面要平整光洁,为提高结合面质量,可加平垫圈;为防止螺栓、螺母松动,可加弹簧垫圈。

(2) 双头螺栓的连接　双头螺栓拧入机体后不能有任何松动,拧螺母时用力要大小适当。装配时应加润滑油,以便于日后的拆卸。

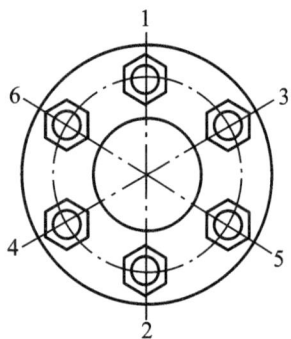

图 6-49　成组螺母的拧紧顺序

（3）成组螺母、螺钉的连接　装配成组螺母、螺钉时，为保证零件结合面受力均匀，特别是一些带止口的盘类零件，在装备过程中一旦受力不均极易歪斜卡死。因此，应按照一定的顺序多次拧入，直至每个螺母、螺钉完全拧紧，如图 6-49 所示。

6.8.4　拆卸

为了测绘设备，或者设备经使用后，修理或更换某些零部件时，需要对设备进行拆卸。

拆卸设备时要注意以下事项。

（1）应先熟悉图样，了解设备的结构，然后再确定拆卸程序和拆卸方法。

（2）拆卸时要正确解除零、部件相互间的约束和连接。拆卸的顺序与装配相反，应按先外后内、先上后下的原则，依次拆卸组件、部件和零件。

（3）在拆卸时，要尽可能使用专用工具（如拔轮器、拔销器、弹性卡环钳、钩头扳手等），这样一方面可以防护零件不受损伤，另一方面可以提高拆卸效率。严禁用铁锤直接敲打零件，必要时可用铜棒、铜锤、木槌敲击零件。

（4）对用螺纹连接的零部件，要清楚其旋向。对生锈的螺纹可以加注机油、煤油浸泡或喷螺纹松动液。

（5）对已拆卸下来的零部件要按顺序摆放整齐，必要时可做标记，以免错乱。对一些易变形的零件要妥善保护，如丝杠、长轴要吊在架子上；对易生锈的零部件要涂防锈油或用油纸包裹；对一些小零件，如销子、螺栓、螺母等，拆卸后可随即拧上或插入原孔中，以免丢失。

钳工实习安全操作规程

1．开机前

（1）检查钻床各手柄位置是否正确。

（2）检查工件、刀具装夹是否牢固、准确，所用辅具、量具是否齐全、合适。

（3）着装要规范，场地要整齐。

（4）不准多人同时操作钻床。

2．开机后

（1）不准变换主轴转速，不准用手触摸刀具及其他旋转部件。

（2）不得装夹、测量工件和清理切屑（必要时必须停机后进行）。

（3）站位要适当，不得戴手套进行操作。

（4）对于摇臂钻床，在工作时要锁紧摇臂和主轴箱。

（5）对于台式钻床，停机变换主轴转速时要注意安全，防止传动带和带轮挤伤手指。

（6）操作时要集中精力，发现异常现象时应立即停机，并报告指导人员。

第7章 车削加工

7.1 概 述

车削加工是指在车床上利用工件的旋转运动和刀具的移动来改变工件尺寸,将其加工成所需零件的一种切削加工方式。其中,工件的旋转运动为主运动,刀具相对工件的横向或纵向移动为进给运动。车削加工主要用于加工各种回转体表面,加工尺寸精度公差等级可达IT13~IT7,表面粗糙度 Ra 值可达 $12.5\sim1.6\ \mu m$。所用的刀具除各种车刀外,还有镗刀、钻头、铰刀、滚花刀及成型刀等。

车床的加工范围很广,能够加工各种内、外圆柱面,内、外圆锥面,内、外螺纹,端面,沟槽,孔,滚花及成型面等(见图7-1)。因此,车削加工是机械加工中最基本、最常用的加工方式,它在机械加工行业中占有重要的地位。

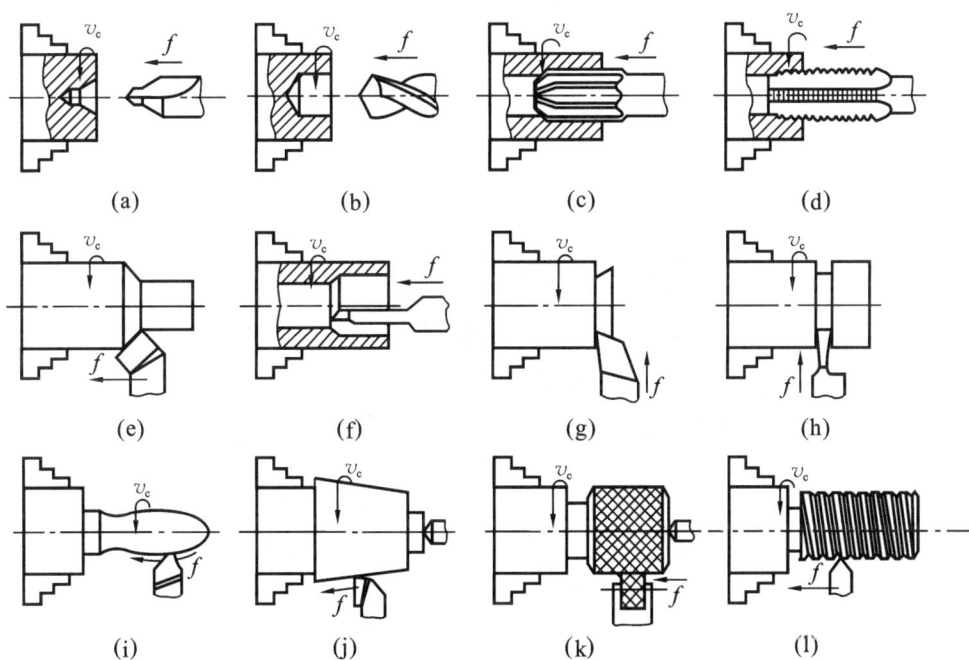

图 7-1 车削加工
(a)钻中心孔;(b)钻孔;(c)铰孔;(d)攻螺纹;(e)车外圆;(f)镗孔;(g)车端面;
(h)切槽与切断;(i)车成型面;(j)车圆锥面;(k)滚花;(l)车螺纹

7.2 普 通 车 床

车床的种类很多,有卧式车床、立式车床、仪表车床、单轴自动车床、多轴自动/半自动车床、转塔车床、落地车床、仿形及多刀车床等。其中应用最广泛的是卧式车床,其特点是适用于加工各种工件。

7.2.1　卧式车床的型号

卧式车床的型号用英文字母和数字表示,以说明机床的类型和主要参数。以常用的 C6132A 型卧式车床为例,其型号中字母和数字的含义如下:

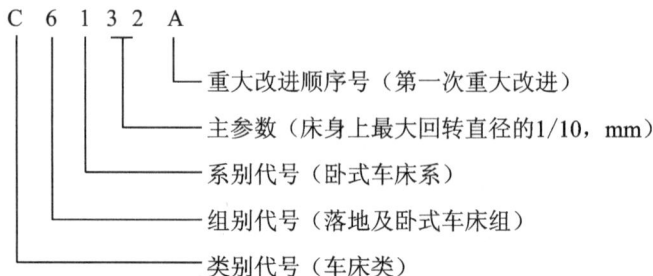

```
C  6  1  3  2  A
                └── 重大改进顺序号（第一次重大改进）
             └───── 主参数（床身上最大回转直径的1/10，mm）
          └──────── 系别代号（卧式车床系）
       └─────────── 组别代号（落地及卧式车床组）
    └────────────── 类别代号（车床类）
```

在 GB/T 15375—1994 标准发布之前生产制造的机床,使用标准 JB 1835—1985 编制型号。例如与 C6132 功能相同的车床型号为 C616,其中,"16"为主参数代号,表示主轴中心线距床身导轨面高度的1/10,即实际高度为 160 mm。目前新设计的车床型号编制一般采用国家标准《金属切削机床　型号编制方法》(GB/T 15375—2008)。

7.2.2　卧式车床的组成

C6132 型卧式车床的外形如图 7-2 所示,其组成部分主要有:床身、变速箱、主轴箱、进给箱、溜板箱、刀架和尾座等。

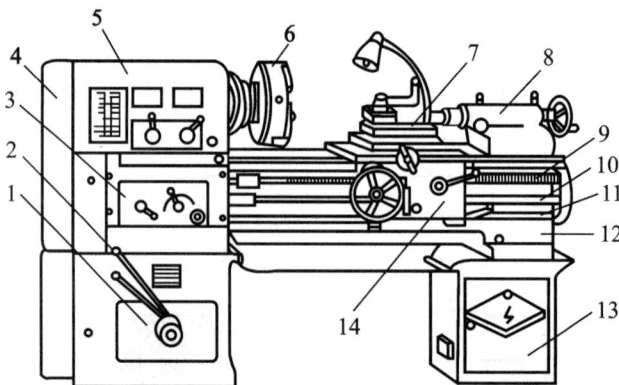

图 7-2　C6132 型卧式车床的外形

1—变速箱;2—主轴变速手柄;3—进给箱;4—挂轮箱;5—主轴箱;6—三爪卡盘;
7—刀架;8—尾座;9—丝杠;10—光杠;11—操纵杆;12—床身;13—床腿;14—溜板箱

(1)**床身**　床身是用于支承和连接车床各个部件,并带有精密导轨的基础部件。精密导轨为溜板箱和尾座的导向装置;床身用床腿支承,并用地脚螺栓固定在地基上。

(2)**变速箱**　变速箱用于改变主轴的转速。变速箱内有传动轴和变速齿轮,通过操纵变速箱和主轴箱外面的变速手柄,改变齿轮或离合器的位置,可使主轴获得 12 种不同的转速。主轴的反转是通过控制电动机的反转来实现的。

(3)**主轴箱**　主轴箱用于支承主轴,便于旋转。主轴是空心的,以便于穿入过长的工件;主轴前端的锥孔可以用来安装顶尖,主轴前端的外圆锥面可安装卡盘、拨盘等夹具,以便装夹工件。

(4)**进给箱**　进给箱是传递进给运动并改变进给速度的变速机构。它通过变速手柄改变箱内变速齿轮位置,使丝杠和光杠分别获得不同的转速,以达到改变进给速度的目的。

(5)溜板箱　溜板箱用来把丝杠和光杠的旋转运动转变为刀架的进给运动。光杠一般用于车削加工,丝杠用于车螺纹。溜板箱内设有互锁机构,使光杠与丝杠不能同时使用。

(6)刀架　刀架用于装夹车刀,并使其做纵向、横向或斜向进给运动。如图 7-3 所示,它由以下几部分组成。

① 床鞍　床鞍与溜板箱相连,可沿床身导轨做纵向移动,其上有横向导轨。

② 中滑板　中滑板可沿床鞍上的导轨做横向移动。

③ 转盘　转盘与中滑板用螺栓紧固,松开螺栓便可在水平面内将转盘扳转至任意角度。

④ 小滑板　小滑板可沿转盘上的导轨做短距离移动;将转盘偏转若干角度,可使小滑板做斜向进给,以便车削圆锥面。

⑤ 方刀架　方刀架固定在小滑板上,可同时装夹四把车刀;松开锁紧手柄,即可转动方刀架,把所需要的车刀送到工作位置上。

(7)尾座　尾座用于安装顶尖以支持工件,或用于安装钻头、铰刀等刀具,进行孔的加工。

尾座的结构如图 7-4 所示。尾座安装在床身导轨上,可沿床身导轨移动,可适应不同工件的加工要求,并可用尾座锁紧手柄或固定螺栓将工件固定在所需位置上。转动尾座手轮,可改变套筒的伸出长度;可用套筒锁紧手柄固定套筒。

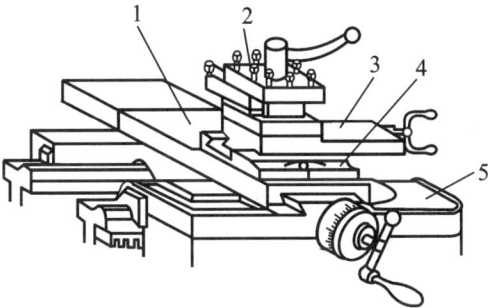

图 7-3　刀架

1—中滑板;2—方刀架;3—小滑板;4—转盘;5—床鞍

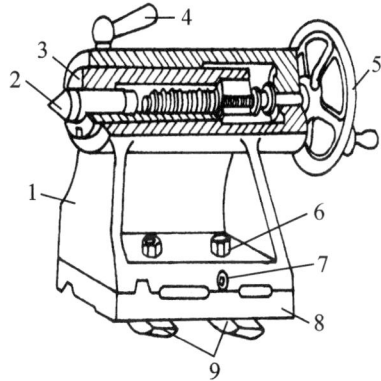

图 7-4　尾座的结构

1—尾座体;2—顶尖;3—套筒;4—套筒锁紧手柄;
5—手轮;6—固定螺栓;7—调节螺钉;8—底座;9—压板

7.2.3　卧式车床的传动系统

C6132 型卧式车床的传动系统框图如图 7-5 所示。

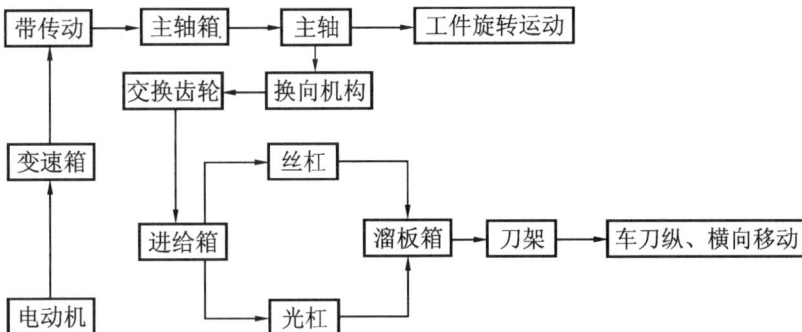

图 7-5　车床传动系统框图

这里有两条传动路线:路线一从电动机开始,电动机的转动经变速箱和主轴箱传递给主轴,使主轴旋转(构成主运动传动系统)。电动机的转速为 1 440 r/min,通过变速箱和主轴箱内的变速机构,可使机床主轴获得 12 种不同的转速。路线二从主轴开始,主轴的转动通过换向机构、交换齿轮、进给箱、光杠(或丝杠)传给溜板箱,使刀架做纵向、横向的进给运动。

7.2.4　卧式车床的操纵手柄和操作练习

C6132 型卧式车床的各种操纵手柄名称如图 7-6 所示。

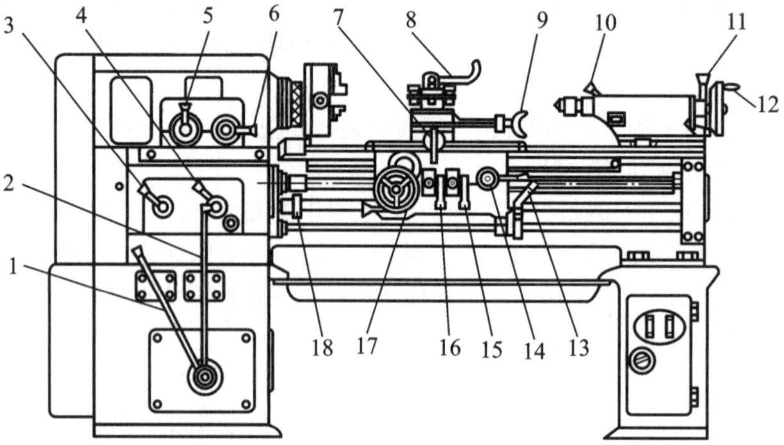

图 7-6　C6132 型卧式车床的各种手柄

1、2、6—主运动变速手柄;3、4—进给运动变速手柄;5—刀架左右移动换向手柄;7—刀架横向移动手动手柄;
8—方刀架锁紧手柄;9—小滑板移动手柄;10—尾座套筒锁紧手柄;11—尾座锁紧手柄;12—尾座套筒移动手轮;
13—主轴正反转及停止手柄;14—开合螺母开合手柄;15—刀架横向进给自动手柄;16—刀架纵向进给自动手柄;
17—刀架纵向移动手轮;18—光杠、丝杠更换离合器

卧式车床的基本操作练习如下。

1. 停机练习

将主轴正反转及停止手柄放置在停止位置上。

(1)主轴转速的变换　通过变动变速箱和主轴箱外面的变速手柄的位置,可得到各种相应的主轴转速。当手柄拨动不顺利时,可用手稍微转动卡盘。

(2)进给量的变换　通过变动进给箱上的变速手柄的位置,刀架可得到各种相应的进给量。

(3)刀架和溜板箱的纵、横向手动移动　左手握住刀架纵向移动手动手轮,右手握住刀架横向移动手动手柄,分别按顺时针和逆时针方向旋转手轮,操纵刀架和溜板箱移动。

(4)刀架和溜板箱的纵、横向机动进给　若将刀架纵向进给自动手柄提起,可实现刀架纵向机动进给运动;将刀架横向进给自动手柄提起,可实现刀架横向机动进给运动。注意:这两个手柄不可同时使用。分别向下扳动这两个手柄,则可停止纵、横向机动进给运动。

(5)尾座的操作　转动尾座套筒移动手轮,可使套筒在尾架内移动;转动尾座套筒锁紧手柄,可将套筒固定在尾座内。尾座靠手推移动位置,转动尾座锁紧手柄,可将尾座固定在机床导轨上,必要时用螺栓紧固。

2. 开机练习

开机前先检查各手柄位置是否处于正确位置,确认无误后再进行开机练习。

（1）主轴转动　操作过程为：启动电动机→操纵主轴转动→停止主轴转动→关闭电动机。

（2）刀架及溜板箱纵、横向进给　操作过程为：启动电动机→操纵主轴转动→机动纵向进给→手动退回→机动横向进给→手动退回→停止主轴转动→关闭电动机。

注意：在车床主轴旋转时，严禁变换主轴转速，否则可能会发生主轴箱和变速箱内齿轮打齿的现象，造成事故。

7.3　工件装夹方法

工件的形状、大小和加工批量不同，工件装夹的方法及所用的附件也不同。工件装夹的要求是定位准确，装夹牢固，以保证加工质量和生产率。在普通车床上常用三爪自定心卡盘（三爪卡盘）、四爪单动卡盘（四爪卡盘）、顶尖、中心架和跟刀架、心轴、花盘及弯板等附件安装工件。

7.3.1　三爪自定心卡盘

采用三爪自定心卡盘装夹是车床上最常用的装夹方式，这种卡盘的结构如图 7-7 所示。

三爪卡盘通过法兰盘内的螺纹直接旋装在车床主轴上。使用时，用卡盘扳手转动其中任一小锥齿轮，可使与它相啮合的大锥齿轮随之转动，大锥齿轮背面的平面螺纹就使三个卡爪同时做向心或离心移动，以夹紧或松开工件。当工件外圆直径较小时，可用正爪夹紧工件外圆；当工件外圆直径较大时，可用反爪夹紧工件外圆；对于内孔直径较大的工件，可用正爪反撑夹紧工件内孔。

三爪卡盘适用于装夹圆形、正三边形和正六边形截面的中、小型工件。其装夹的特点是可自动定心，装夹方便，但其夹紧力较小、定心精度不高，其跳动误差可达 0.05～0.08 mm，且重复定位精度低。

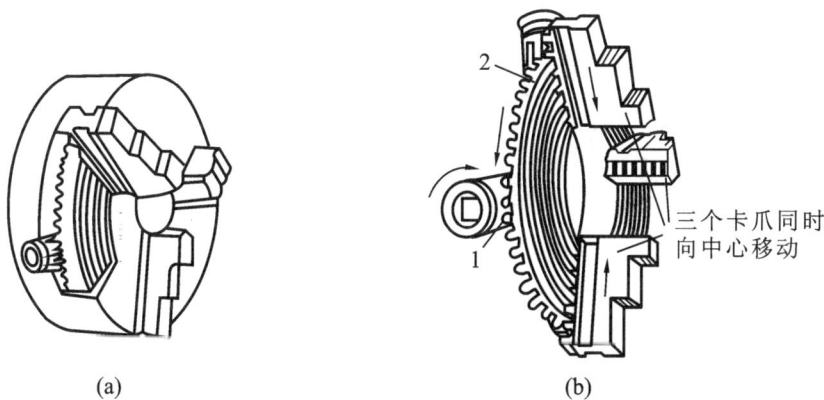

(a)　　　　　　　(b)

图 7-7　三爪自定心卡盘

(a)外形；(b)内部结构

1—小锥齿轮；2—大锥齿轮（背面有平面螺纹）

7.3.2　四爪单动卡盘

四爪单动卡盘是常见的通用夹具（见图 7-8）。它的四个卡爪互不联系，能分别调整，可用来装夹方形、椭圆形、偏心或不规则形状的工件。

使用四爪单动卡盘装夹工件时，一般是用划线盘按工件的外圆或内孔表面进行找正，也可按预先画在工件上的基准线用划针找正。如果工件的安装精度要求很高，可用百分表找正。找正较花费时间,对操作人员的技术要求较高。所以,四爪单动卡盘装夹仅适用于单件小批量生产。

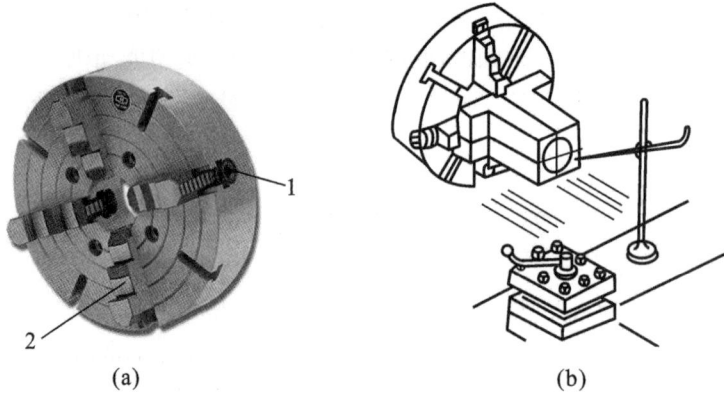

图 7-8　四爪单动卡盘
(a)外形;(b)按划线找正
1—螺杆;2—卡爪

7.3.3　顶尖

对于同轴度要求较高,需调头加工的细长轴类零件常采用双顶尖装夹。工件装夹在前、后顶尖之间,由卡箍(或鸡心夹头)、拨盘带动旋转(见图 7-9(a))。前顶尖装在主轴上,与主轴一起旋转;后顶尖装在尾座上。有时也可用三爪卡盘代替拨盘带动工件旋转(见图 7-9(b)),此时前顶尖用一段钢料车成。

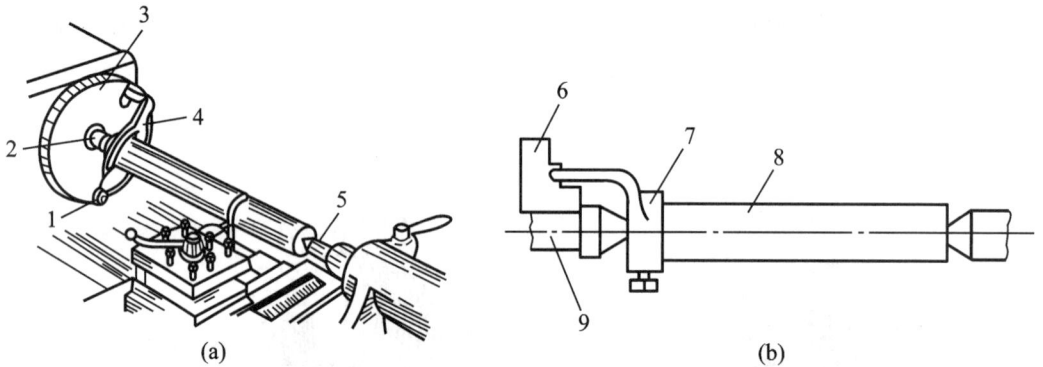

图 7-9　双顶尖装夹工件
(a)用拨盘装夹工件;(b)用三爪卡盘代替拨盘装夹工件
1—夹紧螺栓;2、9—前顶尖;3—拨盘;4—卡箍;5—后顶尖;6—卡爪;7—鸡心夹头;8—工件

顶尖的结构有两种,一种是死顶尖(见图 7-10(a)),另一种是活顶尖(见图 7-10(b))。死顶尖定位精度较高,但与工件中心孔摩擦易发热,只宜在低速精车工件时使用;活顶尖由于顶尖随工件一起旋转,故用于高速切削,但定位精度低于死顶尖。

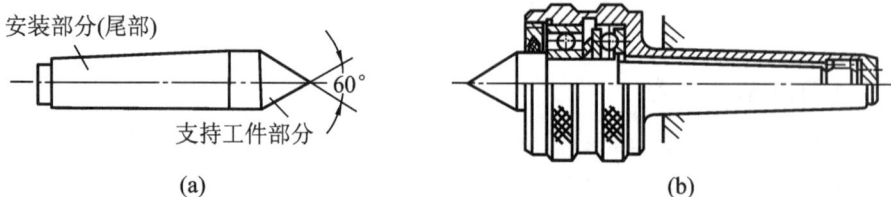

图 7-10　顶尖
(a)死顶尖;(b)活顶尖

用顶尖装夹工件前,要先车平工件端面,用中心钻在两端面上加工出中心孔,如图 7-11 所示。

A 型中心孔(见图 7-11(a))中 60°圆锥面与顶尖圆锥面配合,要承受工件自重和切削力。中心孔底部的圆柱部分使顶尖尖端不接触工件,以保证圆锥面配合的可靠性,还可用来储存润滑油。B 型中心孔(见图 7-11(b))设计了 120°圆锥面(护锥),这主要是为了防止 60°圆锥面被碰伤而影响其与顶尖的配合精度。

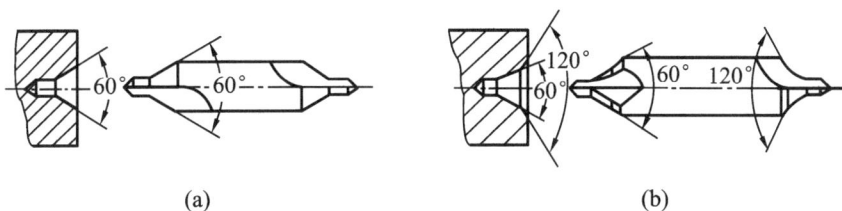

(a)   (b)

图 7-11 加工中心孔

(a)加工 A 型中心孔;(b)加工 B 型中心孔(带护锥)

如图 7-12 所示,用双顶尖装夹工件加工时,若前后顶尖轴线不重合,工件轴线与刀架纵向进给方向将不平行,这会导致工件被车成圆锥体。为消除这一误差,可横向调整尾座体位置。

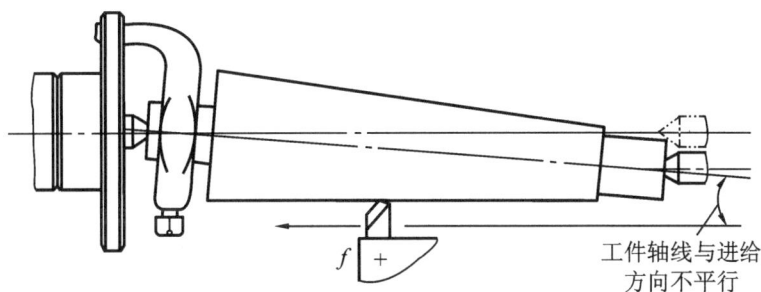

图 7-12 顶尖轴线不重合时车出圆锥体

为了加大粗车时的切削用量或无须调头车削轴类零件,可采用一端以卡盘夹持,另一端用尾座顶尖顶住的一夹一顶装夹方式。一夹一顶装夹的操作要领是:先用卡盘轻轻夹住工件的一端,将尾座顶尖送入工件另一端中心孔;然后摇动尾座手轮,将工件顶入卡盘 3~5 mm;最后把卡盘夹紧并锁紧尾座顶尖(见图 7-13(a))。注意工件在卡盘内的夹持部分不能太长(以 10~20 mm 为宜)。

为了防止切削时工件向卡盘内缩进,可利用工件的台阶限位(见图 7-13(b)),或在卡盘内装上限位支承(见图 7-13(c))。

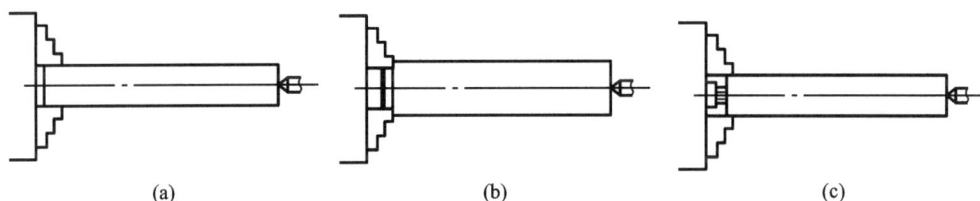

(a)   (b)   (c)

图 7-13 一夹一顶装夹

7.3.4 中心架和跟刀架

在加工细长轴类零件(长度与直径之比大于 20)时,为了防止工件在切削力作用下产生弯曲变形而影响加工精度,常用中心架或跟刀架作为工件的辅助支承,以提高刚度。

中心架的应用如图 7-14 所示。中心架固定在车床导轨上,将三个互成 120°的支承爪支承在事先加工的工件外圆表面上。加工时,中心架与工件不能相对移动,需先加工一端,然后调头安装,再加工另一端。中心架一般用于加工阶梯轴和长轴端面、内孔等。

跟刀架的应用如图 7-15 所示。跟刀架固定在车床床鞍上,用两个支承爪支承工件已加工的外圆表面,加工时,支承爪跟随车刀沿工件轴向移动。跟刀架适合加工不带台阶的细长光轴或丝杠。

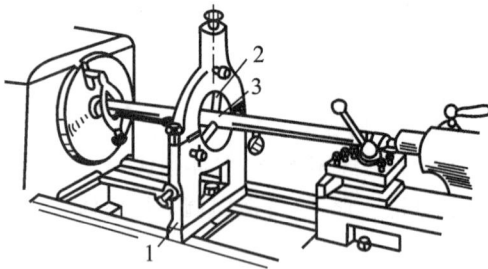

图 7-14 中心架的应用
1—中心架;2—可调节支承爪;
3—预先车出的外圆面

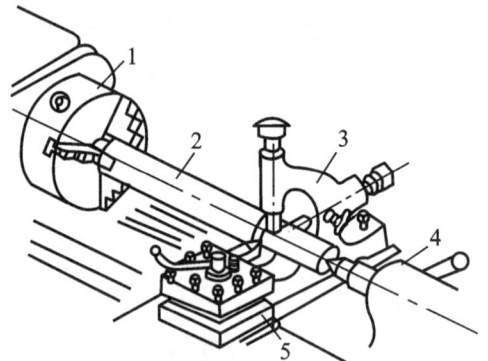

图 7-15 跟刀架的应用
1—三爪卡盘;2—工件;3—跟刀架;
4—尾架;5—刀架

7.3.5 心轴

当以内孔表面为定位基准时,应采用心轴装夹工件。装夹时,先将工件套在心轴上,然后将工件和心轴一起安装在前、后顶尖之间,再加工工件的端面和外圆。根据工件的形状、尺寸和精度要求,将采用不同结构的心轴。

当工件长度比孔径大时,可采用带有小锥度(1/1 000~1/5 000)的心轴装夹,如图 7-16 所示。工件内孔与心轴配合时是靠接触面的摩擦力来紧固工件的,在加工时,切削深度和切削力不能太大,以免心轴与工件之间打滑而不能正常切削。小锥度心轴定心精度较圆柱心轴高,装卸方便。

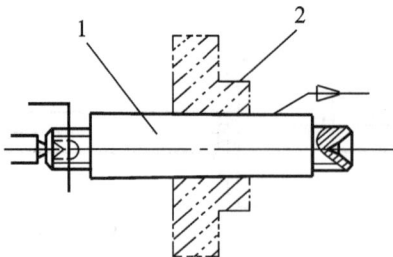

图 7-16 小锥度心轴装夹
1—小锥度心轴;2—工件

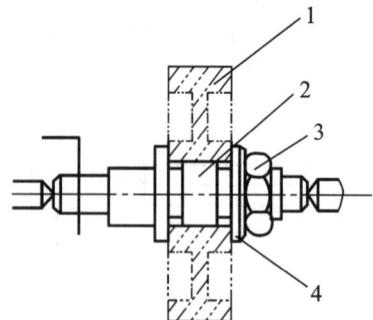

图 7-17 圆柱心轴装夹
1—工件;2—心轴;3—螺母;4—垫圈

当工件长度比孔径小时,可采用带螺母的圆柱心轴装夹,如图 7-17 所示。圆柱心轴的定心精度较锥度心轴低,靠螺母压紧工件,夹紧力较大。

7.3.6　花盘

对于形状较复杂的支座、壳体类零件的孔、台阶、端面的加工,常采用花盘装夹工件。花盘安装在车床主轴上,端面上的 T 形槽用来安装紧固螺栓,端面为工件的定位面,工件可通过螺栓和压板直接安装在花盘上,如图 7-18 所示;也可用螺栓先在花盘上安装好 90°弯板,再将工件安装在弯板上,用螺栓压紧固定,如图 7-19 所示。

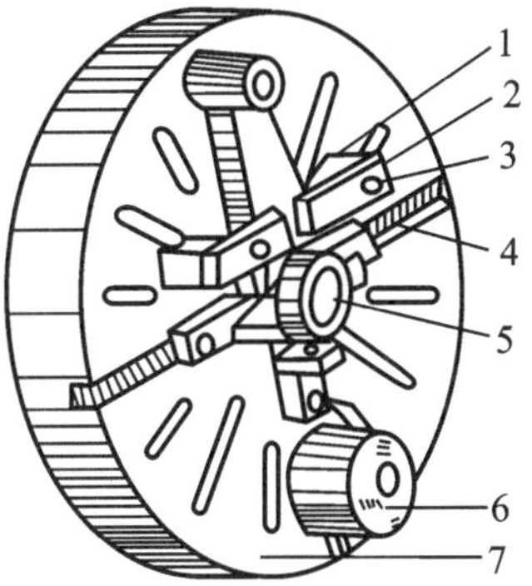

图 7-18　用花盘和压板装夹

1—垫铁;2—压板;3—螺栓;4—螺栓槽;

5—工件;6—平衡铁;7—花盘

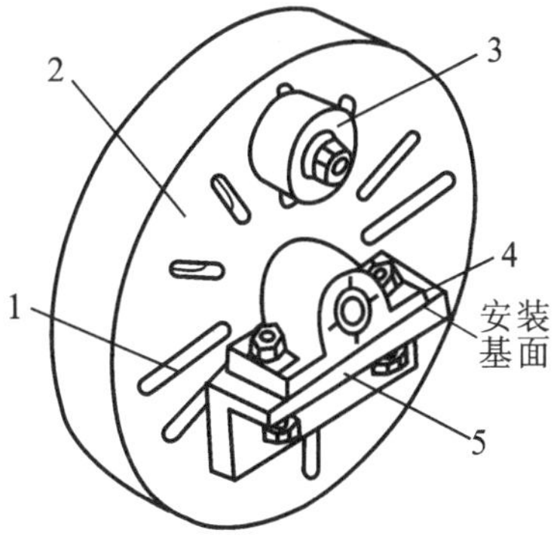

图 7-19　用花盘和弯板装夹

1—螺栓槽;2—花盘;3—平衡铁;

4—工件;5—弯板

用花盘或花盘加弯板装夹工件时,须在中心偏置的对应部位加平衡铁,以防止加工时花盘及弯板等因重心偏离旋转中心而引起冲击和振动。

7.4　车刀及车刀安装

1. 车刀的种类

车刀的种类和形状多,常用车刀的名称和形状如图 7-20 所示。

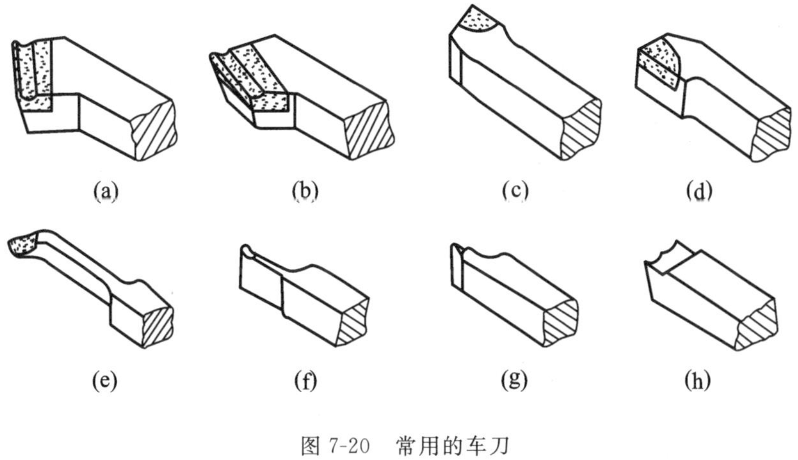

图 7-20　常用的车刀

(a)45°外圆车刀;(b)75°外圆车刀;(c)左偏刀;(d)右偏刀;

(e)镗孔刀;(f)切断刀;(g)外螺纹车刀;(h)成型刀

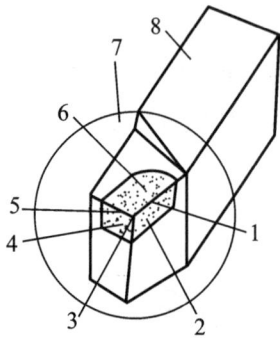

图 7-21　车刀的组成

1—主切削刃;2—主后刀面;3—刀尖;
4—副后刀面;5—副切削刃;6—前刀面;
7—切削部分;8—夹持部分

2. 车刀的结构

车刀由刀头(刀片)和刀杆两部分组成。刀头是车刀的切削部分,刀杆是车刀的夹持部分。刀头的形状由三面、两刃、一尖组成,如图 7-21 所示。

(1)前刀面:刀片上切屑经过的表面。

(2)主后刀面:刀片上与前刀面相交形成主切削刃的表面。

(3)副后刀面:刀片上与前刀面相交形成副切削刃的表面。

(4)主切削刃:前刀面与主后刀面相交而形成的刀刃,它承担着主要切削任务。

(5)副切削刃:前刀面与副后刀面相交而形成的刀刃,它主要对已加工表面起修光作用。

(6)刀尖:主切削刃与副切削刃连接处相当少的一部分切削刃,通常是一小段过渡圆弧或直线形的刀刃。

3. 车刀的切削角度

(1)辅助坐标平面　为了确定车刀的切削角度,需要建立三个辅助坐标平面,如图 7-22 所示。

① 基面 p_r　过切削刃上的选定点 A,垂直于主运动方向的平面。

② 主切削平面 p_s　过切削刃上的选定点 A,与切削刃相切并垂直于基面的平面。

③ 正交平面 p_o　过切削刃上的选定点 A,同时垂直于基面和切削平面的平面。

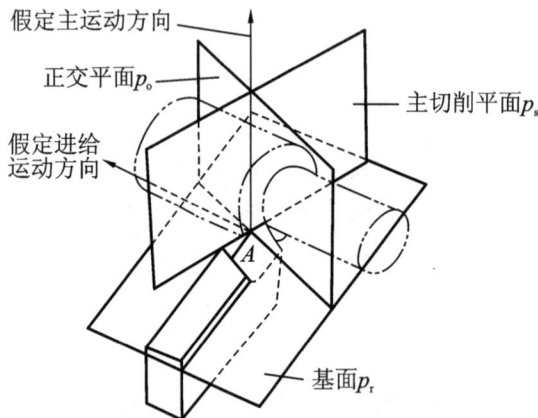

图 7-22　车刀的辅助平面

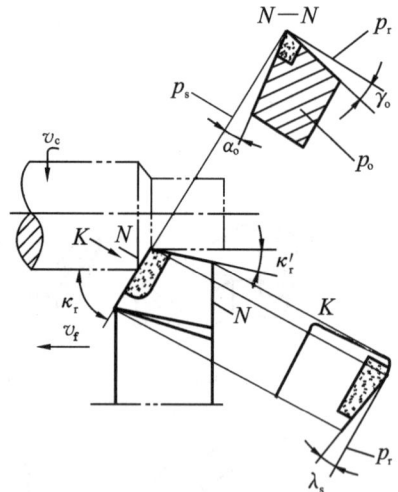

图 7-23　车刀的主要切削角度

(2)切削角度　车刀的主要切削角度如图 7-23 所示。

① 前角 γ_o:前刀面与基面的夹角,在正交面中测量。其作用是使刀刃锋利,便于切削,但也不能太大,否则会削弱刀刃强度,且易磨损、崩刃。

② 后角 α_o:主后刀面与主切削平面间的夹角,在正交面中测量。其作用是减少后刀面与工件间的摩擦。后角一般为 $3°\sim12°$,粗加工时选较小值,精加工时选较大值。

③ 主偏角 κ_r:主切削刃在基面上的投影与进给方向之间的夹角,在基面中测量。主偏角

直接影响切削层的几何形状和主切削刃的工作长度,从而影响主切削刃切削力的分配、散热和刀尖强度。主偏角较小时,刀具易顶弯工件,产生振动。车细长轴时,宜选用主偏角为 $90°\sim93°$ 的车刀。

④ 副偏角 κ_r' 副切削刃在基面上的投影与进给反方向之间的夹角,在基面中测量。副偏角会影响已加工表面的质量,适当减小副偏角,可有效地降低加工表面粗糙度。

⑤ 刃倾角 λ_s 主切削刃和基面的夹角,在切削平面中测量。刃倾角主要影响刀尖强度和排屑方向。当刀尖处于主切削刃最高点时,$\lambda_s>0$;当刀尖处于主切削刃最低点时,$\lambda_s<0$。

4. 车刀的刃磨

车刀用钝后必须刃磨,以恢复原来的形状和角度。车刀通常在砂轮机上刃磨。刃磨高速钢车刀要用氧化铝砂轮(一般为白色),刃磨硬质合金车刀要用碳化硅砂轮(一般为绿色)。外圆车刀刃磨的步骤如图 7-24 所示。

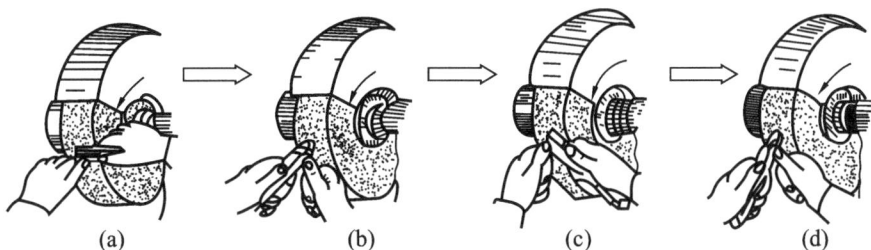

图 7-24   外圆车刀刃磨的步骤

(a)磨前刀面;(b)磨主后刀面;(c)磨副后刀面;(d)磨刀尖圆弧

刃磨车刀时的注意事项如下。

(1) 刃磨时,不要站在砂轮的正面,以防砂轮破碎,击伤操作人员。

(2) 刃磨时,双手拿稳车刀,让受磨面轻贴砂轮,逐渐均匀用力,不可用力过大,以免挤碎砂轮。车刀应在砂轮圆周面上左右移动,使砂轮磨耗均匀,避免磨出沟槽;不能在砂轮两侧面用力粗磨车刀,以免砂轮受力偏摆,甚至破碎。

(3) 刃磨高速钢车刀时,若刀头磨热,应将车刀放入水中冷却,以免刀片因温升过高而退火软化。刃磨硬质合金车刀时,切勿蘸水冷却过热的刀头,否则刀头可能会产生裂纹。

5. 车刀的安装

安装车刀时,应注意以下几点(见图 7-25)。

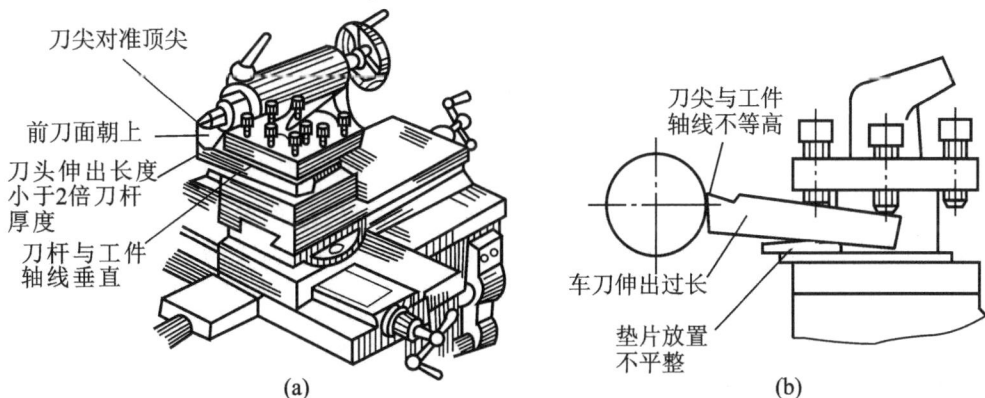

图 7-25   车刀的安装

(a)正确;(b)错误

（1）车刀刀尖应与车床主轴轴线等高，可根据尾座顶尖高度，用垫片进行调整。

（2）刀头伸出刀架部分的长度不宜太大，一般不超过刀杆厚度的两倍，否则切削时易引起振动，影响工件加工质量。

（3）刀杆下面的垫片应放置平整，且垫片数不宜过多。

（4）车刀装正后，应用刀架螺栓压紧，一般用两个螺栓交替拧紧。

7.5　车床操作

1. 刻度盘的原理和应用

在车削工件时，为了准确、迅速地调整切削深度(吃刀量)，必须熟练地使用中滑板和小滑板的刻度盘。

中滑板手柄带动刻度盘转一周时，中滑板的丝杠也转动一周，这时丝杠螺母带动中滑板移动一个螺距，安装在中滑板上的刀架也移动一个螺距。以 C6132 车床为例，它的中滑板丝杠螺距为 4 mm，当手柄转一周时，刀架就横向移动 4 mm。中滑板刻度盘被等分为 200 格，当中滑板刻度盘转过 1 格时，中滑板刀架横向移动 0.02 mm，即横向切削深度为 0.02 mm。由于工件是旋转的，车刀向工件表面移动进刀时，工件直径的减小量是切削深度的 2 倍。小滑板刻度盘的原理与中滑板相同，在进刀时，小滑板刻度盘纵向移动多少，工件轴向尺寸就改变多少。

在使用中、小滑板刻度盘控制切削深度时，若不慎多转过几格，不能简单地退回几格，这是因为丝杠和螺母之间存在间隙，会产生空行程(即刻度盘转动，而刀架未移动)，此时一定要向相反方向全部退回，消除空行程，然后再重新转到正确位置，如图 7-26 所示。

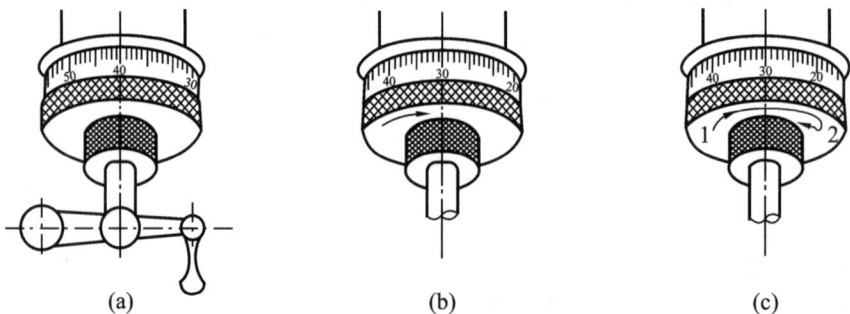

(a)　　　　　　　　　　(b)　　　　　　　　　　(c)

图 7-26　手柄摇过头后的纠正方法

(a)要求转至刻度 30 处，但转过了而至刻度 40 处；(b)错误：直接退至刻度 30 处；

(c)正确：反转约一周后，再转至刻度 30 处

2. 车削步骤

在正确装夹工件和安装刀具，并调整主轴转速和进给量后，通常按以下步骤进行切削。

（1）试切　为了控制切削深度，保证工件径向尺寸精度，在开始切削时，应先进行试切。以车削外圆为例，试切的方法和步骤如图 7-27 所示。若尺寸还有余量，一般要重复进行图 7-27(d)～(f)所示的步骤，直至尺寸合格为止。

（2）切削　在试切的基础上获得合格尺寸后，就可以扳动自动进给手柄进行自动走刀。当车刀纵向进给至距工件末端 3～5 mm 时，改自动进给为手动进给，以避免走刀超过需要的尺寸或车刀切削到卡盘爪。当车削至需要的长度时，应先退出车刀，再使工件停止旋转。

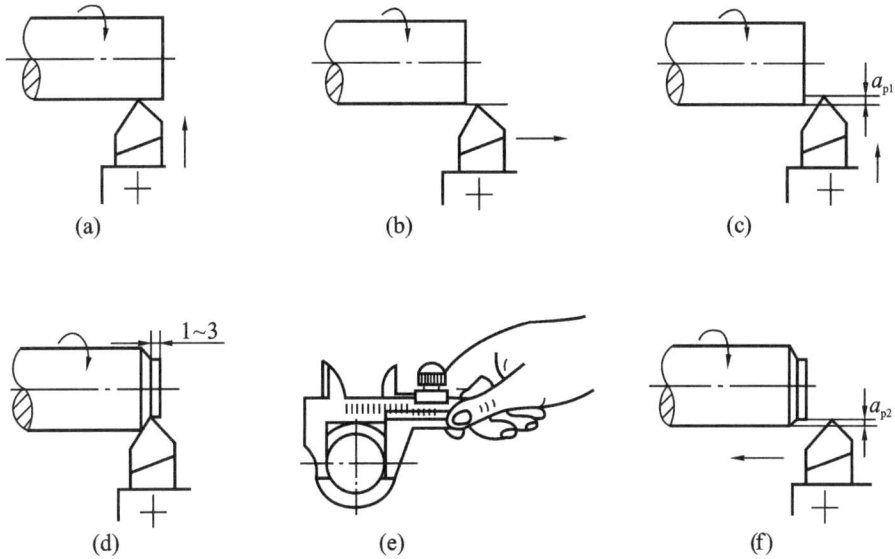

图 7-27 试切的步骤

(a)开车对刀,使车刀和工件表面轻微接触;(b)向右退出车刀;(c)按要求横向进给 a_{p1};
(d)试切 1～3 mm;(e)向右退出车刀,停车测量;(f)调整切深至 a_{p2} 后,自动进给车外圆

3. 粗车与精车

为了提高生产率,保证加工质量,根据车削加工目的和加工质量的要求,常把车削加工划分为粗车和精车。

粗车是以尽快切除大部分加工余量为目的车削加工。粗车后,一般应留下 0.5～1 mm 的加工余量供精车使用。粗车加工的尺寸精度可达到IT12～IT10,表面粗糙度 Ra 可达到12.5～6.3 μm。应选取具有较小的前角和后角、刃倾角为负值的车刀。

精车是切除少量金属层以获得零件所需的较高加工精度和表面质量的车削加工。精车加工的尺寸精度可达IT9～IT7,表面粗糙度 Ra 可达到 1.6～0.8 μm。应选取具有较大的前角和后角、刃倾角为正值的车刀,刀尖要磨出过渡圆弧刃,切削刃要光滑、锋利。

7.6　基本车削加工

7.6.1　车削外圆

常见的外圆车刀如图 7-28 所示。直头车刀(尖刀)用来加工外圆面;弯头车刀不仅可以车外圆,还可以车端面和倒角;90°偏刀可用于加工带垂直台阶的外圆和端面。

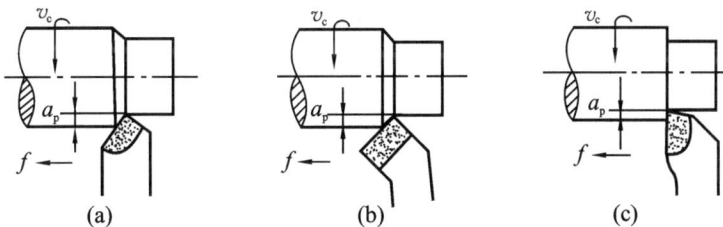

图 7-28 常见的外圆车刀

(a)直头车刀;(b)45°弯头车刀;(c)90°偏刀

粗车带有硬皮的铸、锻件毛坯时,为保护刀尖,应先车端面或倒角,第一刀的切削深度应大于工件硬皮的厚度,避免刀尖在硬皮上剧烈摩擦而损坏。精车时,必须合理选择刀具角度及切削用量,采用试切的方法加工,保证工件的加工精度。

7.6.2　车削端面

车端面时常用90°偏刀和45°弯头刀进行切削,如图7-29所示。

用右偏刀由外向中心车端面(见图7-29(a))时,由副切削刃进行切削,切削深度不能过大,否则容易扎刀;另外,切削到中心时,工件上的凸台会突然断掉,刀头易损坏。

用右偏刀由中心向外车端面(见图7-29(b))时,由主切削刃进行切削,切削条件较好,加工质量较高,不会出现上述的现象。

用左偏刀由外向中心车端面(见图7-29(c))时,由主切削刃进行切削,切削条件较好,加工质量较高。

用弯头车刀由外向中心车端面(见图7-29(d))时,由主切削刃进行切削,切削条件较好,工件上的凸台会逐渐被切掉,加工质量较高。

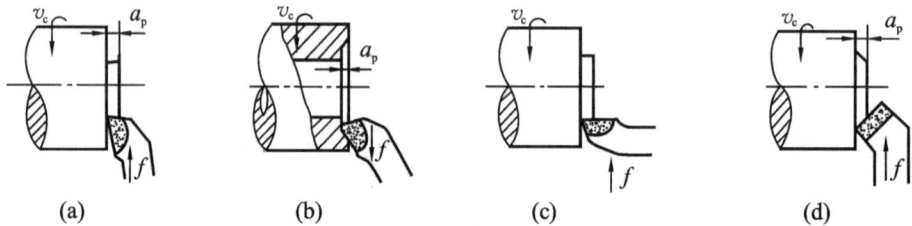

图7-29　车端面
(a)用右偏刀由外向中心车端面;(b)用右偏刀由中心向外车端面;
(c)用左偏刀由外向中心车端面;(d)用弯头车刀由外向中心车端面

7.6.3　车削台阶

轴上的台阶面应使用偏刀进行切削。切削台阶面时,要先确定好台阶的位置,适当留出精加工余量,并用刀尖刻出线痕,以此作为加工界限。当台阶高度小于5 mm时,可用90°偏刀一次车出(见图7-30(a))。当车较高台阶时(见图7-30(b)),应分层纵向进给切削;在最后一次纵向进给切削中,当车刀自动进给至即将达到预定位置时,要提前改为手动进给车削到预定位置,刀尖应紧贴台阶端面横向退出,以车平台阶。

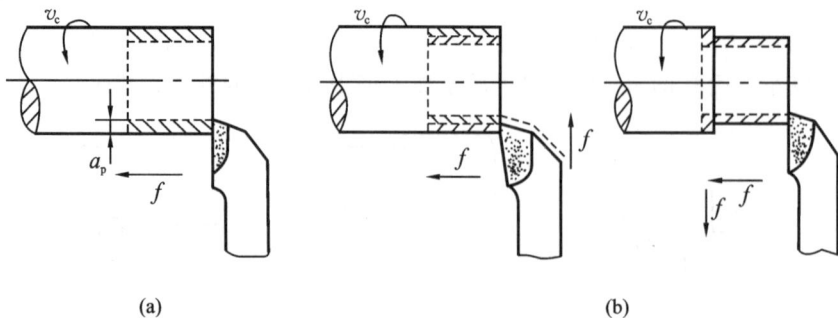

图7-30　车削台阶
(a)车削低台阶;(b)车削高台阶

7.6.4 钻孔与镗孔

1. 钻孔

在车床上钻孔是将钻头装在尾座套筒中进行的,如图 7-31 所示。工件的旋转为主运动,手摇尾座手轮使钻头做纵向进给运动。

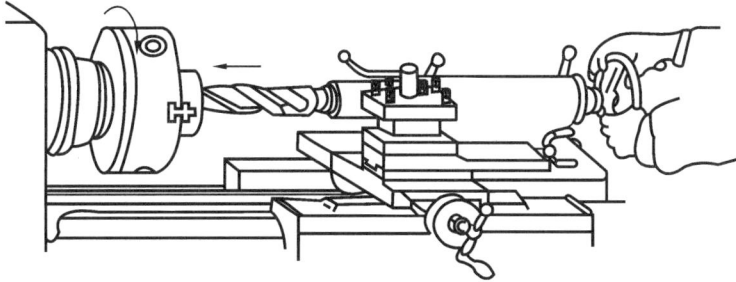

图 7-31　在车床上钻孔

钻孔前须先车平端面。钻孔时,使钻头轻轻与工件端面接触,若钻头不晃动,对中准确,可缓慢进给;若钻头晃动,不易对中,须用中心钻预钻中心孔,以使钻头对中准确。待钻头切削部分钻入后,可适当加大进给量,并加冷却液冷却。在钻削过程中,须经常退出钻头排屑。当孔即将钻通时,应缓慢进给,以免钻头折断。

在车床上使用扩孔钻、铰刀进行扩孔和铰孔时,其方法与钻孔类似。

2. 镗孔

镗孔是在已有孔(锻出、铸出或钻出孔)的基础上的进一步加工。镗孔加工可分为镗通孔、镗不通孔(盲孔)和镗槽,如图 7-32 所示。

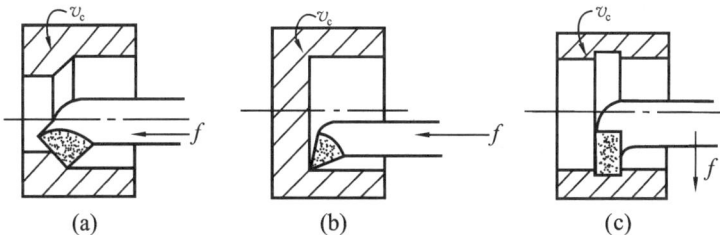

图 7-32　镗孔
(a)镗通孔;(b)镗不通孔;(c)镗槽

镗孔的方法基本上与车削外圆相同,也须进行试切,只是进刀和退刀方向与车削外圆时相反。镗通孔使用主偏角小于 90°的镗刀;镗不通孔或阶梯孔时,使用主偏角大于 90°的镗刀;镗槽则使用专用切槽刀。

7.6.5 切槽与切断

切槽与切断分别使用切槽刀与切断刀,这两种刀具结构类似,只是切断刀的刀头较长,厚度较大。切槽刀和切断刀的刀头前端为一个主切削刃,两侧为两个副切削刃,如图 7-33 所示。

在安装切断刀时,其刀尖必须与工件中心等高。若刀尖装得过低,刀尖容易被压断;若刀尖装得过高,则不易切削(见图 7-34)。两侧副偏角要对称,进给时要连续而均匀,否则容易打刀。

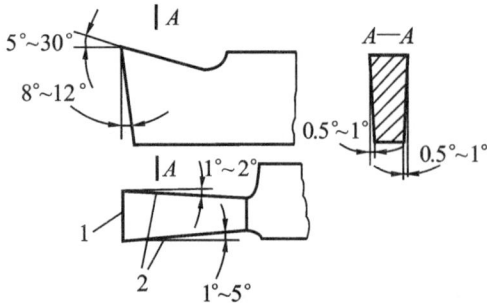

图 7-33　切槽刀与切断刀的结构

1—主切削刃；2—副切削刃

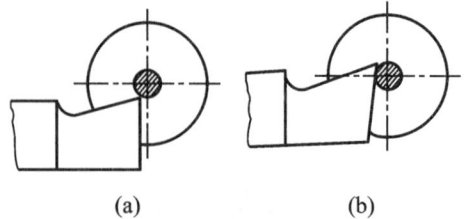

图 7-34　切断刀的错误安装

(a)刀尖过低；(b)刀尖过高

在安装切槽刀时，其刀尖不应高于工件中心。切窄槽时，主切削刃宽度要等于槽宽，槽一次进给切出，槽深用刻度盘控制。切宽槽时，按图 7-35 所示步骤进行。

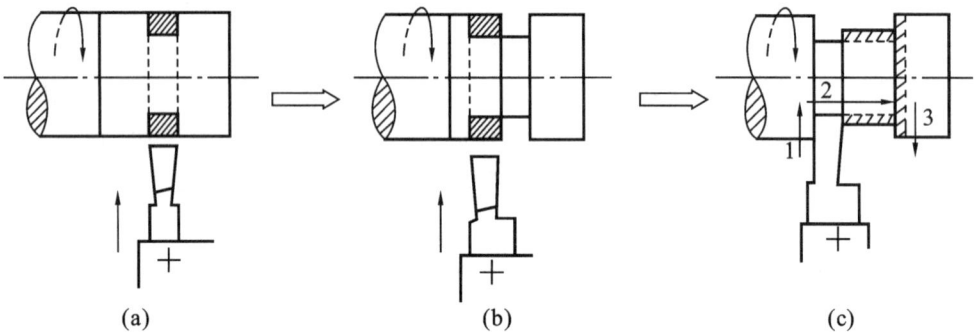

图 7-35　切宽槽步骤

(a)第一次横向进给；(b)第二次横向进给；(c)最末一次横向进给，再纵向进给精车槽底

7.6.6　车削圆锥面

1. 小滑板转位法

当工件的圆锥面不太长时，可用小滑板转位法车削。如图 7-36 所示，将中滑板上的转盘紧固螺母松开，扳转小滑板，使其偏转角度等于工件半锥角，再将螺母拧紧。这时，操纵小滑板手柄手动进给进行切削，刀尖沿平行于圆锥母线的方向移动，从而实现圆锥面的加工。使用小滑板转位法既可车削外圆锥面，又可车削内圆锥面，锥角大小不受限制，应用广泛。其缺点是所加工圆锥面的长度只能小于小滑板的行程长度，且手动进给车削的圆锥表面粗糙度较高。

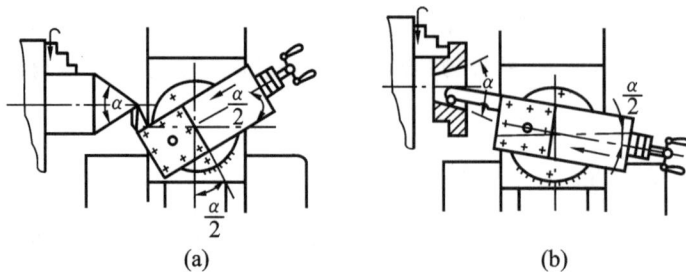

图 7-36　用小滑板转位法车削外、内圆锥面

(a)车削外圆锥面；(b)车削内圆锥面

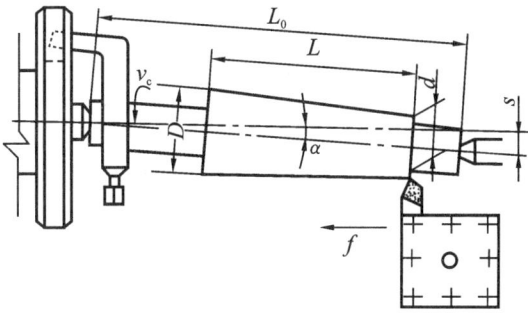

图 7-37 用尾座偏移法车削圆锥面

2. 尾座偏移法

如图 7-37 所示,将工件置于前、后顶尖之间,横向调整尾座位置,使之相对主轴轴线偏移一定距离,使工件轴线与主轴轴线的夹角等于工件圆锥面的半锥角,车刀沿纵向进给方向进行切削,即可车出所需圆锥面。

使用尾座偏移法车圆锥面的优点是:车刀可自动进给,加工表面粗糙度较小。该方法适合用来加工锥角小、长度大的圆锥面,但不能加工内圆锥面和带锥顶的外圆锥面。

3. 靠模法

加工较长的外圆锥面和内圆锥面,精度要求较高而批量较大时,常采用靠模法。

靠模板装置是车床加工圆锥面的附件。如图 7-38 所示,靠模板装置的底座固定在床身的后面,底座上装有锥度靠模板,可调节它的偏转角度,使其等于圆锥面的半角。滑板用螺栓固定在中滑板上,使中滑板上的丝杠和螺母脱开,滑板可沿靠模板自由滑动。将小滑板旋转 90° 固定,以便于调整切削深度。加工时,当溜板纵向自动进给时,中滑板就沿靠模板横向滑动,从而使车刀沿靠模板运动,车削出所需圆锥面。

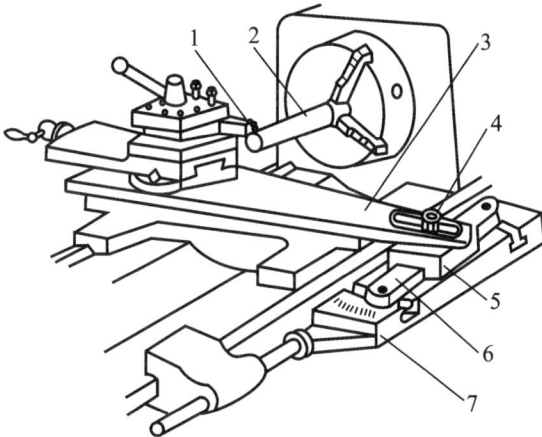

图 7-38 用靠模法车削圆锥面
1—车刀;2—工件;3—中滑板;4—固定螺钉;
5—滑板;6—靠模板;7—托架

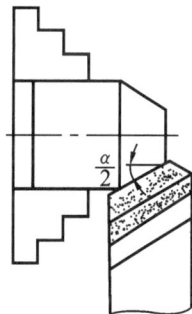

图 7-39 用宽刀法车削圆锥面

4. 宽刀法

宽刀法是直接用偏斜的主切削刃切出工件上的外圆锥面的方法,其实际上属于成型法。采用这种方法车削圆锥面时,要求车刀的主切削刃必须平直,车刀的主偏角就是工件的半锥角,如图 7-39 所示。使用宽刀法加工迅速快捷,但只能加工很短的圆锥面,切削刃太长会引起振动。

7.6.7 车削螺纹

螺纹的种类按牙型可分为三角螺纹、梯形螺纹、方牙螺纹等,其中普通公制三角螺纹应用最广。

1. 普通三角螺纹的基本牙型和基本要素

普通三角螺纹的基本牙型及各基本尺寸的名称如图 7-40 所示。

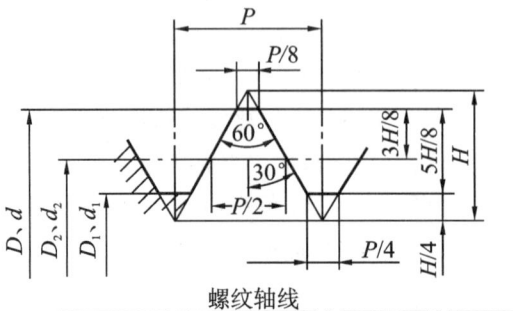

图 7-40 普通三角螺纹的基本牙型

D—内螺纹大径(公称直径);D_2—内螺纹中径;D_1—内螺纹小径;

d—外螺纹大径;d_2—外螺纹中径;d_1—外螺纹小径;

P—螺距;H—螺纹理论高度

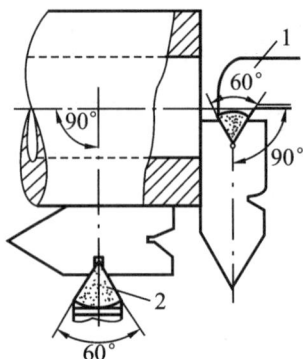

图 7-41 螺纹车刀的对刀方法

1—内螺纹车刀;2—外螺纹车刀

普通三角螺纹的基本要素有三个:牙型角、螺距和螺纹中径。

(1) 牙型角 α 它是螺纹轴向剖面内螺纹两侧面的夹角。对于公制螺纹,$\alpha=60°$;对于英制螺纹,$\alpha=55°$。

(2) 螺距 P 它是轴线上相邻两牙对应点的距离。

(3) 螺纹中径 $D_2(d_2)$ 它是平分螺纹理论高度 H 的一个假想圆柱面的直径。在中径处螺纹牙厚和槽宽相等。内、外螺纹只有在中径一致时才能很好地配合。

2. 车削螺纹的方法和步骤

(1) 安装螺纹车刀时要用对刀样板对刀,刀尖必须与工件回转轴线等高,且刀尖角的平分线必须与工件回转轴线垂直,这样车出的牙型才不会偏斜,如图 7-41 所示。

(2) 根据工件的螺距 P,调整进给箱上手柄位置及配换挂轮箱齿轮的齿数(以获得所需的螺纹),确定主轴转速,初学者应将主轴转速调到最低。

(3) 车外螺纹的操作步骤如下。

① 开车,使车刀与工件轻微接触,记下刻度盘读数后,向右退出车刀,如图 7-42(a)所示。

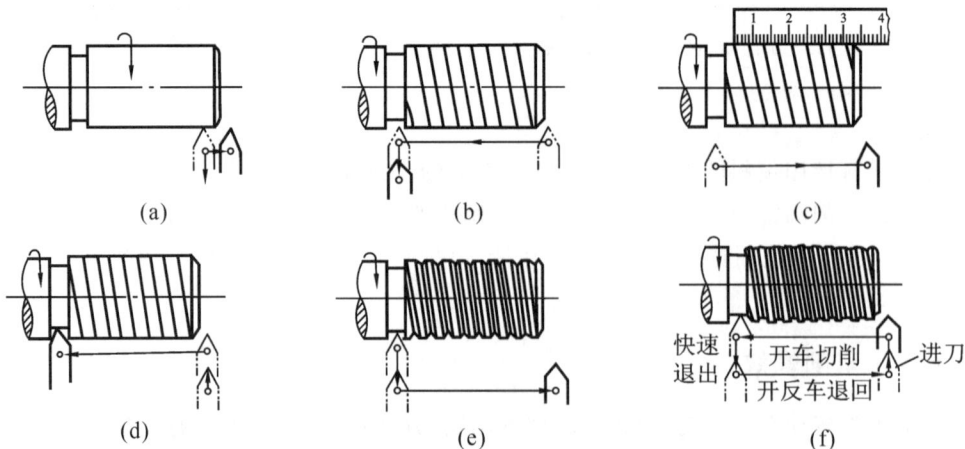

(a)   (b)   (c)

(d)   (e)   (f)

图 7-42 车外螺纹的操作步骤

② 合上开合螺母,在工件表面上车出一条螺旋线,横向退出车刀,如图 7-42(b)所示,然后停车。

③ 开反车使车刀退到工件右端,停车,用钢直尺检查螺距是否正确,如图 7-42(c)所示。

④ 利用刻度盘调整切削深度,开车切削,如图 7-42(d)所示。螺纹总的切削深度 $a_p \approx 0.65P$,每次切削深度约 0.1 mm。

⑤ 车刀将至行程终了时,应做好退刀停车准备,先快速退出车刀,然后停车,开反车退回工件右端,如图 7-42(e)所示,。

⑥ 调整切削深度,再次横向切入,按图 7-42(f)所示路线继续切削。

3. 防止乱扣措施

为了避免乱扣,除采用正确的切削螺纹操作方法外,还要保证在车削螺纹过程中,始终保持工件与车刀之间的传动关系不变。具体应做到以下几点:

(1) 工件和主轴的相对位置不变。由顶尖上取下工件测量时,不得松开卡箍;重新安装工件时,必须使卡箍与拨盘(或卡盘)的相对位置保持不变。

(2) 若在切削中途换刀,要重新对刀。由于传动系统存在间隙,对刀时,应先使刀架沿切削方向自动进给一段距离再停车,移动小滑板,使车刀切削刃与原有螺纹槽相吻合即可。

(3) 主轴与刀架之间的传动关系不变。

4. 保证螺纹中径精度的方法

中径是靠刻度盘控制多次进刀总切削深度来保证的。由于刻度盘只能控制进刀总切削深度等于螺纹牙型的工作高度,一般还要借助螺纹量规检验来进行准确控制。若没有螺纹量规,也可用其相应的配合件旋合来检验。

7.6.8 车削成型面

当某些回转体零件的表面轮廓的母线不是直线,而是圆弧或曲线时,这类零件的表面称为成型面。在车床上加工成型面一般有下列三种方法。

1. 用普通车刀车削成型面

如图 7-43 所示,此种方法是利用双手同时操纵中滑板和小滑板的手柄,使刀尖的运动轨迹与回转成型面的母线相符,加工出所需零件。加工成型面需要较高的操作技能,生产率低。该方法适用于加工数量较少、精度要求不高的零件。

图 7-43　用普通车刀车削成型面　　　　图 7-44　用成型车刀车削成型面

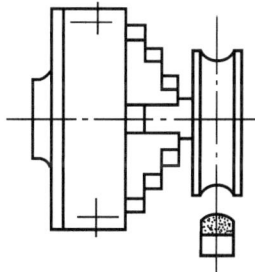

2. 用成型车刀车削成型面

用切削刃形状与成型面轮廓相符的成型车刀来加工成型面(见图 7-44),加工精度取决于刀具。由于车刀和工件接触线较长,容易引起振动,因此,要采用小的切削用量,只做横向进给,且要有良好的润滑条件。

此种方法的特点是操作方便、生产率高、能获得准确的表面形状,但刀具制造、刃磨困难,因此,只能用在成批生产中以加工较短的成型面。

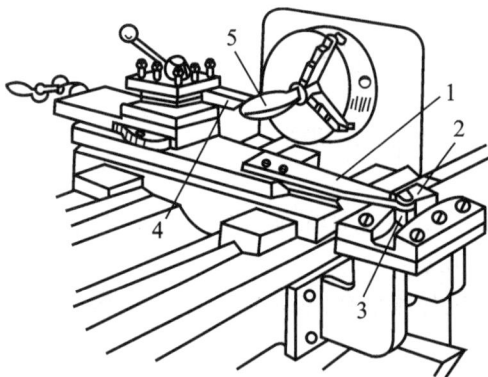

图 7-45　用靠模车削成型面
1—拉杆;2—靠模板;3—滚柱;
4—车刀;5—手柄(工件)

3. 用靠模车成型面

如图 7-45 所示,用靠模车削成型面的原理和用靠模法车削圆锥面相同。在加工时,只要把滑板换成滚柱,把直线轮廓的锥度模板换成曲线轮廓的靠模板即可。这种方法生产率高,加工精度较高,广泛用于批量生产。

7.6.9　滚花

滚花是指利用特制的滚花刀挤压工件表面,使其产生塑性变形而形成花纹,如图 7-46 所示。滚花时,将滚花刀表面与工件表面平行均匀接触,且滚花刀中心与工件中心等高。在滚花过程中,开始吃刀时须用较大的压力,待切入一定深度后,再进行纵向自动进给,往复滚压 1～2 次,直到滚好为止。滚花时,工件转速要低,还须充分供给冷却液。

滚花的花纹一般有直纹和网纹两种。滚花刀也分为直纹滚花刀和网纹滚花刀,如图 7-47 所示。

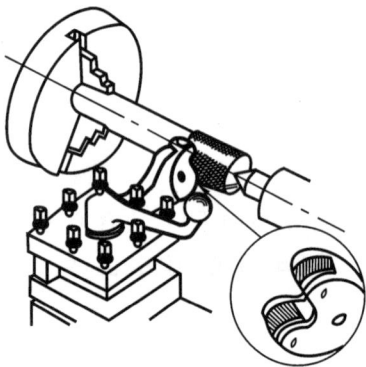

图 7-46　滚花

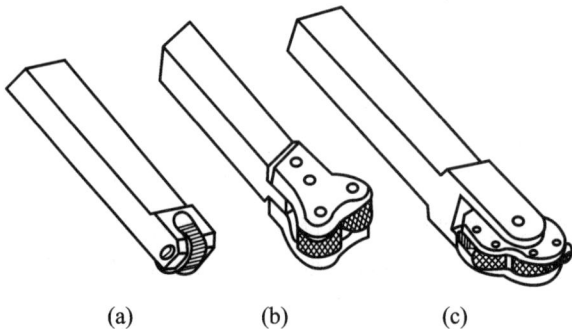

图 7-47　滚花刀
(a)直纹滚花刀;(b)两轮网纹滚花刀;(c)三轮网纹滚花刀

7.7　典型零件车削工艺

轴类零件对表面的尺寸精度、几何精度和表面粗糙度均有较高的要求,长度与直径的比值也较大,加工时不可能一次完成全部表面的加工,往往需多次调头安装,有时还需要进行热处理和磨削加工。为保证零件的装夹精度,且方便可靠,多采用顶尖装夹。

图 7-48 所示为传动轴的零件图。

该轴端部 $\phi30$ 轴段、$\phi35$ 轴段和中间的 $\phi45$ 轴段的外圆为主要工作表面,其尺寸、几何精度要求较高,表面粗糙度 Ra 较小。这三处外圆表面应以磨削作为最终加工工序,在车削加工

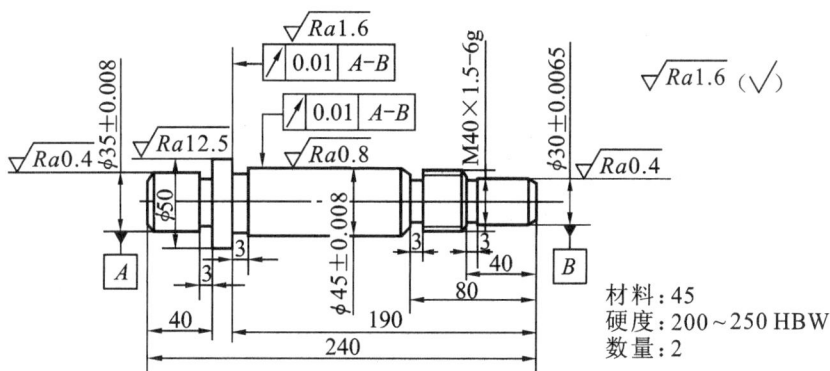

图 7-48 传动轴

工序中要留出磨削余量。此外,为了使传动轴零件获得良好的综合力学性能,还需要进行调质处理。

在轴类零件中:光轴和各段外圆直径相差不大的阶梯轴,多采用圆钢为坯料;直径相差悬殊的阶梯轴,多采用锻件为坯料。这样可节省材料和减少机加工工作量,并提高零件的力学性能。

图 7-48 所示传动轴各段外圆直径相差不大,且数量只有两件,可选择 $\phi 55$ mm 的圆钢为毛坯。

该传动轴的加工工序为:粗车→调质→半精车→磨削。

由于工件粗车时加工余量较大,切削力也较大,而加工精度要求不高,故采用一夹一顶方式装夹工件。在工件半精车和磨削时,采用双顶尖装夹,统一加工基准,保证各加工表面的位置精度,减少重复定位误差。

传动轴的加工工艺过程如表 7-1 所示。

表 7-1 传动轴的加工工艺

序号	工种	加 工 简 图	加 工 内 容	刀具	装夹工具
1	下料	—	下料尺寸,$\phi 55 \times 245$	—	—
2	车		夹持坯料一端; 车端面见平,钻 $\phi 2.5$ 中心孔,用尾座顶尖顶住工件,粗车 $\phi 52 \times 202$ 外圆面;粗车 $\phi 45$、$\phi 40$、$\phi 30$ 各处外圆面,直径留余量 2 mm,长度留余量1 mm	中心钻右偏刀	三爪卡盘、顶尖
3	车		夹持 $\phi 47$ 段; 车另一端面,保证总长为 240 mm,钻 $\phi 2.5$ 中心孔;粗车 $\phi 35$ 外圆,直径留余量 2 mm,长度留余量1 mm	中心钻右偏刀	三爪卡盘
4	热处理	—	调质处理:硬度为 220～250 HBW	—	—
5	车	—	修研中心孔		四棱顶尖、三爪卡盘

序号	工种	加工简图	加工内容	刀具	装夹工具
6	车		用卡箍卡零件 B 端；精车 $\phi50$ 外圆面至尺寸；半精车 $\phi35$ 外圆面至尺寸；切槽，保证长度为 40 mm；倒角	右偏刀切槽刀	双顶尖
7	车		用卡箍卡零件 A 端；半精车 $\phi45$ 外圆面至尺寸；精车 M40 螺纹至大径为 $\phi40^{-0.1}_{-0.2}$；半精车 $\phi30$ 外圆面至尺寸；切槽 3 个，分别保证长度尺寸 190、80 和 40；倒角 3 个；车 M40×1.5 螺纹至尺寸	右偏刀切槽刀螺纹车刀	双顶尖
8	磨	—	磨 $\phi30$、$\phi35$ 外圆面至尺寸	砂轮	双顶尖

车削实习安全操作规程

1. 开机前

(1) 穿好工作服,袖口衣角要扎紧;头发长的同学要戴工作帽,将长头发置入帽内;不准戴手套操作机床。

(2) 工件和刀具应装夹牢固,车刀安装时不宜伸出过长。

(3) 在装卸工件后,卡盘扳手要立即拿下,以免其飞出伤人。

(4) 检查各手柄位置是否处于正确位置,确认位置正确无误后方可开机。

(5) 在刃磨车刀时,不要站在砂轮的正面,用力要均匀适当,不可用力过大、过猛,以防砂轮破碎,击伤操作者。

2. 开机时(主轴旋转时)

(1) 站位要适当,头不可离工件太近,防止切屑飞入眼中。

(2) 不准靠近和触摸旋转的工件。

(3) 不准测量旋转的工件。

(4) 在机床主轴旋转时,严禁变换主轴转速,要先停机后变速,防止打坏变速箱内的齿轮。

(5) 在操作机床时要精神集中,如发现异常现象要立即停机,并报告指导人员。

(6) 应使用毛刷和钩子等工具清理铁屑,不准用手直接清理,以免划伤。

(7) 操作者离开机床时,必须停机。

(8) 在多人共用一台车床的情况下,只能一人操作(或轮换),并且要注意他人的安全。

第8章 刨削加工

8.1 概 述

在刨床上用刨刀加工工件称为刨削。刨床主要用来加工平面（如水平面、竖直面、斜面等）、槽（如直槽、T形槽、V形槽、燕尾槽等）及一些成型面。

刨削时一般只用一把刀具切削，切削速度较低，而且在返回行程中不加工，所以刨削的生产率较低，但加工狭而长的表面时生产率较高。由于刨削刀具简单，加工灵活方便，故在单件生产及修配工作中得到了较广泛应用。

刨削加工的精度一般为IT9～IT8，表面粗糙度 Ra 为 $6.3～1.6\mu m$。

8.2 牛头刨床

牛头刨床是刨削类机床中应用较广的一种。它适合刨削长度不超过1 000 mm的中、小型零件。牛头刨床的主运动为刨刀（滑枕）的直线往复运动；牛头刨床的进给运动为工件（工作台）的横向进给运动。

8.2.1 牛头刨床的组成

如图8-1所示的B6065型牛头刨床的主要组成部分及作用如下。

（1）床身 床身用于支承和连接刨床的各部件，其顶面导轨供滑枕做往复运动，侧面导轨供横梁和工作台升降。床身内部装有传动机构。

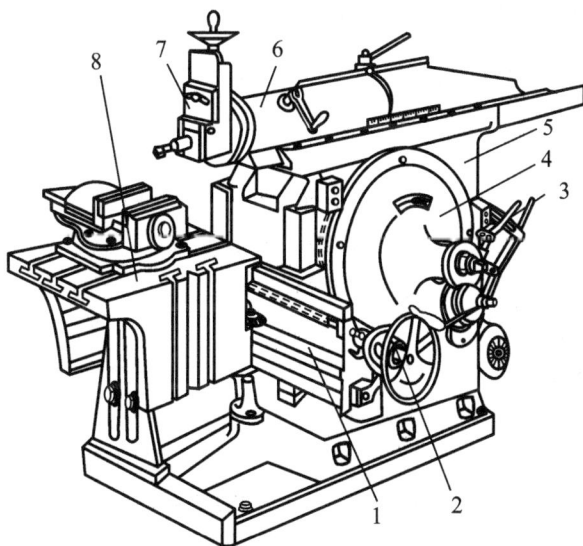

图8-1 B6065型牛头刨床

1—横梁；2—进刀机构；3—变速机构；4—摆杆机构；5—床身；6—滑枕；7—刀架；8—工作台

（2）滑枕　用于带动刨刀做直线往复运动（即主运动），其前端装有刀架。

（3）刀架　如图 8-2 所示，刀架用来夹持刨刀，并可做竖直或斜向进给运动。扳转刀架手柄时，滑板即可沿刻度转盘上的导轨带动刨刀做竖直进给。滑板需斜向进给时，松开刻度转盘上的螺母，将转盘扳转至所需角度即可。滑板上装有可偏转的刀座，刀座上的抬刀板可绕轴向上转动。刨刀安装在刀夹上。在返回行程中，刨刀绕轴自由上抬，可减少后刀面与工件的摩擦。

（4）工作台　如图 8-1 所示，工作台用于安装工件，可随横梁上下调整，并可沿横梁导轨横向移动或横向间歇进给。

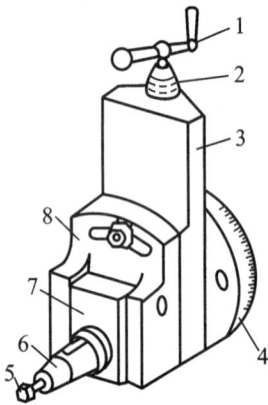

图 8-2　刀架

1—刀架手柄；2—刻度环；3—滑板；

4—刻度转盘；5—紧固螺栓；

6—刀夹；7—抬刀板；8—刀座

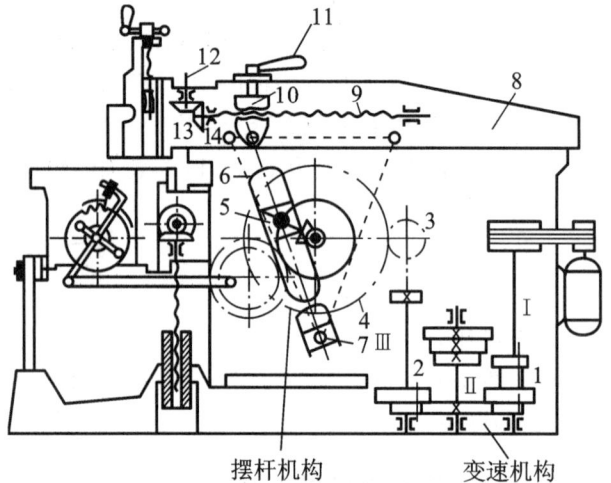

图 8-3　B6065 型牛头刨床的主传动系统

1、2—滑动齿轮组；3、4—齿轮；5—偏心滑块；6—摆杆；

7—下支点；8—滑枕；9—丝杠；10—丝杠螺母；11—手柄；

12—轴；13、14—锥齿轮

8.2.2　牛头刨床的典型机构及其调整

B6065 型牛头刨床的主传动系统如图 8-3 所示，其典型机构及其调整概述如下。

（1）变速机构　图 8-3 所示的变速机构由两组滑动齿轮组成，轴Ⅲ有 $3×2＝6$ 种转速，使滑枕变速。

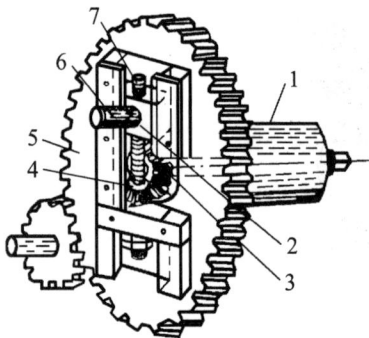

图 8-4　滑枕行程长度调整机构

1—轴（带方榫）；2—偏心滑块；3、4—锥齿轮；

5—曲柄齿轮；6—曲柄销；7—小丝杠

（2）摆杆机构　摆杆机构中锥齿轮 3 带动锥齿轮 4 转动，偏心滑块在摆杆的槽内滑动并带动摆杆绕下支点转动，带动滑枕做往复直线运动。

（3）调整机构　松开手柄，转动轴，通过锥齿轮转动丝杠，由于固定在摆杆上的丝杠螺母不动，丝杠带动滑枕改变起始位置。

（4）滑枕行程长度调整机构　滑枕行程长度调整机构如图 8-4 所示。调整时，转动轴，通过锥齿轮带动小丝杠转动，使偏心滑块移动，曲柄销带动偏心滑块改变偏心位置，从而调整滑枕的行程长度。

（5）滑枕往复运动速度的变化　滑枕往复运动速度在

各点上都不一样(见图 8-5)。其工作行程转角为 α,空行程
转角为 β,α＞β,因此,回程时间较工作行程短,即慢进
快回。

(6)横向进给机构及进给量的调整 横向进给机构及
进给量的调整如图 8-6 所示。齿轮 1 与图 8-3 中的齿轮 4
是一体的,齿轮 1 带动齿轮 2 转动,连杆带动棘爪,拨动棘
轮 5,使丝杠转一个角度,实现横向进给。反向时,由于棘
爪后面是斜的,爪内弹簧被压缩,棘爪从棘轮顶滑过,因此,
工作台横向自动进给是间歇的。

工作台横向进给量取决于滑枕每往复一次时棘爪所
能拨动的棘轮齿数。因此,调整横向进给量,实际上是调
整棘轮护盖的位置。横向进给量的调整范围为 0.33
～3.3 mm。

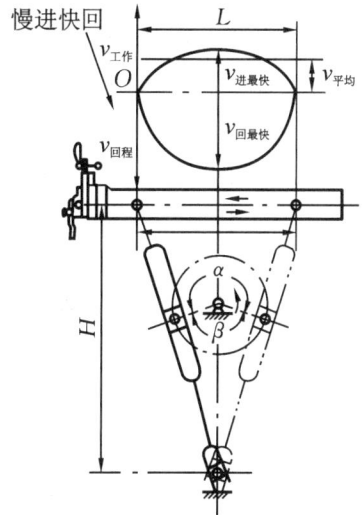

图 8-5 滑枕往复运动速度的变化

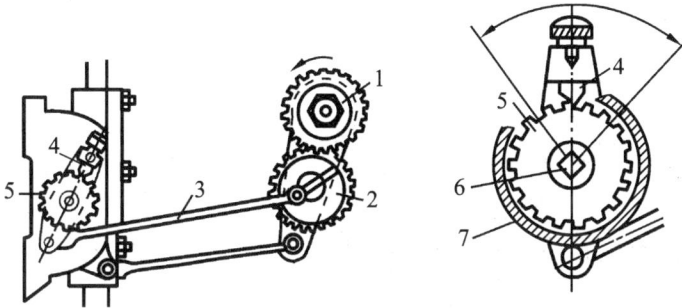

图 8-6 横向进给机构及进给量的调整

1、2—齿轮;3—连杆;4—棘爪;5—棘轮;6—丝杠;7—棘轮护盖

8.3 刨刀和刨削

8.3.1 刨刀的结构特点

刨刀的结构和角度与车刀相似,其区别如下。

(1)由于刨刀工作时有冲击,因此,刨刀刀柄截面大小一般为车刀的 1.25～1.5 倍。

(2)切削用量大的刨刀常做成弯头的,如图 8-7(a)所示。弯头刨刀在发生切削变形时,刀
尖不会像直头刨刀那样(见图 8-7(b)),因绕点 O 转动产生向下的位移而扎刀。

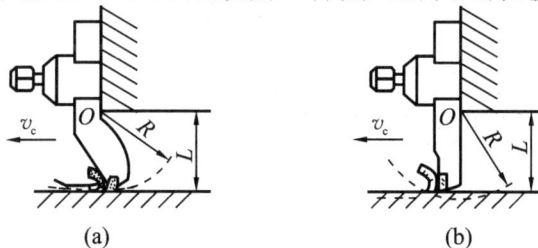

(a)   (b)

图 8-7 变形后刨刀的弯曲情况

(a)弯头刨刀;(b)直头刨刀

8.3.2　常见刨刀的形状及应用

常见刨刀有平面刨刀、偏刀、切刀、弯头刀等,其形状及应用如图 8-8 所示。

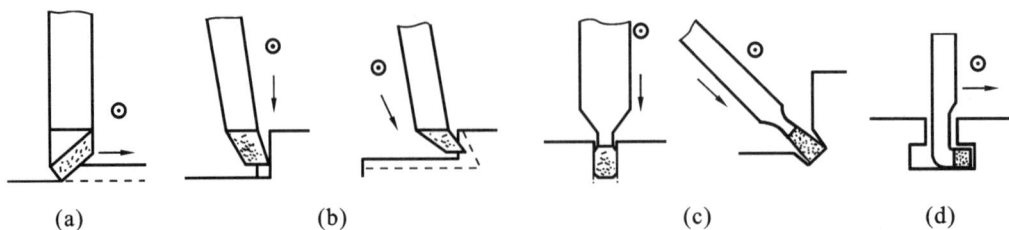

图 8-8　常见刨刀的形状及应用

(a)平面刨刀;(b)偏刀;(c)切刀;(d)弯头刀

8.3.3　工件的安装

1. 用平口钳装夹

平口钳是一种通用夹具,一般用来装夹中小型工件。用平口钳装夹工件的方法如图 8-9 所示。

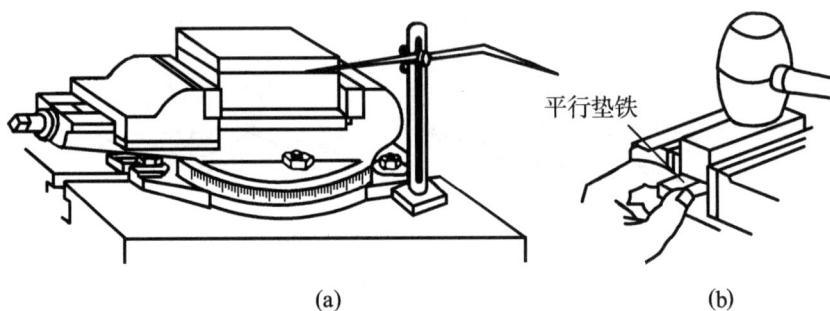

图 8-9　用平口钳装夹工件

(a)按划线找正工件;(b)用垫铁垫高工件

2. 用压板和螺栓装夹

对较大工件或某些不宜用平口钳装夹的工件,可直接用压板和螺栓将其固定在工作台上(见图 8-10)。此时应按对角顺序分几次逐渐拧紧螺母,以免工件产生变形。有时为使工件不至于在刨削时被推动,须在工件前端加放挡铁。

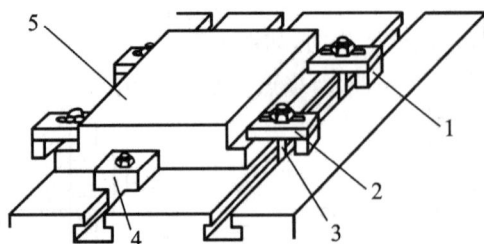

图 8-10　用压板和螺栓装夹工件

1—垫铁;2—压板;3—螺栓;4—挡铁;5—工件

如果对工件各加工表面的平行度及垂直度要求较高,则应采用平行垫铁或垫上圆棒进行夹紧,以使底面贴紧平行垫铁,且侧面贴紧固定钳口。

8.3.4 典型表面的刨削

1. 刨削水平面

刨削水平面采用平面刨刀,当工件表面要求较高时,在粗刨后,还要进行精刨。为了使工件表面光整,在刨刀返回时,可用手掀起刀座上的抬刀板,以防刀尖刮伤已加工表面。

2. 刨削竖直面和斜面

刨削竖直面和斜面均采用偏刀,如图8-11、图8-12所示。安装偏刀时,刨刀伸出的长度应大于整个竖直面或斜面的高度。刨削竖直面时,刀架转盘应对准零线;刨削斜面时,要将刀架转盘扳转相应的角度。此外,刀座还要偏转一定的角度,使刀座上部转离加工面,以保证在刨刀返回行程中抬刀时,刀尖离开已加工表面。

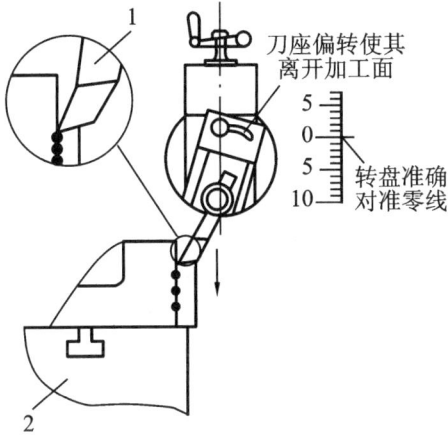

图8-11 刨削竖直面

1—偏刀;2—工作台

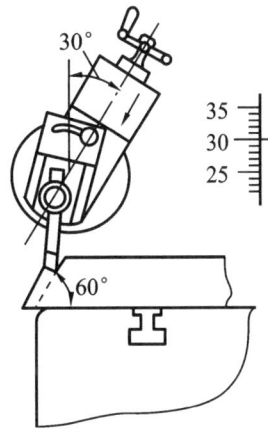

图8-12 刨削斜面

另外,刨削竖直面安装工件时,要通过找正使待加工表面与工作台台面垂直,并与刨削行程方向平行。在刀具返回行程终了时,用手摇刀架上的手柄来进刀。

3. 刨削沟槽

刨削竖直槽时,要用刨槽刀以竖直手动进刀方式进行刨削,如图8-13所示。

刨削T形槽时,要先用刨槽刀刨出竖直槽,再分别用左、右弯刀刨出两侧凹槽,最后用45°刨刀倒角,如图8-14所示。

刨削燕尾槽的过程和刨削T形槽相似,但当用偏刀刨削燕尾面时,刀架转盘及刀具都要偏转相应的角度,如图8-15所示。

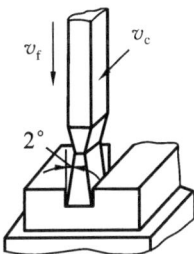

图8-13 刨削竖直槽

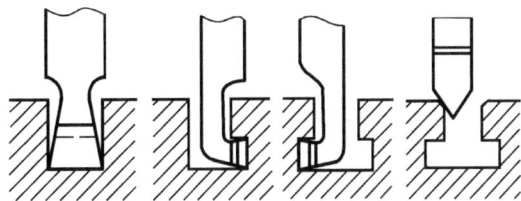

图8-14 刨削T形槽

图 8-15　刨削燕尾槽

8.4　刨削类机床简介

8.4.1　龙门刨床

龙门刨床如图 8-16 所示,其因有一个龙门式框架结构而得名。

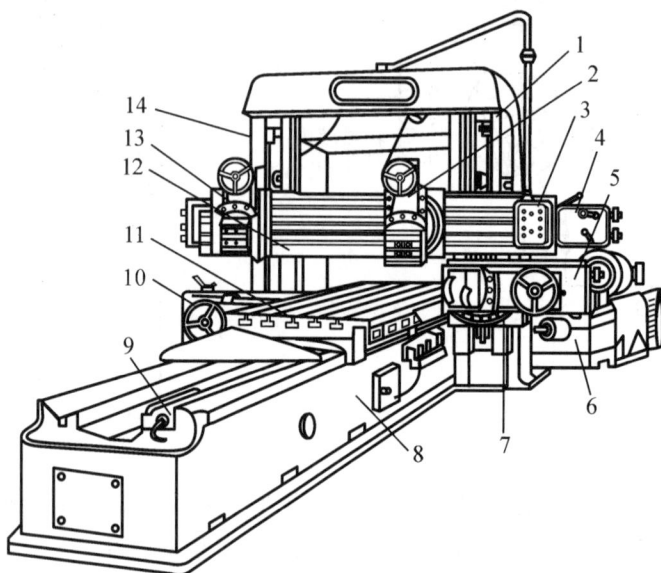

图 8-16　B2010A 型龙门刨床外形图

1—右立柱;2—右垂直刀架;3—悬挂按钮站;4—垂直刀架进刀箱;5—右侧刀架进刀箱;

6—工作台减速箱;7—右侧刀架;8—床身;9—液压安全器;10—左侧刀架进刀箱;

11—工作台;12—横梁;13—左垂直刀架;14—左立柱

龙门刨床工作台的往复运动为主运动,刀架移动为进给运动。

龙门刨床主要用于加工大型零件上的平面或沟槽,或同时加工多个中型零件,尤其适合用于狭长平面的加工。龙门刨床上的工件一般用压板、螺栓压紧。

8.4.2　插床

插床的结构与牛头刨床类似(见图 8-17),其滑枕在竖直方向做往复运动(即主运动),因此,插床实际上是一种立式刨床。插床的工作台由下拖板、上拖板和圆工作台三部分组成。下拖板用于横向进给,上拖板用于纵向进给,圆工作台用于回转进给。

插床主要用于零件的内表面加工,如方孔、长方孔、各种多边形孔及内键槽等,也可用于加工某些外表面。插削孔内键槽如图 8-18 所示。

插床的生产率较低,多用于单件小批量生产及修配工作。

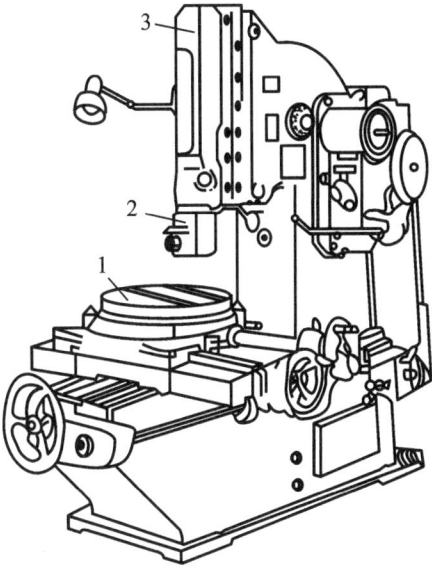

图 8-17　B5020 型插床外形图

1—圆工作台;2—刀架;3—滑枕

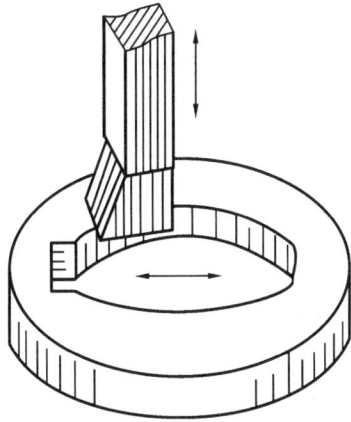

图 8-18　插削孔内键槽示意图

刨削实习安全操作规程

1. 开机前

(1) 检查各手柄,将手柄调整到所需位置。

(2) 将工件、刀具装夹牢固。

2. 开机时

(1) 不准用手触摸刨刀及其他运动部件。

(2) 不得测量运动中的工件(需要测量工件时必须停机)。

(3) 站位要适当,不可离刨床太近。

(4) 不准离开刨床去办其他事情。

(5) 操作时要集中注意力,如发现异常现象要立即停机,并报告指导人员。

第 9 章 铣 削 加 工

9.1 概 述

在铣床上用铣刀对工件进行切削加工的方法称为铣削。因为铣刀种类很多,加上铣床调整比较灵活,所以铣削的加工范围很广,可加工平面、台阶面、斜面、沟槽、成型面、齿轮以及切断等。图 9-1 所示为铣削加工应用的示例。在铣床上还能钻孔和镗孔。

铣削加工的精度一般可达 IT9～IT7 级,表面粗糙度 Ra 为 $6.3～1.6\ \mu m$。

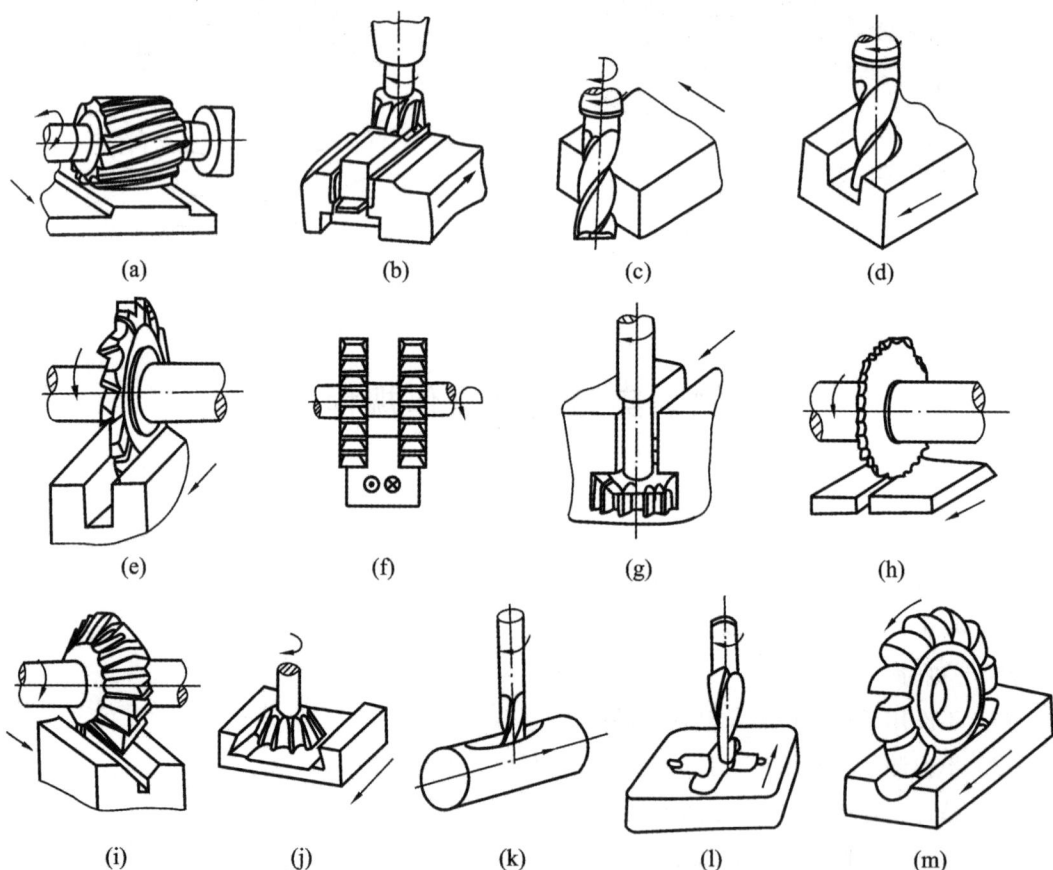

(a) (b) (c) (d)

(e) (f) (g) (h)

(i) (j) (k) (l) (m)

图 9-1 铣削加工应用示例

(a)圆柱铣刀铣水平面;(b)端铣刀铣水平面;(c)立铣刀铣竖直面;(d)立铣刀铣开口槽;
(e)错齿三面刃铣刀铣直槽;(f)组合铣刀铣双竖直面;(g)T 形槽铣刀铣 T 形槽;(h)锯片铣刀切断;
(i)角度铣刀铣 V 形槽;(j)燕尾槽铣刀铣燕尾槽;(k)键槽铣刀铣键槽;(l)球头铣刀铣成型面;(m)成型铣刀铣半圆形槽

9.2 铣 床

铣床有很多种类,最常见的是卧式(万能)铣床和立式铣床。两者的主要区别是前者主轴水平设置,后者主轴竖直设置。

9.2.1 卧式万能铣床

1. XW6132 型卧式万能铣床

XW6132 型卧式万能铣床的主要组成如图 9-2 所示。

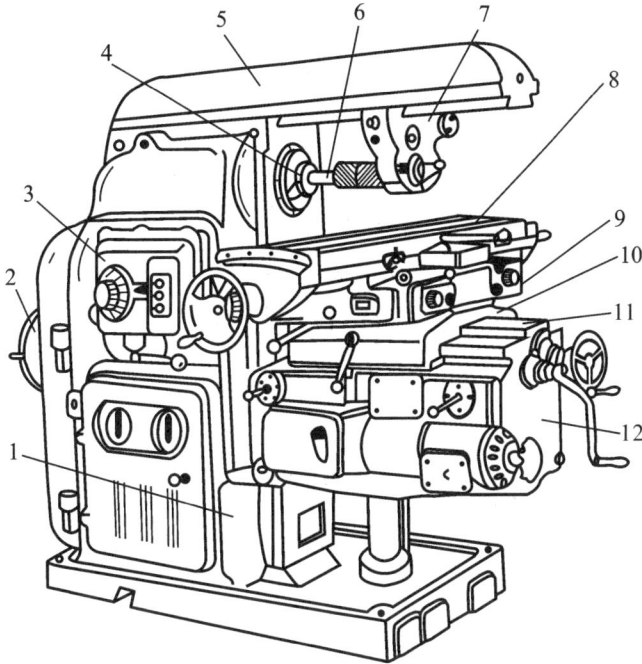

图 9-2 XW6132 型卧式万能铣床的主要组成

1—床身;2—主传动电动机;3—主轴变速机构;4—主轴;5—横梁;6—铣刀杆;
7—吊架;8—纵向工作台;9—转台;10—横向工作台;11—横溜板;12—升降台

(1)床身 床身是铣床的主体,支承并连接各部件。顶部水平导轨用来支承横梁,前侧导轨供升降台移动之用。在床身内装有主轴和主轴变速机构及润滑系统。

(2)横梁 它可在床身顶部导轨上前后移动,吊架安装在其上,用来支承铣刀杆。

(3)主轴 主轴是空心的,前端有锥孔和端面键,用来安装铣刀杆和刀具。

(4)转台 转台位于纵向工作台和横溜板之间,下面用螺栓与横溜板相连,松开螺栓可使转台带动纵向工作台在水平面内回转一定角度(左、右最大可转过45°)。

(5)纵向工作台 纵向工作台由纵向丝杠带动在转台的导轨上纵向移动,以带动台面上的工件做纵向运动。台面上的 T 形槽用来安装夹具或工件。

(6)横向工作台 横向工作台位于升降台上面的水平导轨上,可带动其上的纵向工作台一起做横向进给。

(7)升降台 升降台支承着工作台,可沿床身导轨竖直移动,以调整工作台至铣刀的距离。

2. 卧式铣床的运动

卧式铣床的主运动是主轴带动的铣刀的旋转运动,进给运动是工作台带动的安装在其上的工件的直线运动。

有的卧式铣床可将横梁移至床身后面,在主轴端部装上立铣头进行立铣加工。

9.2.2　立式铣床

　　立式铣床有很多地方与卧式铣床相似,如图 9-3 所示。不同的是:立式铣床床身顶部无导轨,也无横梁,其前上部是一个立铣头,用来安装主轴和铣刀。通常立式铣床在床身与立铣头之间还有转盘,可使主轴倾斜成一定角度,用来铣削斜面。

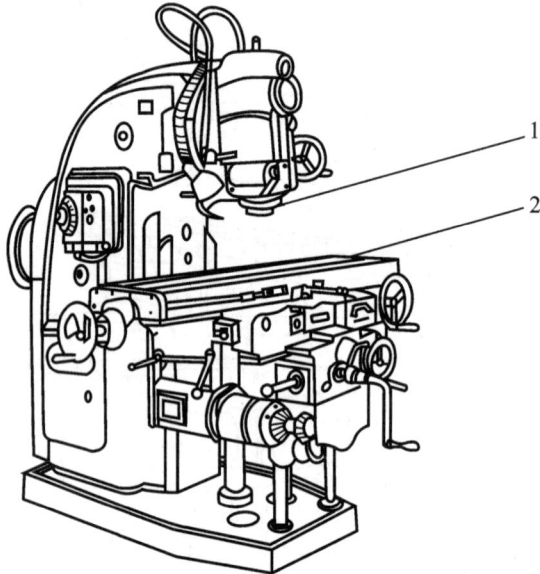

图 9-3　立式升降台铣床外观图
1—主轴;2—工作台

9.3　铣刀及其安装

9.3.1　铣刀的种类

　　铣刀的种类很多,根据其结构和安装方法的不同,分为带柄铣刀和带孔铣刀两大类。

　　(1)带柄铣刀　带柄铣刀有直柄铣刀和锥柄铣刀之分。直径小于 20 mm 的较小铣刀做成直柄铣刀,直径较大的铣刀多做成锥柄铣刀。带柄铣刀多用于立铣加工,如图 9-1 中的(b)(c)(d)(g)(j)(k)(l)所示。

　　(2)带孔铣刀　带孔铣刀适合用在卧式铣床上加工,能加工各种表面,应用范围较广,如图 9-1 中的(a)(e)(f)(h)(i)(m)所示。

9.3.2　铣刀的安装

1.带柄铣刀的安装

　　(1)直柄铣刀的安装　直柄铣刀常用弹簧夹头来安装,如图 9-4(a)所示。安装时,拧紧螺母,使弹簧套做径向收缩,将铣刀的柱柄夹紧。

　　(2)锥柄铣刀的安装　当铣刀锥柄与主轴端部锥孔尺寸相同时,可直接装入锥孔,用拉杆拉紧。当铣刀锥柄尺寸小于主轴端部锥孔尺寸时,要用过渡锥套进行安装,如图 9-4(b)所示。

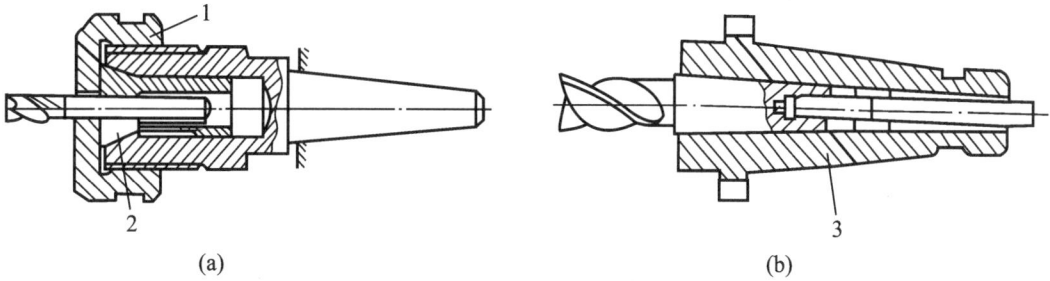

(a)   (b)

图 9-4　带柄铣刀的安装

(a)直柄铣刀的安装;(b)锥柄铣刀的安装

1—螺母;2—弹簧套;3—过渡锥套

2. 带孔铣刀的安装

如图 9-5 所示,带孔铣刀要用铣刀杆来安装。安装时,先将铣刀杆锥体的一端插入主轴锥孔,用拉杆拉紧,然后通过套筒调整铣刀至合适位置,刀杆的另一端用吊架支承。

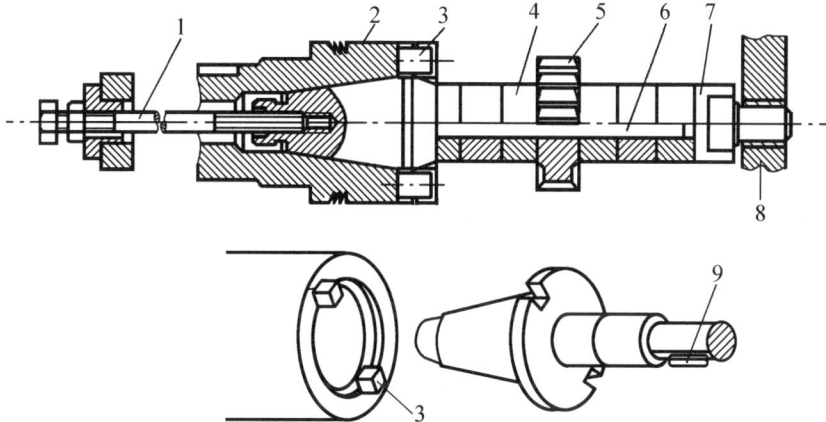

图 9-5　带孔铣刀的安装

1—拉杆;2—主轴;3,9—键;4—套筒;5—铣刀;6—刀轴;7—螺母;8—吊架

9.4 铣床主要附件

在铣床上安装工件时,通常根据工件形状和大小,直接用压板将工件安装在工作台上(见图9-6),或通过平口钳、分度头、圆形工作台等附件安装。

9.4.1 平口钳

平口钳是通过转动丝杠方头,使其活动钳口移动来装夹工件的。小型和形状规则的工件多用平口钳安装,如图9-7所示。

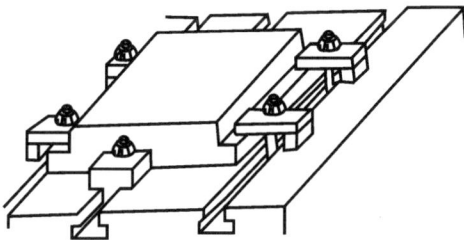

图 9-6　用压板安装工件　　　　图 9-7　用平口钳安装工件

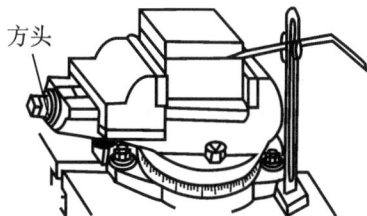

9.4.2　分度头

分度头是铣床的重要附件之一,其主要作用是:安装工件铣斜面,进行分度,以及加工螺旋槽等。图9-8所示为利用分度头安装齿轮工件及分度的情况。

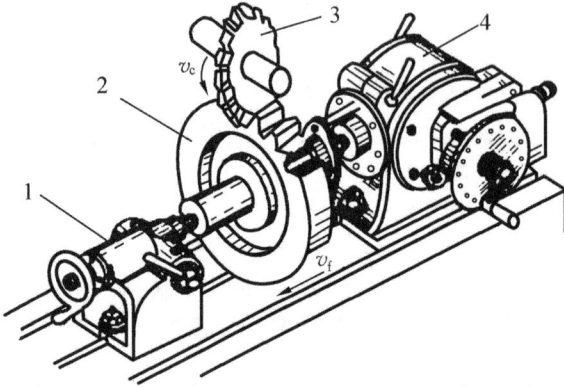

图9-8　用分度头安装工件
1—尾架;2—齿轮;3—铣刀;4—分度头

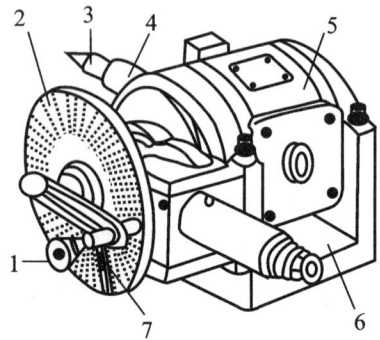

图9-9　万能分度头的结构图
1—分度手柄;2—分度盘;3—顶尖;4—主轴;
5—转动体;6—底座;7—扇形夹

1. 万能分度头的结构

常用的万能分度头(见图9-9)主要由底座、转动体、分度盘、主轴等组成。主轴可随转动体转动。通常在主轴前端安装三爪卡盘或顶尖,再通过它们来安装工件。当需要把工件转过某一角度时,可适当转动分度手柄,使主轴带动工件转过所需角度,这个过程称为分度。

2. 分度方法

万能分度头的传动路线如图9-10所示:手柄→齿轮副(传动比为1:1)→蜗杆副(传动比为1:40)→主轴。可算得手柄与主轴的传动比是1:(1/40),即手柄转一圈,主轴转过1/40圈。

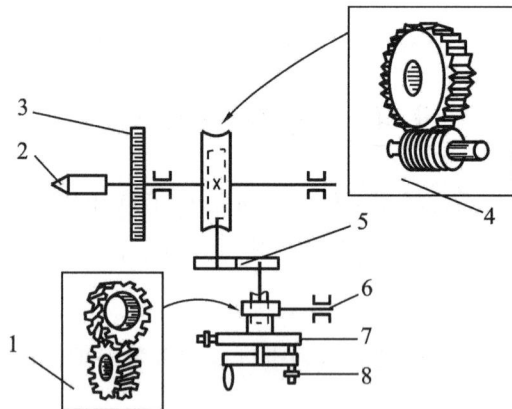

图9-10　万能分度头的传动示意图
1—1:1螺旋齿轮传动副;2—主轴;3—刻度盘;4—1:40蜗杆副;
5—1:1齿轮传动副;6—挂轮轴;7—分度盘;8—定位销

如要使工件按齿轮齿数 z 分度,每次工件(主轴)要转过 $1/z$ 转,则分度头手柄转动 n 转,它们应满足如下比例关系:

$$1:\frac{1}{40}=n:\frac{1}{z}$$

或 $$n=\frac{40}{z} \tag{9-1}$$

可见,只要把分度手柄转过 40/z 转,就可以使主轴转过 1/z 转。

例 9-1　现要铣齿数 z＝17 的齿轮,计算每次分度时分度手柄转动的转数 n。

解　把 z＝17 代入式(9-1),得

$$n=\frac{40}{z}=\frac{40}{17}=2\frac{6}{17}=2\frac{12}{34}$$

这就是说,每分一齿,手柄需转过两整转再多转 12/34 转。此处 12/34 转是通过分度盘(见图 9-11)来控制的。

分度时,将手柄的定位销拔出,使手柄转过两整转之后,再沿孔数为 34 的孔圈转过 12 个孔距,于是主轴就转过1/17 转。这样便完成对工件的一次分度。

在例 9-1 中,分度计算是运用试算法进行的。在给定的分度盘孔圈中,找到孔数为分母 17 的倍数(例如有 34、51)的孔圈,从中任选一个,例 9-1 选择的是孔数为 34 的孔圈。由于分母 34＝17×2,为使式中的数值不变,分子 6 也应乘以2,即6×2＝12。其中的分子 12 就是销钉应转过的孔距数。

值得说明的是,国产分度头一般备有两块分度盘。在分度盘正、反两面上有许多数目不同的等距孔圈。

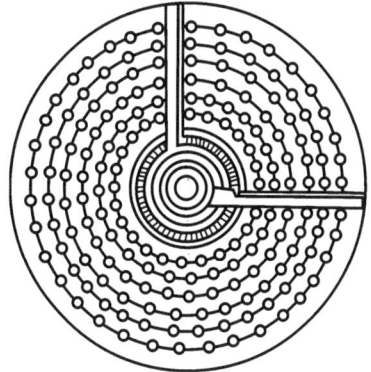

图 9-11　分度盘

第一块分度盘正面孔圈的孔数依次为 24、25、28、30、34、37;反面孔圈的孔数依次为 38、39、41、42、43。第二块分度盘正面孔圈的孔数依次为 46、47、49、51、53、54;反面孔圈的孔数依次为57、58、59、62、66。

在使用中,为了避免每次分度时重复数孔的麻烦和确保手柄转过孔距准确,把分度盘上的两个扇形夹之间所夹的孔距数调整到正好为手柄转过非整数圈的孔距数(如例 9-1 中的 12 个孔距),这样每次分度就可做到又快又准。

9.4.3　圆形工作台

圆形工作台可用于加工圆弧面和较大零件的分度。摇动手柄可通过其内的蜗杆传动机构使工作台绕轴线转动。工作台周围有刻度,用来确定转过的度数(见图 9-12)。

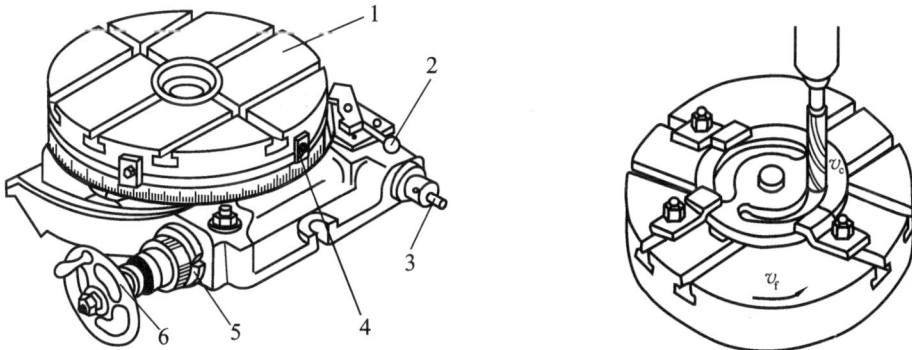

图 9-12　圆形工作台及其应用示例
1—工作台;2—离合器手柄;3—传动轴;4—挡铁;5—偏心环;6—手轮

9.5　典型铣削加工

在铣床上可以进行平面、沟槽、成型面、螺旋槽和孔等的切削加工。

9.5.1　铣削平面

在铣床上可铣削水平面、竖直平面和各种斜面。

1. 铣削水平面和竖直平面

在铣床上用圆柱铣刀、立铣刀和端铣刀都可进行水平面的加工。用端铣刀和立铣刀可进行竖直平面的加工。图 9-1(a)(b)(c)(f)所示为几种平面和竖直平面的铣削方法。

用端铣刀加工平面(见图 9-13)时,因铣刀刀杆刚度好,同时参加切削的刀齿较多,切削较平稳,加上端面刀齿副切削刃有修光作用,所以切削效率高,刀具使用寿命长,工件表面粗糙度较低。端铣平面是平面加工的最主要方法。用圆柱铣刀在卧式铣床上加工平面较为方便,因此该方法目前在单件小批量的小平面加工中仍有广泛应用。

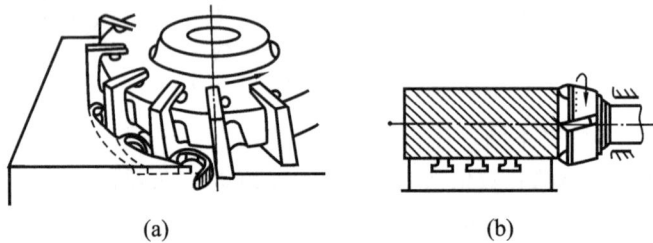

(a)　　　　　　　　(b)

图 9-13　用端铣刀铣削平面

(a)在立式铣床上端铣平面;(b)在卧式铣床上端铣竖直平面

2. 铣削斜面

铣削斜面可用以下几种方法进行加工。

(1) 将工件倾斜至所需角度进行铣削,如图 9-14 所示。

(2) 将铣刀倾斜至所需角度对工件进行铣削,如图 9-15 所示。

(3) 用角度铣刀直接铣削所需角度的斜面,如图 9-16 所示。

图 9-14　倾斜安装工件铣削斜面　　　图 9-15　刀具倾斜铣削斜面　　　图 9-16　用角度铣刀铣削斜面

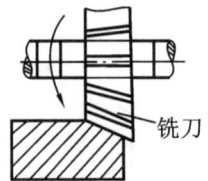

9.5.2　铣削沟槽

在铣床上使用键槽铣刀、盘铣刀、T 形槽铣刀和角度铣刀都可以铣削各种截面的沟槽。图 9-17所示为在卧式铣床上用盘铣刀铣削敞开式键槽;图 9-18 所示为用键槽铣刀加工封闭键槽;图 9-19 所示为铣削 T 形槽及燕尾槽,其中铣削 T 形槽时要先铣削出直槽。

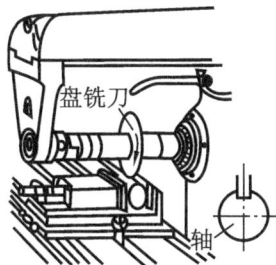

图 9-17 铣削敞开式键槽

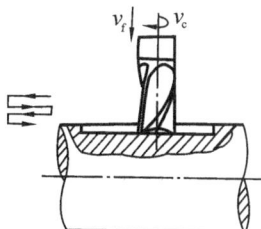

图 9-18 在立式铣床上铣削封闭键槽

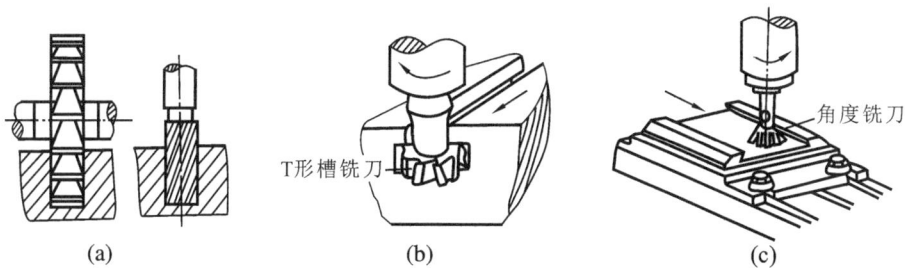

(a)　　　　　　　　(b)　　　　　　　　(c)

图 9-19 铣削 T 形槽及燕尾槽

(a)铣出直槽；(b)铣削 T 形槽；(c)铣削燕尾槽

9.5.3 铣削成型面

各种成型面常在卧式铣床上用与工件成型面形状相吻合的成型铣刀来加工,如图 9-20 所示。铣削圆弧面是把工件安装在圆形工作台(见图 9-12)上而进行的。有些曲面也可用靠模在铣床上加工,如图 9-21 所示。

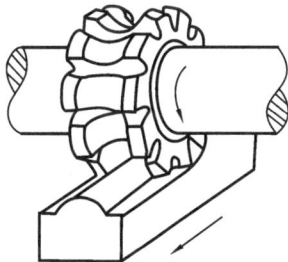

图 9-20 用成型铣刀铣削成型面

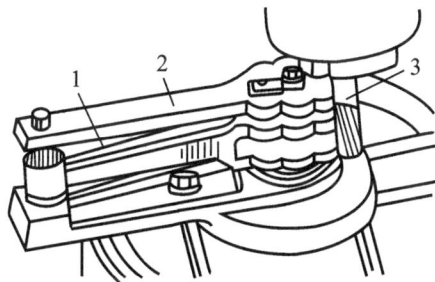

图 9-21 用靠模铣削曲面

1—工件；2—靠模；3—立铣刀

9.6　齿形加工简介

按加工原理,齿轮齿形的加工可分为成型法和展成法两大类。

9.6.1 成型法

成型法是采用与被切齿轮齿槽相符的成型刀具加工齿形的方法。用齿轮铣刀(又称为模数铣刀)在铣床上加工齿轮的方法属于成型法。用成型法所加工齿轮的齿形精度一般为 IT11~IT9。该方法主要适用于精度要求不高的直齿圆柱齿轮的单件小批量生产。

1. 齿轮铣刀的选择

所选择的齿轮铣刀的模数、压力角要与被加工齿轮相等,而且还须根据齿轮的齿数按表

9-1 选择合适的刀号。

表 9-1　齿轮铣刀刀号

刀　　号	1	2	3	4	5	6	7	8
加工齿数范围	12～13	14～16	17～20	21～25	26～34	35～54	55～134	135 以上

2. 铣削方法

在卧式铣床上,先将齿坯套在心轴上,然后安装在分度头和尾架顶尖中,对刀并调好铣削深度。开始铣第一个齿槽,铣完一齿后,退出铣刀,进行分度……依次逐个完成余下部分的铣削,如图 9-8 所示。

9.6.2　展成法

展成法是指利用齿轮刀具与被切齿坯做啮合运动而切出齿形的方法。展成法中最常用的方法是插齿加工和滚齿加工。

1. 插齿加工

插齿加工是在插齿机上进行的,相当于一个齿轮的插齿刀与齿坯如同一对齿轮共同做啮合运动(相当于一对齿轮在做传动)而切出齿形。同一模数的插齿刀可加工相同模数、不同齿数的齿轮。插齿加工原理及插齿机外形如图 9-22 所示。

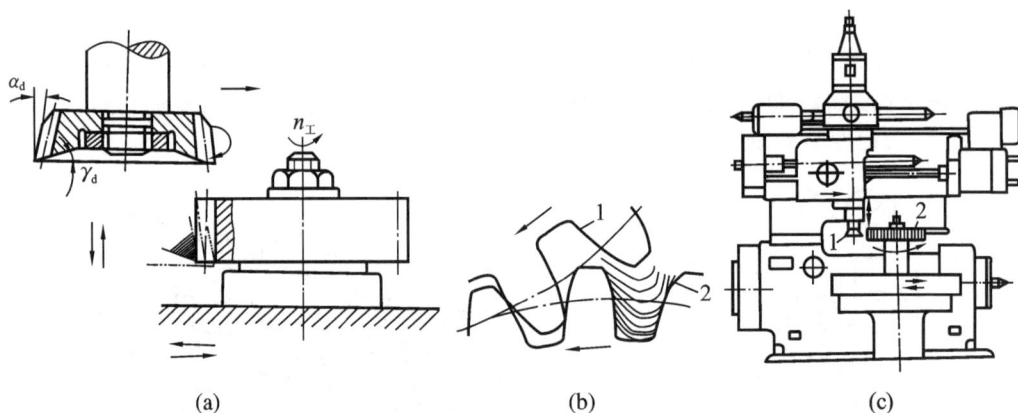

图 9-22　插齿加工原理
(a)插齿运动;(b)轮齿成型原理;(c)插齿机外形图
1—插齿刀;2—被加工齿轮

插齿时主要有下列几种运动。

(1) 主运动:插齿刀的上下往复运动。

(2) 展成运动(又称分齿运动):确保插齿刀与齿坯的啮合关系的运动。

(3) 圆周进给运动:插齿刀的转动,它控制每次插齿刀下插的切削量。

(4) 径向进给运动:插齿刀的径向逐渐切入运动,以便切出全齿深。

(5) 让刀运动:插齿刀回程向上时,为避免与工件摩擦而使插齿刀让开一定距离的运动。

插齿除适合加工直齿圆柱齿轮外,还特别适合加工多联齿轮及内齿轮。插齿加工精度一般为 IT8～IT7,齿面粗糙度 Ra 为 $1.6~\mu m$。

2. 滚齿加工

滚齿加工是指用滚齿刀在滚齿机(见图 9-23)上加工齿轮的方法。滚齿加工原理是滚齿

· 122 ·

刀和齿坯模拟一对螺旋齿轮做啮合运动,如图9-24所示。采用这种方法,可用一把滚齿刀加工相同模数不同齿数的齿轮。滚切直齿圆柱齿轮时主要有下列运动。

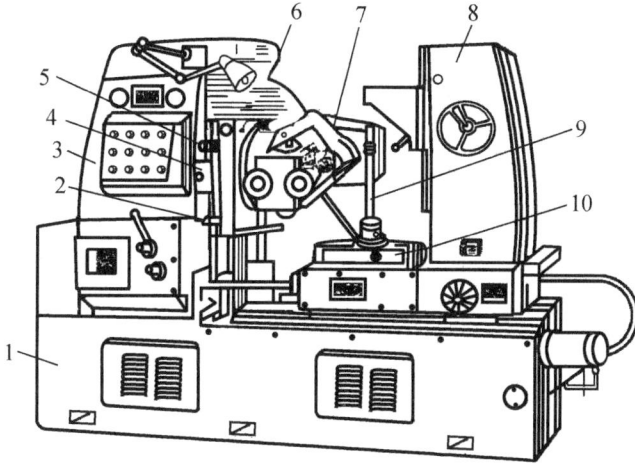

图 9-23　滚齿机外形

1—床身;2、5—挡铁;3—立柱;4—行程开关;
6—刀架;7—刀杆;8—支撑架;9—工件心轴;10—工作台

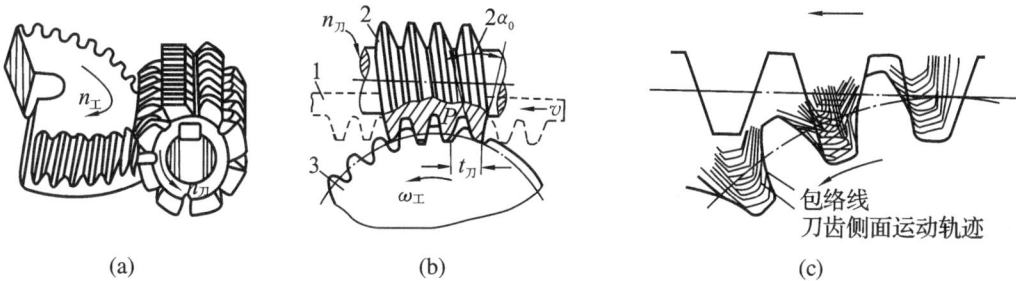

(a)　　　　　　　　　(b)　　　　　　　　　(c)

图 9-24　滚齿加工原理

(a)滚齿;(b)滚齿原理;(c)轮齿成型原理
1—齿条;2—滚齿刀;3—齿轮

(1) 主运动:滚齿刀的旋转运动。

(2) 展成运动(又称分齿运动):保证滚齿刀和被切齿轮的转速符合所模拟的一对齿轮的啮合运动规律,即滚齿刀转一圈,工件转 K/z 圈,其中 K 为滚齿刀的头数,z 为齿轮齿数。

(3) 垂直进给运动:要切出齿轮的全齿宽,滚齿刀须沿工件轴向做垂直进给运动。

滚齿适用于加工直齿、斜齿圆柱齿轮。齿轮加工精度为IT8~IT7,齿面粗糙度 Ra 为 $1.6~\mu m$。在滚齿机上用蜗轮滚刀、链轮滚刀还能滚切蜗轮和链轮。

铣削实习安全操作规程

1. 开机前

(1) 检查各手柄,使自动手柄处于"停止"位置,并把其他手柄置于所需位置。

(2) 将工件、刀具装夹牢固,锁紧限位挡铁。

2. 开机时(主轴旋转时)

(1) 不准改变主轴的转速,不准用手触摸铣刀及其他旋转部件。

(2) 不得测量运动中的工件(需要测量工件时必须停机)。

(3) 站位要适当,不可靠铣床太近,注意头部不要碰到横梁和吊架。

(4) 不准离开机床去办其他事情。

(5) 操作时注意力要集中,如发现异常现象应立即停机,并报告指导人员。

第 10 章　磨 削 加 工

10.1　概　　述

　　磨削加工是指在磨床上利用高速旋转的砂轮对已成型的工件表面进行精密切削的加工方法,该方法通过砂轮上磨粒对工件的切削、刻划与滑擦综合作用,可使工件达到较高的加工精度。磨削加工是零件精加工的主要方法之一,加工的精度可达 IT7~IT5,表面粗糙度 Ra 可达到 $0.8\sim0.2\ \mu m$。

　　磨削加工通常用于半精加工和精加工。砂轮磨粒的硬度很高,而且砂轮具有自锐性,因此,磨削加工因刀具的特殊性而不同于其他切削方法。

　　磨削可以加工铸铁、碳钢、合金钢等一般的金属材料,也可以加工一般刀具难以加工的淬火钢、硬质合金、陶瓷和玻璃等高硬度材料。但是塑性较大的有色金属材料不适合采用磨削加工。

　　磨床可以加工各种表面,包括外圆面、内圆面、平面、成型面(螺纹、齿轮等),还可以用于刃磨各种刀具等,如图 10-1 所示;除此之外,磨削还可用于毛坯清理。

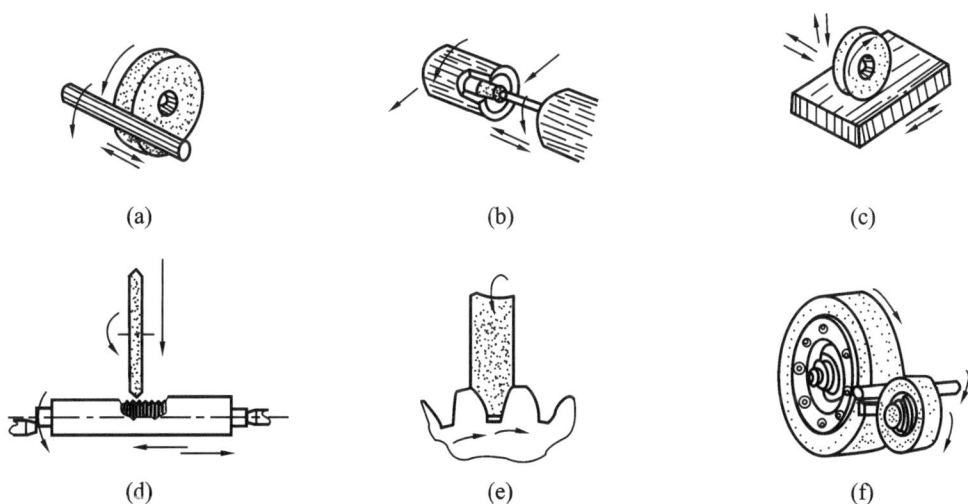

(a)　　　　　　　　　　　(b)　　　　　　　　　　　(c)

(d)　　　　　　　　　　　(e)　　　　　　　　　　　(f)

图 10-1　磨床加工范围
(a)磨削外圆面;(b)磨削内圆面;(c)磨削平面;
(d)磨削螺纹;(e)磨削齿轮;(f)无心磨削

10.2　砂　　轮

　　砂轮是磨削工具,也是磨床用于切削的刀具。砂轮种类多,形状、大小各异。表现砂轮特征的有硬度、磨料、粒度、组织、结合剂、形状、尺寸。

　　砂轮不同于一般的刀具,其具有突出的特性——自锐性。砂轮在使用过程中,当磨粒自身部分碎裂或者结合剂断裂时,磨粒会从砂轮上局部或完全脱落,砂轮工作面上的磨料则不断出现新的切削刃口,或不断露出新的锋利磨粒,使砂轮在一定时间内保持切削性能,这就是砂轮的自锐性。

10.2.1　砂轮的组成

砂轮一般为圆形,中心有通孔(见图 10-2(a)),它由磨料、结合剂和气孔组成(见图 10-2(b)),它们被称为构成砂轮的三要素。磨料起切削作用;结合剂把松散的磨料固结,并辅助磨料起切削的作用;气孔在磨削时可起到容屑和排屑作用,并可容纳冷却液,有助于散热。

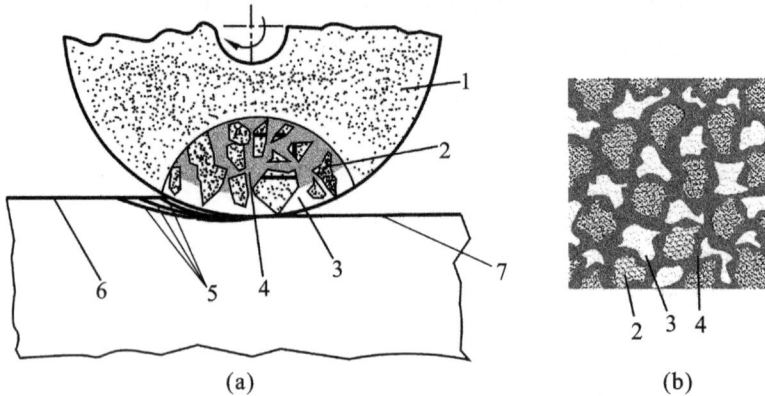

图 10-2　砂轮结构及其组织

(a)砂轮结构;(b)砂轮组织

1—砂轮;2—磨料;3—气孔;4—结合剂;

5—过渡表面;6—待加工表面;7—已加工表面

10.2.2　砂轮的特征

1. 硬度

硬度分砂轮磨料硬度和砂轮硬度。

1)砂轮磨料硬度

磨料直接参与切削工作。按磨料硬度不同,磨料分普通磨料和超硬磨料。

普通磨料包括刚玉类、碳化硅类磨料等。采用刚玉类磨料的砂轮用于磨削碳钢、合金钢、可锻铸铁、淬火钢、高碳钢及薄壁零件等;采用碳化硅类磨料的砂轮用于磨削铸铁、黄铜、铝、耐火材料、硬质合金、光学玻璃等。

超硬磨料包括金刚石、立方氮化硼,具有很好的耐磨性能。由于其价格高,因此用它们制造的砂轮形状、性能及价格都不同于用普通磨料制造的砂轮。超硬磨料砂轮除具有超硬磨料层外,还有过渡层和基体(见图 10-3)。超硬磨料层是起切削作用的部分,由超硬磨料和结合剂组成;基体在磨削中起支托作用;过渡层用于连接基体和超硬磨料层,由结合剂构成,有时也可省去。常用的结合剂有树脂、青铜、电镀金属和陶瓷等。超硬磨料砂轮用于磨削宝石等高硬度材料。这类砂轮的规格不用砂轮组织而用浓度表示。超硬砂轮浓度指超硬磨料层内每单位体积中超硬磨料的含量,以百分数表示。

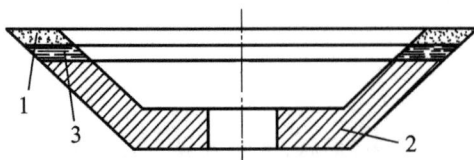

图 10-3　超硬磨料砂轮结构

1—超硬磨料;2—基体;3—过渡层

2)砂轮硬度

砂轮硬度是指磨粒在外力作用下从砂轮表面脱落的难易程度,反映了结合剂把持磨粒的能力。砂轮硬度和磨料硬度是两个不同的概念。砂轮硬度主要取决于结合剂加入量及其密度。磨粒容易脱落表示硬度低,反之则表示硬度高。相同的磨料可以制成不同硬度的砂轮。在磨削加工中,若被磨工件的材质硬度高,磨削时为了能及时使磨钝的磨粒脱落,露出具有尖锐棱角的新磨粒,则一般选用硬度低的砂轮;磨削较软的金属时,为了使磨粒不致过早脱落,则选用硬度高的砂轮。

2. 砂轮组织

砂轮组织(见图10-2(b))表征磨具中磨料、结合剂和气孔三者之间的体积比例关系,常按磨料占砂轮整个体积的百分率来确定砂轮的组织号。磨料在砂轮中所占的体积百分率越小,砂轮号越小,表示磨粒之间的间隙越宽,组织越疏松。松组织砂轮使用时不易钝化,磨削过程中发热少,能减少工件的发热变形和烧伤,用于磨削韧度高而硬度不高的材料,适合大面积磨削;砂轮号越大,则磨粒之间间隙越小,组织越紧密。紧组织砂轮磨粒不易脱落,有利于保持其几何形状,一般用于成型磨削和精密磨削。

3. 粒度

粒度是指磨料颗粒大小。磨料颗粒分为磨粒和微粉两种。磨粒用筛选法分类,它的粒度号以筛网上 1 in(25.4 mm)长度内的孔眼数表示。比如 60 号粒度表示该粒度的磨粒只能通过每英寸长度内有 60 个孔眼的筛网。微粉用显微测量法分类,其粒度号用实际尺寸(μm)表示。

磨料粒度选择主要与加工表面粗糙度和生产率有关系。粗磨时磨削余量大,不要求表面粗糙度,一般选用磨粒粒度较大的砂轮,这样磨削深度可以大一些,而且气孔较大,砂轮不易堵塞,可以提高生产率。精磨时加工余量小,要求表面粗糙度小,因而选用磨粒粒度较小的砂轮。

4. 结合剂

结合剂是把松散的磨料固结成砂轮的材料,分为有机结合剂和无机结合剂。有机结合剂有树脂、橡胶等;无机结合剂有陶瓷和硅酸钠等。按照结合剂不同,砂轮分为有机结合剂砂轮和无机结合剂砂轮两类。最常见的是采用陶瓷、树脂和橡胶结合剂的砂轮。

采用陶瓷结合剂的砂轮具有良好的化学稳定性,即耐热、耐水、耐油、耐酸、耐碱,自锐性好,加工时可以采用各种冷却液,也可干磨,广泛用于平面,内、外圆磨削,以及螺纹、齿轮、曲轴及刀具等的磨削。但这种砂轮比较脆,不适合用在有冲击或重负荷的工作条件下。

采用树脂结合剂的砂轮强度高,能在高线速度下,以及重负荷或者冲击力大的恶劣条件下工作。由于树脂具有可塑性,因此此类砂轮可以制成很薄的切断或者开槽砂轮。但这种砂轮耐热性差(在 200 ℃以上即失去黏结作用)、化学稳定性差(不耐碱,不适合采用碱性冷却液)。

采用橡胶结合剂的砂轮弹性大,主要用于表面抛光、轴承滚道和圆锥面磨削,可用作无心磨导轮等。

5. 形状和尺寸

根据磨床结构与所加工工件的不同,砂轮具有不同形状和尺寸。普通砂轮形状如图10-4所示。砂轮的尺寸范围很大:用于大型曲轴磨削的陶瓷结合剂普通磨料砂轮,最大外径为 2 000 mm;用于半导体材料切断和开槽的电镀金属结合剂金刚石超薄砂轮,最小厚度为0.03 mm。

磨削工件时应尽可能选择外径较大的砂轮,以提高砂轮的磨削速度,提高生产率,降低工件表面粗糙度。除此之外,在机床刚度和功率许可条件下,选用较宽的砂轮能达到较好的效果。

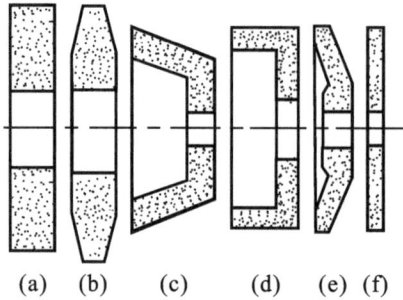

图 10-4　普通砂轮形状
(a)平形;(b)双斜边形;(c)碗形;
(d)单面凹形;(e)碟形;(f)薄片形

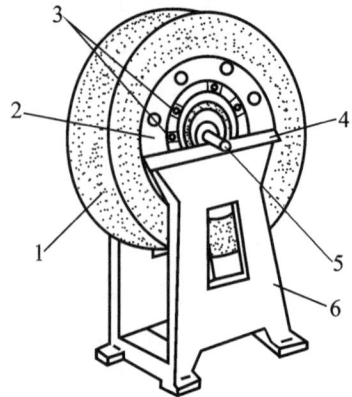

图 10-5　砂轮静平衡检验
1—砂轮;2—砂轮套筒;3—平衡块;
4—平衡轨道;5—心轴;6—平衡架

10.2.3　砂轮静平衡

砂轮通过高速旋转对工件进行切削加工。砂轮在制造中,因几何形状不对称,内部组织不均匀,内、外圆不同轴等因素,它的实际轴线与通过质量中心的旋转轴线有可能产生偏离。这种轴线偏离的状态称为砂轮静不平衡。静不平衡会引起机床振动、主轴和轴承磨损加快、砂轮磨损不均匀以及工件表面质量下降等现象,因此对外径大于 200 mm 的砂轮必须进行静平衡检验。

砂轮静平衡检验如图 10-5 所示。可将砂轮装在心轴上,再放到平衡架的导轨上。如果不平衡,可以移动法兰盘端面环形槽内的平衡块进行平衡,直到砂轮在导轨上任意位置都能平衡。

10.2.4　砂轮的修复

砂轮工作一段时间之后,磨粒逐渐变钝,砂轮工作表面孔隙被堵塞,砂轮的正确几何形状被破坏,必须进行修复。修复是将砂轮表面一层变钝了的磨粒切去,恢复砂轮的切削能力和外形精度。一般用砂轮修整器(金刚石)进行修整。修整时要使用大量的冷却液,以免温升过高。

10.3　磨床及磨削

磨床是利用砂轮对工件表面进行磨削加工的机床,用于磨削如图 10-1 所示的各种表面。被加工零件各异,加工设备不同,相应的磨削方法也不尽相同。

10.3.1　磨床类别

在所有机床类别中,磨床种类最多。常用磨床主要有外圆磨床、内圆磨床、平面磨床、万能磨床及无心磨床等。

1. 外圆磨床

外圆磨床分为普通外圆磨床和万能外圆磨床。普通外圆磨床除用于加工各种圆柱形表面和轴肩端面外,还可磨削锥度较大的外圆锥面,但普通外圆磨床自动化程度较低,只适用于单件小批量生产和修配工作。万能外圆磨床带有内圆磨削附件,除普通外圆磨床可加工范围之外,它还可以磨削各种内圆柱面和圆锥面,其应用最广泛。

　　M1432A 型万能外圆磨床(见图 10-6)是普通精度磨床,本书以此为例介绍磨床。其型号的意义如下:

```
M  1  4  32  A
            └─第一次重大改进
         └──主参数(最大可磨削直径的1/10,mm)
      └─────系别(万能外圆磨床系)
   └────────类别(磨床类)
└───────────组别(外圆磨床组)
```

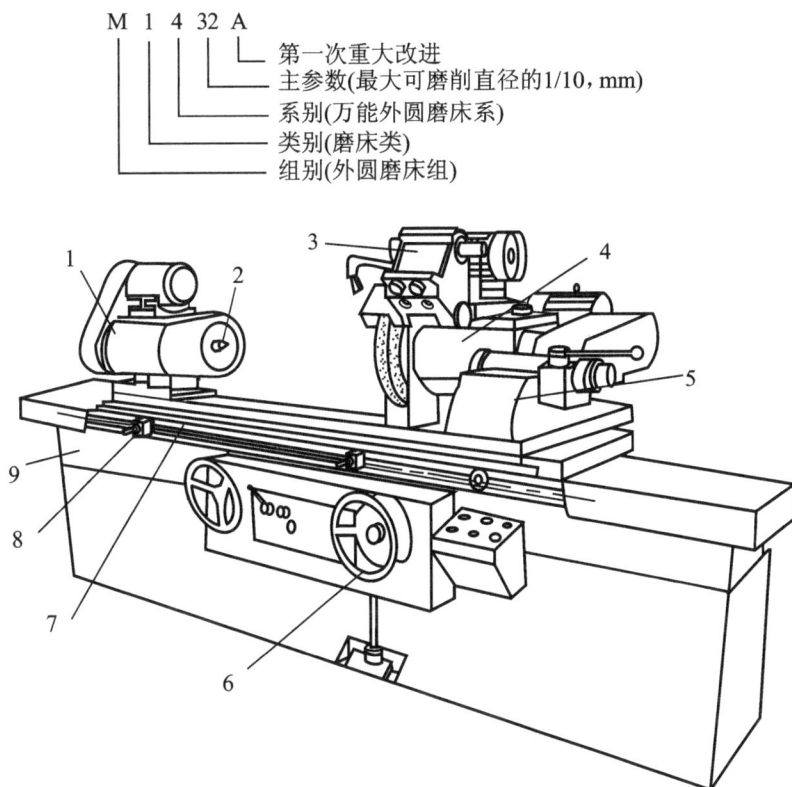

图 10-6　M1432A 型万能外圆磨床

1—头架;2—顶尖;3—内圆磨具;4—砂轮座;5—尾座;6—进给手轮;7—工作台;8—挡块;9—床身

　　M1432A 型万能外圆磨床主要结构及部件介绍如下。

　　(1)床身　床身用来安装各个部件。床身上部有纵向导轨、横向导轨、工作台、砂轮座、头架和尾座等,内部装有液压传动系统,控制并使工作台在导轨上实现轴向、纵向往复进给运动。由于万能磨床对工作台往复运动的要求复杂,一方面进给运动需要频繁换向,另一方面要防止过载,而液压传动具有运动平稳、易于实现无级变速、便于换向并和电液联合控制等优点,因此,磨床工作台采用液压传动。磨床液压系统是液压传动的典型应用。

　　(2)砂轮座　砂轮座上有单独的电动机,通过传动使砂轮高速旋转。由液压系统控制砂轮座在床身后部的横向导轨上移动,实现砂轮的各种运动,如手动进给运动、自动间歇进给运动、快速靠近和快速退回。砂轮座可以绕竖直的轴线偏转±30°。

　　(3)头架　头架上装有主轴和主轴电动机,主轴端部装有顶尖、拨盘或卡盘,用来安装、夹持工件。主轴电动机通过带传动装置驱动变速机构,使工件获得 6 级不同的转动速度。头架可以在平面上偏转 90°。

　　(4)尾座　尾座的套筒内装有顶尖,它和头架的顶尖一起用于固定工件。

（5）工作台　工作台可以自动换向,在液压系统驱动下沿着纵向导轨做往复运动,使工件实现无级调速纵向进给,同时也可以手动控制进给。工作台分为上、下两层,上层工作台可以在平面内偏转一个角度以实现外圆锥面的磨削。这种磨削圆锥面的方法和普通外圆磨床加工圆锥面相同,但因是手动,只适合单件小批量磨削或修配工作。头架、尾座装在工作台上,可以沿导轨做往复运动。

（6）内圆磨具　它的主轴由单独的电动机驱动,安装有磨削内圆的砂轮,用来磨削内圆柱面和内圆锥面。内圆磨具在使用时翻转下来,不用时翻到砂轮架上方。

万能外圆磨床的头架和砂轮座都可以在平面内偏转一定角度,并有内圆磨具配合,所以可磨削的圆锥面、内圆柱面的范围更广,这一点有别于普通的外圆磨床。

2. 内圆磨床

内圆磨床主要由床身、工作台、头架、砂轮座和砂轮修整器等组成,主要用来磨削内圆柱面和内圆锥面。磨削内圆锥面时,头架要在平面内偏转一定角度。内圆磨床的磨削运动和外圆磨床的相近。

普通内圆磨床仅适于单件小批量生产;自动和半自动内圆磨床除工作循环自动进行外,还能在加工中自动测量,适合于大批量生产。

3. 平面磨床

平面磨床主要由床身、工作台、立柱、砂轮和砂轮修整器等组成,主要用来磨削工件平面或成型表面。

平面磨床有不同类型,按照砂轮相对于工作面的位置分为卧式平面磨床和立式平面磨床。砂轮旋转轴平行于工作台安放的为卧式平面磨床,垂直于工作台安放的为立式平面磨床。工作台形状可分为矩形和圆形两种,矩形的工作台称为矩台,圆形的工作台称为圆台。常用的平面磨床有卧轴矩台平面磨床、立轴矩台平面磨床、立轴圆台平面磨床、卧轴圆台平面磨床和其他专用平面磨床。

平面磨床装夹工件的方法不同于其他机床,它的工作台上装有电磁吸盘(见图10-7),通

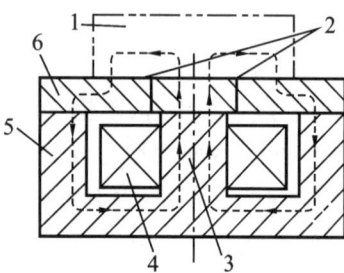

图 10-7　电磁吸盘
1—工件;2—绝缘层;3—芯体;
4—线圈;5—吸盘体;6—盖板

过磁力吸住工件使其固定。电磁吸盘工作台的工作原理是:当线圈中通直流电时,芯体被磁化,磁力线经过芯体→盖板→工件→盖板→吸盘体→芯体而闭合,工件被吸住。磁力线是从 N 极到 S 极的闭合回路,它的疏密程度表示磁场的强弱,在磁块边缘磁力线集中的地方,磁感应强度大,因此工件要放在磁力线密集的地方。加工时,工件随工作台做往复运动,砂轮做相应的进给运动,完成工件平面磨削。当磨削键、垫圈、薄壁套等小的工件时,由于工件和工作台接触面积小、吸力弱,容易被磨削力弹出,所以在装夹这类工件时,需要在工件四周或左右两端加挡铁,以防工件移动。

10.3.2　磨削

磨削时砂轮与工件的切削运动分为主运动和进给运动。主运动是直接磨掉工件表面的金属,使之变为磨屑,形成工件新表面的运动,一般指砂轮的高速旋转运动;进给运动是使新的金

属层不断投入磨削的运动,一般指砂轮的移动以及工件的旋转、移动。

在磨削之前,工件通常已经采用其他切削方法去除大部分加工余量,仅留 0.1~1 mm 甚至更小的磨削余量。磨削形式有外圆磨削、内圆磨削、平面磨削、无心磨削和其他特殊形式的磨削。根据加工工件不同(见图 10-1),磨削方法很多,主要有纵磨法、横磨法、端磨法和周磨法。

1. 外圆磨削

外圆磨削主要是在外圆磨床上磨削轴类工件的外圆柱面、外圆锥面和轴肩端面。磨削外圆的主运动是砂轮的高速旋转运动;进给运动包括圆周进给运动(即工件的旋转运动)、纵向进给运动(工件所做的纵向直线往复运动)和径向进给运动(即砂轮沿工件径向的移动)。外圆磨削通常应用纵磨法和横磨法。

(1)纵磨法 纵磨法如图 10-8(a)所示。磨削外圆时,砂轮的高速运动为主运动,工件在旋转的同时还随工作台做纵向往复运动,实现沿工件轴向的进给。根据需要,选择在单行程或双行程使砂轮径向移动,实现工件沿径向进给,逐渐磨去工件径向加工余量。当工件加工至接近最终尺寸时,采用几次无径向进给的光磨行程,以提高工件的表面质量,最后在磨削的火花消失时结束该工件的磨削。

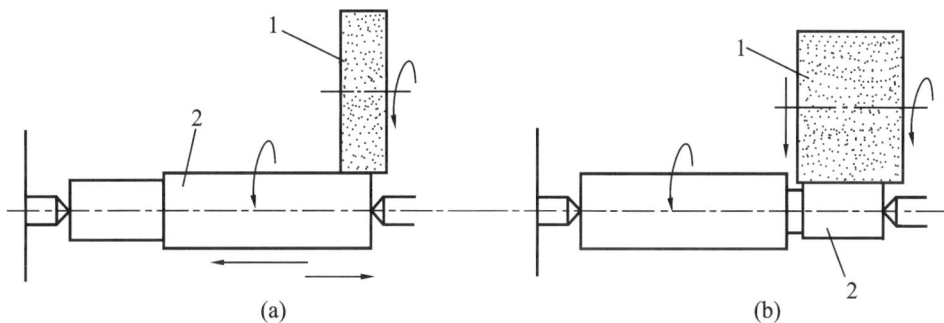

图 10-8 外圆磨削方法

(a)纵磨法;(b)横磨法

1—砂轮;2—工件

纵磨法的优点在于:每次径向进给量小,磨削力小,散热条件好,可以充分提高工件的磨削精度和表面质量,能满足较高的加工质量要求。但是这种磨削方法效率较低,适合单件小批量生产。

(2)横磨法 横磨法(见图 10-8(b))又称切入磨削法。采用横磨法磨削外圆时,砂轮宽度比工件磨削宽度大,工件不需要做纵向(沿工件轴向)进给运动,高速旋转的砂轮以很慢的速度连续向工件做径向进给运动,直到磨去全部余量为止。

横磨法主要通过径向进给来去掉加工余量。其优点是能充分发挥砂轮的切削能力,磨削效率高,同时适用于成型磨削。但是在磨削过程中,由于砂轮与工件接触面积大,磨削力增大,工件容易发生变形和烧伤;另外砂轮形状误差会直接影响工件几何形状,磨削精度比较低,工件表面粗糙度较大。使用横磨法磨削时,必须给予充分的冷却液降温,对于功率大、刚度高的磨床,工件不宜长。

2. 内圆磨削

内圆磨削主要用在内圆磨床、万能外圆磨床和坐标磨床上,以磨削工件的圆柱孔、圆锥孔和孔端面。磨削方法和外圆磨削相同,有纵磨法和横磨法,其中纵磨法使用更广泛。

在内圆磨削时,砂轮由于直径受到工件孔径限制,因此一般较小,砂轮相对磨损较快,需要经常修整和更换;砂轮轴悬伸长度比较大,刚度低,故磨削深度不能太大。因此,内圆磨削生产率低。

3. 平面磨削

平面磨削时的主运动是砂轮的旋转运动;进给运动包括纵向进给运动(工件的直线往复运动)、横向进给运动(砂轮沿其轴线的运动)和垂直进给运动(砂轮在垂直于工件被磨表面的方向上的运动)。

平面磨削主要用于磨削平面、沟槽等。在平面磨床上,工件靠电磁吸盘固定在工作台上。根据磨削时砂轮工作表面的不同,平面磨削方法分为两种:用砂轮圆周表面磨削的称为圆周磨削,简称为周磨法,一般用在卧式平面磨床上;用砂轮端面磨削的称为端面磨削,简称端磨法,一般用在立式平面磨床上。

采用周磨法(见图 10-9(a))磨削工件时,砂轮和工件的接触面积小,排屑及时,冷却条件好,工件热变形小,砂轮磨损均匀,能得到较高的加工质量。但是磨削效率比较低,适合精磨平面时使用。

采用端磨法(见图 10-9(b))磨削工件时,砂轮轴伸出比较短,刚度高,能采用比较大的切削用量,相应的磨削效率比较高。但是由于砂轮和工件的接触面积大,同时因砂轮端面外侧、内侧切削速度不相等,排屑及冷却条件不理想,即使有大量的冷却液降温,工件的加工质量也比采用周磨法时低。端磨法只适用于粗磨平面。

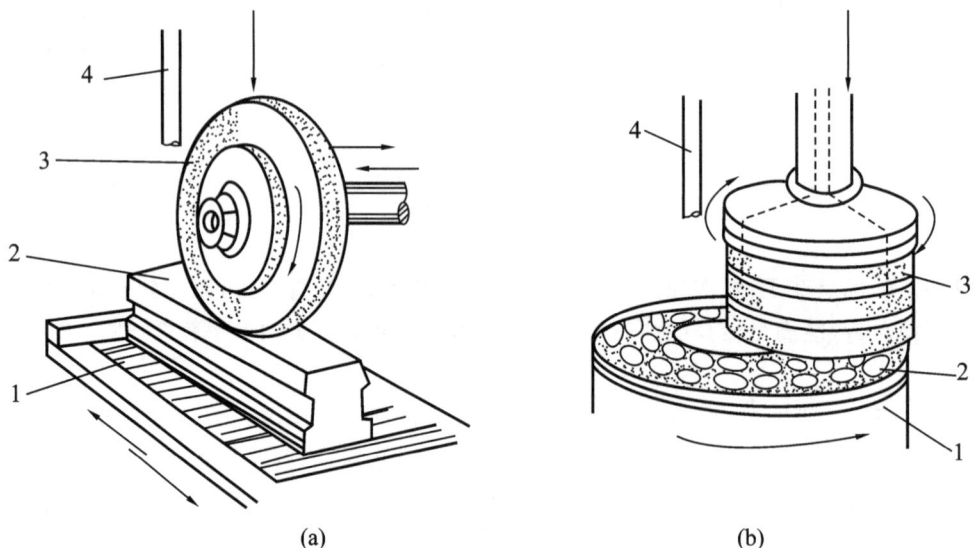

(a)　　　　　　　　(b)

图 10-9　平面的加工方法

(a)周磨法;(b)端磨法

1—磁性吸盘;2—工件;3—砂轮;4—冷却液管

4. 无心磨削及其他特殊形式磨削

无心磨削如图 10-1(f)所示,通常在无心磨床上进行,用来磨削工件外圆。磨削时,工件不用顶尖等支撑,而是放在砂轮与导轮之间,由下方的托板支撑,并由导轮带动旋转。这种磨削方法生产率高,易于实现自动化,多用在大批量生产中。

特殊形式磨削用于磨削特定零件,如在磨齿机上磨削齿轮(见图 10-1(e)),在螺纹磨床上磨削螺纹(见图 10-1(d)),在花键磨床上磨削花键等。进行这类磨削加工时需用专门配置的砂轮修整器,把砂轮表面修整成相应的精确轮廓形状。

磨削实习安全操作规程

1. 开机前

(1) 检查砂轮是否有裂缝。

(2) 检查砂轮罩及砂轮本身是否安装牢固。

(3) 磨床各操作手柄要处于非工作位置。

(4) 把磨床工作台挡块位置调整好,拧紧固定,并把护板安装好。

(5) 装卸附件和工件时,要防止其与砂轮碰撞和造成振动。

2. 开机时

(1) 若用电磁吸盘,工件一定要放在磁力线上。

(2) 正确掌握切削用量,不能吃刀过大,以免挤坏砂轮,导致事故发生。

(3) 有必要停车时先退刀,使砂轮与工件分开,然后再停车。

3. 使用砂轮机时

(1) 砂轮不得有裂缝,必须有安全罩。

(2) 砂轮开动时:

① 先空转到工作转速,并检查砂轮是否平衡,若不平衡则禁止使用;

② 操作者要站在砂轮机侧面;

③ 工件要拿稳,不得使之在砂轮上跳动。

第11章 塑料成型

11.1 常用塑料简介

塑料是一种以树脂为主体的高分子材料,又称聚合物或高聚物。

单纯聚合物性能往往不能满足加工成型和实际应用的要求,根据需要,应在聚合物里适当地加入助剂(如增强剂、稳定剂、色料、填料等)。由树脂和助剂组成的塑料具有优良的性能,在一定条件下能加工成各种塑料制件。

聚合物有天然聚合物和合成聚合物两大类,常呈液状、粉状和粒状。作为塑料主要成分的聚合物大多是合成树脂,它决定了塑料的基本性能。

11.1.1 塑料的分类

塑料品种繁多,每一品种又可以分为不同的牌号。常见的分类方法如下。

(1) 根据用途分为通用塑料、工程塑料和特种塑料。通用塑料产量大、价格低、用途广。工程塑料力学性能高,耐热、耐蚀性能好。特种塑料具有某些特殊性能,如耐高温、耐蚀。这类塑料产量少、价格贵,只用于有特殊需要的场合。

(2) 根据受热特性分为热塑性塑料和热固性塑料。热塑性塑料的特点是受热后可以软化或者熔融,并在这种状态下加工成型,成型、硬化后的制件再受热时仍然可以软化,分子结构不发生变化,软化/熔融→成型这一过程可以反复进行;热固性塑料在受热后分子内部结构发生变化,虽然也可以软化或熔融,但在固化成型后不会再软化。

11.1.2 塑料的特性

不同品种的塑料具有不同的性能。综合起来,塑料具有以下优良性能:密度小,重量轻;比强度和比刚度高;化学稳定性好;电气性能优良;减摩、耐磨和自润滑性好;成型和着色性能好;防腐、防水、防潮、防透气、防振、防辐射等。但它也有耐热性差、受载荷时易蠕变、易老化等不足。

11.1.3 热塑性塑料的成型工艺性能

1. 收缩性

将塑件从塑料模具中取出冷却到室温后,塑件的各部分尺寸都比原来在塑料模具中的尺寸有所缩小,这种性能称为收缩性。

2. 流动性

在成型过程中,塑料熔体在一定的温度与压力作用下充填型腔的能力称为塑料的流动性。塑料还有结晶性、热敏性、水敏性、吸湿性、应力敏感性等工艺性能。

11.1.4 常用塑料性能及用途

1. 热塑性塑料

(1) 聚乙烯(PE) 根据合成方式不同,聚乙烯分为低压聚乙烯、高压聚乙烯和中压聚乙烯三种。低、中压聚乙烯质地刚硬,耐磨性、耐蚀性及绝缘性较好,一般用于制造塑料管、板材、绳索及承载力不高的零件,如齿轮、轴承等。

(2)聚氯乙烯(PVC)　聚氯乙烯是氯乙烯单体在过氧化物、偶氮化合物等引发剂或在光、热作用下按自由基聚合反应机理聚合而成的聚合物,有硬质、软质之分。聚氯乙烯可加工成板材、管材、棒材、容器、薄膜及日用品等。由于绝缘性能优良,聚氯乙烯可用于电子、电工行业领域,以制造插座开关、电缆等。

(3)ABS塑料　ABS塑料是由丙烯腈、丁二烯、苯乙烯三种成分制成的三元共聚物,具有高硬度、韧度和刚度,在机械工业中可以用于制造齿轮、轴承、电动机外壳、仪表壳、仪表盘、蓄电池槽等。它是一种原料易得、综合性能好、价格便宜的工程塑料。

(4)聚酰胺(PA)　聚酰胺俗称尼龙。尼龙具有突出的耐磨性、自润滑性和良好的力学性能,除水和油之外,对一般的溶剂和许多化学药剂也有很好的耐蚀性,成型性能好。但是工作温度不能超过100℃,导热性比较差,吸水性大,成型收缩率大。

尼龙在机械工业上可用来制造要求耐磨、耐蚀的轴承、齿轮、螺钉、螺母等传动零件。

2. 热固性塑料

(1)酚醛塑料(PE)　俗称电木,其原料是苯酚和甲醛,来源广泛,加工简单。酚醛塑料的突出特点是绝缘性能好,耐热性较好,耐磨性好,尺寸稳定性好等。

酚醛塑料以其良好的绝缘性能,广泛用于制作各种电器,如插头、开关、电话机、仪表盒等,也用于制造汽车刹车片、带轮,以及在日用工业中用来制作除食物器皿外的各种用具。

(2)环氧塑料(EP)　环氧塑料是环氧树脂加固化剂后形成的热固性塑料。其强度高、韧性好、尺寸稳定性好,经久耐用,具有优良的绝缘性能,耐热、耐寒,可以在−80～155℃温度范围内长期工作,化学稳定性高、成型工艺性能好。

环氧塑料广泛用于机械、航空航天、化工、船舶、汽车、建材等行业,可用来制作塑料模具、精密量具和电子仪表装置等。

环氧树脂是很好的胶黏剂,俗称"万能胶",因为它对各种材料(包括金属、非金属材料等)都有很强的胶黏能力。

11.2　注射成型设备及工艺

塑料成型工艺主要有注射成型(也称注塑成型)工艺、压缩成型工艺、压注成型工艺、挤出成型工艺、真空吸塑成型工艺和吹塑成型工艺等。

注射成型是热塑性塑料的重要成型方法,可以制成各种形状的塑料制件,能一次成型外形复杂、尺寸精密、带有嵌件的塑料制件。绝大部分的热塑性塑料都可以采用注射成型工艺进行成型。该工艺的主要优点是成型周期短、效率高、加工适应性强,易实现自动化生产。近年来,部分热固性塑料也能用注射成型工艺加工,扩大了注射成型工艺的应用范围。

11.2.1　注射成型原理与注射机

注射成型原理是:将粒状或粉状的塑料原料加入注射机的料筒,将其加热熔融成黏流态;在螺杆或柱塞的推动下,熔融塑料以一定的流速通过料筒前端的喷嘴射入闭合的模具型腔中;经过一定条件下的保压后,塑料在模内冷却、硬化定型;打开模具,从模内脱出成型的塑件。

注射成型的关键设备是注射机。注射机按照外形特征分为卧式注射机、立式注射机和角式注射机,按照塑料在料筒中的塑化方式分为螺杆式注射机和柱塞式注射机。螺杆卧式注射机(见图 11-1)应用最广泛。

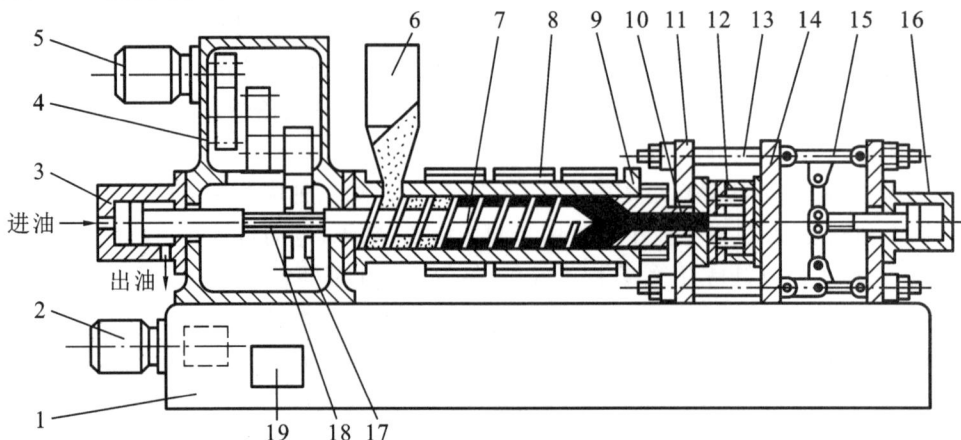

图 11-1　螺杆卧式注射机结构

1—机身;2—电动机及液压泵;3—注射液压缸;4—齿轮箱;5—齿轮传动电动机;6—料斗;7—螺杆;
8—加热器;9—料筒;10—喷嘴;11—定模固定板;12—模具;13—拉杆;14—动模固定板;
15—合模机构;16—合模液压缸;17—螺杆传动齿轮;18—螺杆花键;19—油箱

螺杆卧式注射机主要由注射系统、合模系统、液压传动系统和控制系统组成,如图 11-1 所示。

(1) 注射系统　注射系统主要由螺杆 7、加热器 8、料筒 9 和喷嘴 10 等部件组成,其主要功能是:均匀加热并塑化塑料颗粒;按一定的压力和速度把定量的熔融塑料注射入注射模具的型腔并使其充满型腔;完成注射过程后,对型腔里的熔融塑料进行保压,并向型腔内补充一部分熔融塑料以填充因之前的熔融塑料冷却收缩而形成的空间,使塑料制件的内部密实、表面平整,保证塑料制品的质量。

(2) 合模系统　合模系统主要由合模机构 15 和合模液压缸 16 组成。其主要功能是:实现模具的可靠开、闭动作,在注射、保压过程中保持足够的合模锁紧力,防止塑料制品溢出,完成塑料制品的顶出。

(3) 顶出机构　顶出机构的作用是在保压结束后取出注射模具中的塑料制品。根据动力来源,顶出机构分为机械顶出、液压顶出和气动顶出机构三种。

(4) 液压系统　液压系统是注射机的主要动力来源,主要机构的运动、工作都是由液压系统完成的。

(5) 控制系统　控制系统是注射机的神经中枢系统,它与液压系统相配合,准确无误地实现注射机的工艺参数(如压力、温度、时间等)要求和各种程序动作。该系统主要由各种电气元件、仪表动作程序回路及加热、测量、控制回路等组成。注射机的整个操作由电气系统控制。

11.2.2　注射成型工艺过程

注射成型工艺过程包括注射前的准备、注射成型、制件的后处理三个主要阶段。

1. 注射前的准备

为了保证制件质量,一般在注射之前要进行原料预处理、清洗料筒、预热嵌件和选择脱模剂等准备工作。

2. 注射成型

注射成型过程是一个循环过程(见图 11-2)。以采用图 11-1 所示螺杆卧式注射机的注射成型为例,其基本步骤是:将塑料原料加到注射机的料斗 6 中(见图 11-1),随着螺杆 7 的转动,塑料随螺杆向前输送并被压实。在加热装置和螺杆剪切力的作用下,原料被加热成黏流态,在注射机注射装置持续而快速的压力作用下进入模具的型腔并冷却、固化、成型,形成所需要的塑料制品。

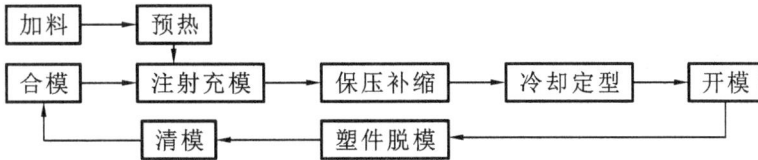

图 11-2　注射成型循环过程

注射成型的一般步骤如下。

(1) 合模与锁紧　合模是注射成型工作过程的起始点,合模由注射机的合模系统完成。合模过程中,动模固定板 14 按"慢→快→慢"的规律移动,其作用是在合模时以较低速度合模,减少冲击,避免模具内嵌件松动脱落甚至损坏模具。低速锁模可以保证模具有足够的合模力,防止在注射、保压阶段产生溢边,影响制品的质量。

(2) 注射装置前移　当合模系统闭合、锁紧模具后,液压缸启动,使注射装置前移,保证注射机的喷嘴 10 与模具的主浇道紧密配合,为下一阶段的注射做好准备。

(3) 注射与保压　在这一过程中,注射装置的注射液压缸首先工作,推动注射机的螺杆 7 前移,使料筒 9 前部的高温熔融塑料以高压、高速状态进入模腔内。熔融塑料注入模腔后,由于热传导的作用会产生体积收缩,为了保证塑料制件的致密性、尺寸精度和力学性能,注射系统再一次进行注射补料,直到浇注系统中的塑料冷却、凝固为止。完成上述过程后,注射系统继续进行冷却、预塑化,然后注射装置后退,注射系统进行开模、顶出制件等操作,完成一次成型过程。接着进入下一次注射成型过程,如此周而复始地工作。

3. 制件的后处理

塑料制件从模具中脱出后,其内部会出现不均匀结晶、收缩应力等,从而使制件变形,并导致制件力学性能、化学性能下降,表面质量变差,甚至导致制件开裂。因此,有必要对制件进行适当的后处理。塑料制件的后处理方法主要有退火和调湿处理。

(1) 退火　退火是把制件加热到某一温度并保温一段时间的后处理方式,通过退火可以降低制件硬度,提高其韧度。一般退火温度高于制件使用温度 10~20℃且低于热变形温度 10~20℃。退火热源或保温介质可以采用红外线灯、热水、热油等,退火后冷却的速度要慢,否则制件内还会重新产生温度应力。

(2) 调湿处理　调湿处理是指调整制件的含水量,主要用于吸湿性很强又易氧化的聚酰胺制件。通过调湿处理可以防止制件在使用过程中发生尺寸变化。调湿处理所用的加热介质一般为沸水或乙酸钾溶液。

对制件要求不高时,也可以不对制件进行后处理。

11.3　注　射　模

注射成型的基本加工过程是使熔融塑料充满塑料模具的型腔,形成与模具型腔的形状、尺寸一样的塑料制件。塑料模具在塑料加工过程中占有极为重要的地位。

塑料模具根据塑料成型工艺的不同而不同,其中用于塑料注射成型的模具称为注射成型模具,简称注射模。注射模主要用于热塑性塑料的成型,近年来也逐渐用于热固性塑料成型。

由于注射成型具有制件质量好、生产效率高、对塑料的适应性广、易于自动化生产等优点,因此注射模被广泛应用于塑料加工生产。

注射模主要包括定模和动模两大部分。定模部分安装在注射机的定模固定板上,动模部分安装在注射机的可移动的动模固定板上。在注射过程中,动模部分所在的合模系统在液压力驱动下,在导柱的导向作用下与定模紧密配合,熔融塑料经注射机的喷嘴从模具的浇注系统高速进入型腔,成型冷却后开模(即将定模和动模分开,塑料制件留在动模上),之后顶出机构将塑料制件顶出(见图 11-3)。

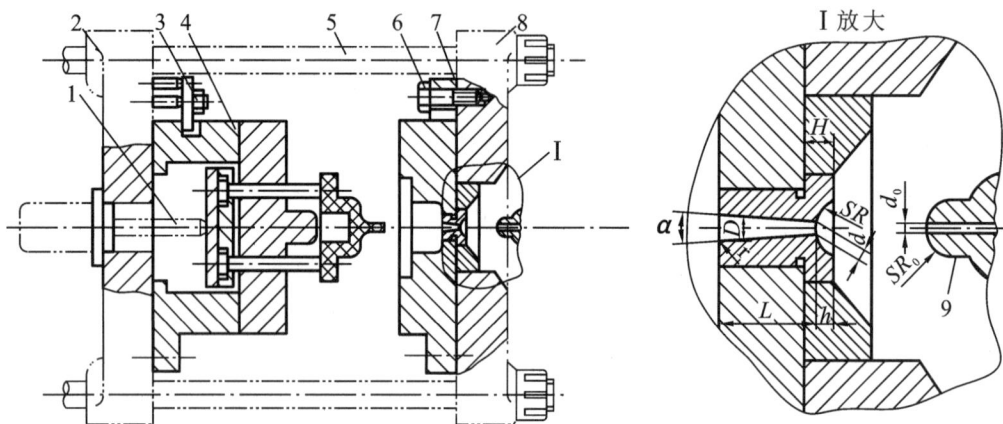

图 11-3　模具与注射机的关系

1—注射机推杆;2—注射机动模固定板;3—压板;4—动模;5—注射机拉杆
6—螺钉;7—定模;8—注射机定模固定板;9—喷嘴

11.3.1　注射模基本结构

图 11-4 所示为一种典型注射模的结构示意图。典型注射模一般由以下几个部分组成。

(1)成型部件　成型部件由型芯和凹模组成。型芯形成制品的内表面形状,凹模形成制件的外表面形状,因此成型部件直接确定制件的形状和尺寸。合模后型芯和凹模构成模具的型腔,如图 11-4 所示模具的型腔由型芯 13 和凹模 14 组成。

(2)浇注系统　浇注系统又称流道系统,它用于将熔融塑料由注射机喷嘴引向型腔的进料通道,由主流道、分流道、浇口和冷料穴等组成。

(3)导向部件　模具中的导向部件用于确保动模与定模合模时能准确对中,一般由四组导柱与导套组成。为了避免在推出制件过程中推板发生歪斜,还在模具的推出机构中设有使推板保持水平运动的导向部件(如导柱和导套)。

(4)推出机构　开模时,需要由推出机构将制件及流道内的凝料推出或拉出。在如图 11-4 所示的模具中,推出机构由推杆 11 和推杆固定板 8、推板 9 及主流道的拉料杆 10 组成。

(5)调温系统　调温系统用于对模具温度进行调节,以满足注射工艺对模具温度的要求。对于热塑性塑料用注射模,为了使模具冷却,一般在模具内开设冷却水通道,利用循环流动的冷却水带走模具的热量。

(6)排气系统　塑料制件在成型过程中会产生气体,利用排气系统可以使其充分排出。常用的办法是在分型面处开设排气槽。对于较小的制件,由于排气量小,可直接利用分型面之间存在的微小间隙排气。

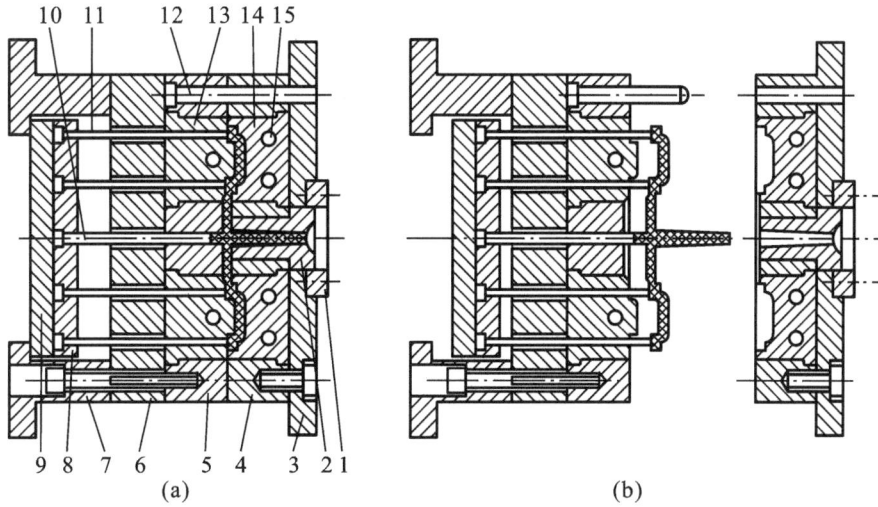

图 11-4　单分型面注射模

(a)模具合模;(b)模具开模

1—定位圈;2—主流道衬套;3—定模座板;4—定模板;5—动模板;6—动模垫板;7—动模座板;8—推杆固定板;
9—推板;10—拉料杆;11—推杆;12—导柱;13—型芯;14—凹模;15—冷却水通道

11.3.2　其他注射模简介

塑料制件外形上有侧孔或侧凹时,模具内的侧向分型抽芯机构能使侧型芯做横向移动,使侧型芯与制件分离,然后推杆就能顺利地将制品从型芯上推出,如图 11-5 所示。这类模具广泛用于具有侧孔或侧凹的塑料制件的大批量生产。

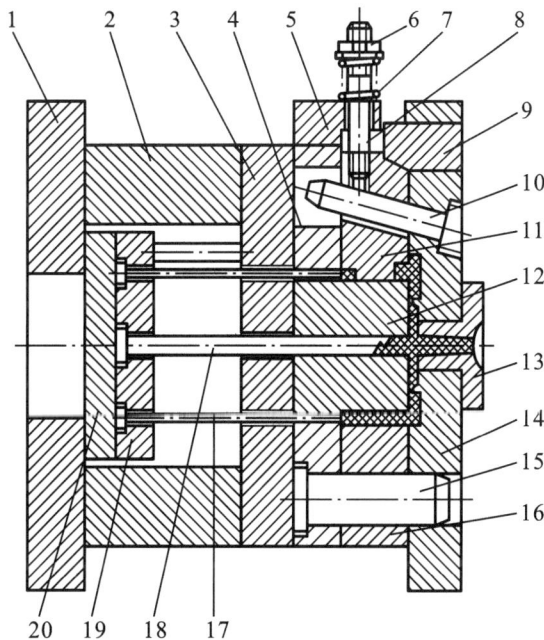

图 11-5　斜导柱侧型芯注射模

1—动模座板;2—垫块;3—支承板;4—动模板;5—挡块;6—螺母;7—弹簧;8—滑块拉杆;
9—楔紧块;10—斜导柱;11—侧型芯滑块;12—型芯;13—浇口套;14—定模板;15—导柱;
16—动模板;17—推杆;18—拉料杆;19—推杆固定板;20—推板

　　侧向分型抽芯机构由斜导柱 10、侧型芯滑块 11、楔紧块 9、挡块 5、滑块拉杆 8、弹簧 7、螺母 6 等组成。

　　挡块 5、滑块拉杆 8、螺母 6、弹簧 7 等组成定位装置。其作用是保证滑块不侧向移动,合模时斜导柱能顺利地插入滑块的斜导孔,使滑块复位。楔紧块 9 的作用是防止注射时熔体压力使侧型芯滑块 11 产生位移,楔紧块 9 的斜面应与侧型芯滑块上斜面的斜度一致。

注塑实习安全操作规程

　　(1) 将手伸入模具时应先将安全门打开。各活动安全门开启后有切断合模动作的功能,各固定挡门可以防止移动部件对人体造成伤害。

　　(2) 上半身需要进入两模板之间时,要先关掉油泵。

　　(3) 无论什么场合,整个身体进入两模板之间时,都应先切断总电源。

　　(4) 身体不要接触注射机的可移动部分。

　　(5) 在接触熔胶筒组件、射嘴头部这些高温部位及取出成型后的制件时,要使用保护手套、防护眼镜及保护工具,以防烫伤。

　　(6) 不要把异物和原料一起放入料斗,以免损坏注塑设备。

　　(7) 落料不可中断,否则料筒热量增加会导致注射口有发生火灾的危险。

第 12 章 数控加工基础知识

12.1 概 述

12.1.1 数控机床的产生及发展

数控是数字控制(numerical control,NC)的简称,是指用数字信号形成的控制程序对一台或多台机械设备进行控制的一门技术,它是制造业实现自动化、柔性化、集成化生产的基础。随着生产模式和科技的发展,机械产品结构日趋复杂,制造精度和生产率不断提高,这些对制造机械产品的相关设备提出了高性能、高精度与高自动化的要求。

数控机床(numerical control machine tool)是一种装有数字控制系统的机床,该系统能够处理加工程序,控制机床自动完成各种加工运动和辅助运动。数控机床综合了计算机、自动控制、精密测量、机床制造及其配套技术的最新成果,成功地解决了产品多样化、零件形状复杂化、产品研制周期短、精度要求高等因素带来的难题,成为现代制造业的主流设备。目前,数控技术水平和数控设备的拥有量,已经成为衡量一个国家综合国力和现代化程度的重要标志之一。

12.1.2 数控机床的构成

数控机床主要由机床主体、数控系统、外围设备三部分组成,如图 12-1 所示。

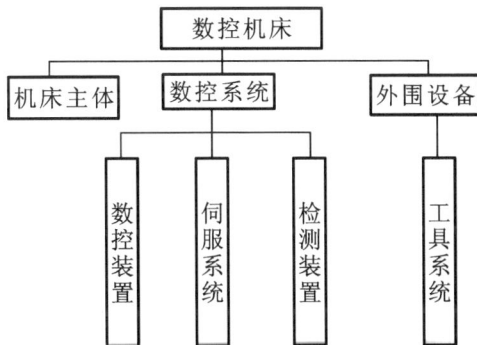

图 12-1 数控机床的构成

1. 机床主体

数控机床主体也称主机,包括机床的主运动部件、进给运动部件、执行部件和基础部件,如底座、立柱、滑鞍、工作台、导轨等。数控机床与普通机床不同,它的主运动和各个坐标轴的进给运动都是在单独的伺服电动机的驱动下实现的,所以它的传动链短、结构比较简单。为了保证数控机床的快速响应特性,在数控机床上还普遍采用精密滚珠丝杠副和直线滚动导轨副。在加工中心上还配备有刀库和自动换刀装置,同时还有一些良好的配套设施,如冷却、自动排屑、自动润滑、防护装置和对刀仪等,以便充分利用数控机床的功能。为了保证数控机床的高精度、高效率和高自动化程度,数控机床的机械结构相对普通机床也有很大的变化。

2. 数控系统

数控系统是一种程序控制系统,它能处理输入系统的数控加工程序,控制数控机床运动并加工出零件。

数控系统是以计算机数控装置为核心的系统,如图 12-2 所示。

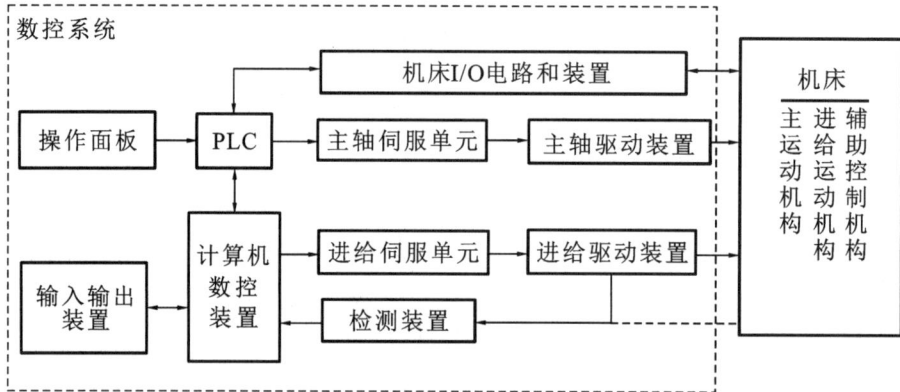

图 12-2　数控系统组成

(1)计算机数控装置　计算机数控装置是控制机床运动的中枢系统,它的作用是对输入的零件加工程序进行相应的处理,然后将控制命令输出给伺服系统和可编程控制器(PLC)。

(2)伺服系统　伺服系统由伺服单元和伺服电动机组成,是数控系统的执行部件。它的基本作用是接收计算机数控装置发来的指令脉冲信号,控制机床执行部件的进给速度、方向和位移量,以完成零件的自动加工。数控机床一般要求伺服系统具有快速响应性能和高的伺服精度。

(3)检测装置　检测装置主要指位置和速度测量装置,以实现伺服系统的闭环控制。

3. 外围设备

外围设备主要是刀具系统。

12.1.3　数控机床的工作原理

在数控机床上加工一个零件的过程如图 12-3 所示。

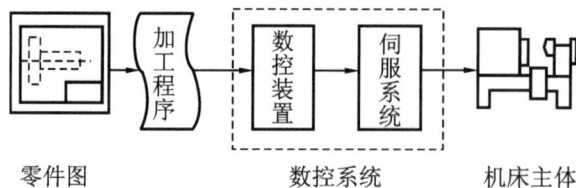

图 12-3　数控机床加工零件的过程

数控机床的工作原理可概括为以下几点。

(1) 根据被加工零件的图样与工艺规程,用规定的代码和程序格式编写加工程序,形成数控机床的工作指令。

(2) 将所编制的程序指令输入机床数控装置。

(3) 数控装置对程序(代码)进行译码、运算之后,向机床的各伺服机构和辅助控制装置发出信号,驱动机床的各运动部件,并控制所需的辅助动作,最后加工出合格的零件。

12.1.4　数控机床的分类

数控机床种类很多,规格不一,人们从不同的角度对其进行了分类。

1. 按机械运动轨迹分类

按机械运动轨迹,数控机床分为以下三种。

(1)点位控制数控机床　这类数控机床的特点是要求保证点与点之间的准确定位。它只能控制行程的终点坐标值,对两点之间的运动轨迹不做严格要求。此类数控机床有数控钻床、数控镗床、数控冲床、三坐标测量机、印制电路板钻床等。图 12-4 所示为点位控制钻孔加工。

(2)直线控制数控机床　这类数控机床的特点是不仅要控制行程的终点坐标值,还要保证在两点之间机床的刀具行程是一条直线,而且在走直线的过程中往往要进行切削。此类数控机床有数控车床、数控铣床、数控磨床、数控镗床等。图 12-5 所示为直线控制切削加工。

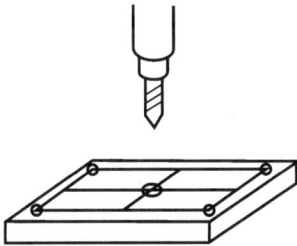

图 12-4　点位控制钻孔加工

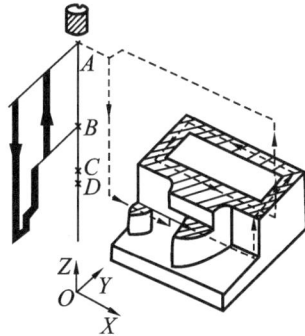

图 12-5　直线控制切削加工

(3)轮廓控制数控机床　这类数控机床的特点是不仅要控制行程的终点坐标值,还要保证两点之间的轨迹为确定的曲线,即这种系统必须能够对两个或两个以上坐标轴的同时运动进行严格的连续控制。现代数控机床绝大部分都具有两坐标或两坐标以上联动的功能,除此之外,还具有刀具半径补偿、刀具长度补偿、机床轴向运动误差补偿、丝杠螺距误差补偿、齿侧间隙误差补偿等一系列功能。图 12-6 所示为轮廓控制铣削加工。

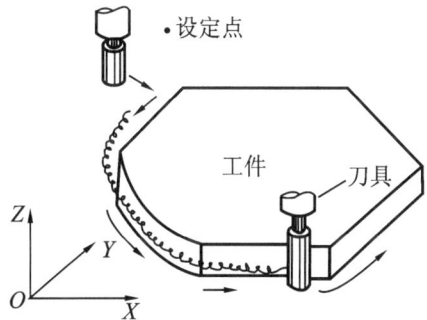

图 12-6　轮廓控制铣削加工

2. 按伺服系统的类型分类

按伺服系统的类型,数控机床分为以下三种。

(1)开环伺服系统数控机床　这类机床没有来自位置传感器的反馈信号,数控系统将零件程序处理完后,输出数字指令信号给伺服系统,驱动机床运动。其优点是结构简单、较为经济、维护方便,但是速度及精度低。开环伺服系统适用于精度要求不高的中小型机床,多用于旧机床的数控化改造。图 12-7 为开环伺服系统示意图。

(2)闭环伺服系统数控机床　这类机床上装有位置检测装置,可直接对工作台的位移量进行测量。数控装置发出进给信号后,经伺服驱动装置使工作台移动;位置检测装置检测出工

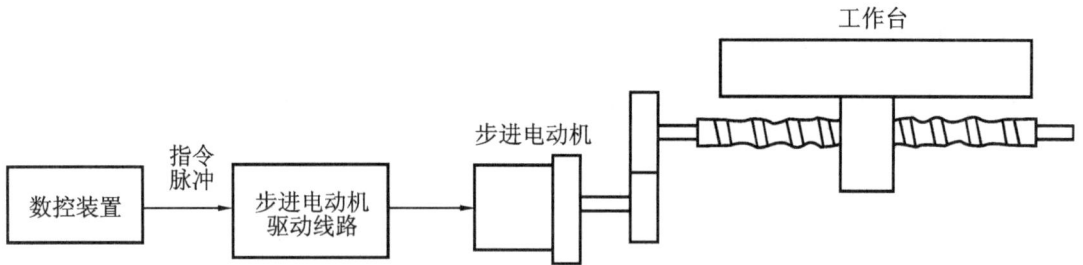

图 12-7　开环伺服系统示意图

作台的实际位移,并反馈到输入端,与指令信号进行比较,驱使工作台向使其实际位移与指定位移的差值减小的方向运动,直到该差值等于零为止。此类机床的优点是精度高。但闭环伺服系统设计和调整困难、结构复杂、成本高,故主要用于一些精度要求很高的镗铣床、超精密车床、超精密铣床、加工中心等。图 12-8 为闭环伺服系统示意图。

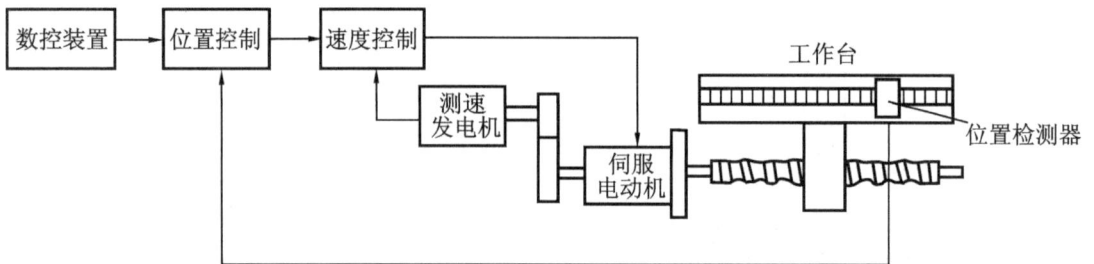

图 12-8　闭环伺服系统示意图

　　(3) 半闭环伺服系统数控机床　这类数控机床采用安装在进给丝杠或电动机端头上的转角测量元件测量丝杠的旋转角度,间接获得位置反馈信息。这种系统的闭环环路内不包括丝杠、螺母副及工作台,因此可以获得稳定的控制特性。由于采用了高分辨率的测量元件,这类数控机床也可以具有比较令人满意的精度及速度。大多数数控机床采用的都是半闭环伺服系统,如数控车床、数控铣床等。图 12-9 为半闭环伺服系统示意图。

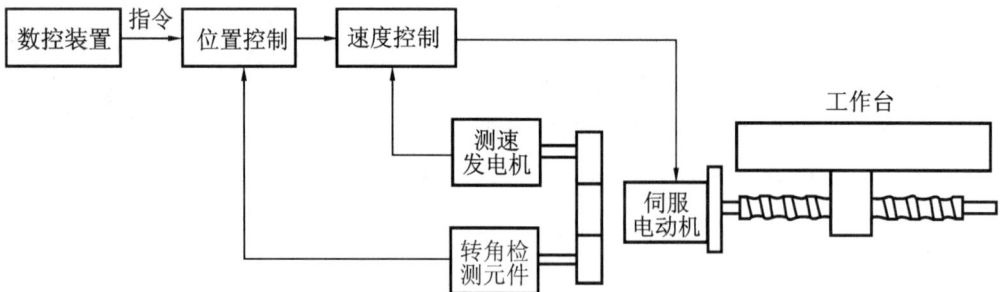

图 12-9　半闭环伺服系统示意图

3. 按加工方式分类

按加工方式,数控机床分为以下三种。

　　(1) 金属切削类数控机床　如数控车床、数控钻床、数控磨床、数控铣床、数控齿轮加工机床、加工中心、虚拟轴加工机床等。

　　(2) 金属成型类数控机床　如数控折弯机、数控弯管机、数控冲床、数控回转头压力机等。

（3）数控特种加工机床 如数控线切割机床、数控电火花成型机、数控激光切割机、数控火焰切割机等。

12.1.5 数控机床的主要技术参数

1. 主要规格尺寸

数控车床的主要规格尺寸有床身上最大回转直径、刀架上最大回转直径、最大工件长度、最大车削直径等。数控铣床、加工中心的主要规格尺寸有工作台台面尺寸、工作台 T 形槽尺寸、工作行程等。

2. 主轴系统

数控机床主轴采用直流或交流电动机驱动，具有较宽的调速范围和较高的回转精度，主轴本身的刚度与抗振性比较好。现在数控机床的主轴转速普遍能达到 5 000～ 10 000 r/min，甚至更高，对提高加工质量和小孔加工极为有利。主轴转速可以通过操作面板上的转速倍率开关直接调节。

3. 进给系统

进给系统有进给速度、快进（空行程）速度、运动分辨率（最小位移增量）、定位精度和螺距范围等主要技术参数。

（1）进给速度和快进速度 它们是影响加工质量、生产效率和刀具寿命的主要因素，受到数控装置运行速度、机床动特性和工艺系统刚度的限制。其中，最大进给速度为加工的最大速度，最大快进速度为不加工时移动的最大速度。进给速度可通过操作面板上的进给倍率开关来调节。

（2）运动分辨率（脉冲当量） 它是指两个数控装置可以分辨的最小间隔，是重要的精度指标。其有两个方面的内涵：一是机床坐标轴可达到的控制精度（可以控制的最小位移增量），表示数控装置每发出一个脉冲信号时坐标轴移动的距离，称为实际脉冲当量或外部脉冲当量；二是数控装置内部运算的最小单位，称为内部脉冲当量。一般内部脉冲当量比实际脉冲当量设置得要小，其目的是保证在运算过程中精度不损失。数控系统在输出位移量之前，自动将内部脉冲当量转换成外部脉冲当量。

实际脉冲当量取决于丝杠螺距、电动机每转脉冲数及机械传动链的传动比，其计算公式为

$$实际脉冲当量 = 传动比 \times \frac{丝杠螺距}{电动机每转脉冲数}$$

脉冲当量是设计数控机床的原始数据之一，其数值大小决定了数控机床的加工精度和加工表面质量。目前数控机床的脉冲当量一般为 0.001 mm，精密或超精密数控机床的脉冲当量为 0.1 μm。脉冲当量越小，数控机床的加工精度和加工表面质量越高。

（3）定位精度和重复定位精度 定位精度是指数控机床工作台等移动部件对于确定的终点所能达到的实际位置的精度。移动部件的实际位置与理想位置之间的误差称为定位误差。定位误差包括伺服系统误差、检测系统误差、进给系统误差和移动部件导轨的几何误差等。定位误差将直接影响零件加工的位置精度。

重复定位精度是指在同一台数控机床上，应用相同程序、相同代码加工一批零件，所得到的连续结果的一致程度。重复定位精度受伺服系统特性、进给系统的间隙与刚度，以及摩擦特

性等因素的影响。一般情况下,重复定位精度呈正态分布,它影响一批零件加工的一致性。这是一项非常重要的性能指标。中小型数控机床的定位精度普遍可达±0.01 mm,重复定位精度为±0.005 mm。

4. 刀具系统

数控机床刀具系统的主要技术参数包括刀架工位数、工具孔直径、刀杆尺寸、换刀时间、重复定位精度等。加工中心刀库容量与换刀时间直接影响其生产率,通常中小型加工中心的刀库容量为16~60把,大型加工中心可达100把以上。

换刀时间是指自动换刀系统将主轴上的刀具与刀库中的刀具进行交换所需要的时间。

12.1.6　数控机床的特点和适应范围

数控机床和普通机床相比具有如下特点:

(1)加工精度高;

(2)对加工对象的适应性强;

(3)自动化程度高,劳动强度低;

(4)生产率高;

(5)可获得良好的经济效益;

(6)有利于现代化管理。

根据数控机床加工的特点可以看出,最适合数控机床加工的零件有:

(1)加工精度要求高,形状复杂,用普通机床无法加工或能加工但很难保证加工质量的零件;

(2)具有能用数学模型描述的复杂曲线或曲面轮廓的零件;

(3)具有难测量、难控制进给、难控制尺寸的不开敞内腔的壳体或盒型零件;

(4)必须在一次装夹中合并完成铣、镗、锪、铰或攻螺纹等多道工序的零件。

12.1.7　数控机床的发展趋势

为了满足现代科技发展的需要,数控技术及其装备逐步向以下方向发展。

(1)高速度和高精度化　速度和精度是数控设备的重要指标,它直接关系到生产的加工效率和产品质量。计算机技术的不断进步和新材料的出现,促进了数控技术的长足发展,数控装置、进给伺服驱动装置和主轴伺服驱动装置的性能也随之提高,使数控机床的运行速度和加工精度不断提高。

(2)功能复合化　数控机床结构模块化设计思想的发展,使一台设备能够实现多种工艺手段,具备多种功能,如镗铣钻加工中心、五面加工中心和可更换主轴箱的组合加工中心等,均具有复合功能。

(3)智能化　为了满足制造业生产柔性化、加工自动化发展的需求,人工智能技术在不断发展,数控技术智能化程度在不断提高。

(4)开放化　数控系统具有标准化、多样化和互换性的特征,能在不同的工作平台上实现系统功能和互操作,可对组件进行增减来构造系统。目前美国、日本以及欧盟中的多个国家正在发展开放式数控机床。

（5）驱动并联化　并联加工中心（又称六轴数控机床、虚轴机床等）是数控机床在结构上取得重大突破的成果。

（6）网络化　支持网络通信协议，既能满足单机需要，又能满足柔性加工单元（FMC）、柔性加工系统（FMS）、计算机集成制造系统（CIMS）对基层设备集成要求的数控系统，今后仍是制造业发展的主流。

12.2　数控编程基础

12.2.1　编程概念

编程是指根据零件的加工顺序、刀具运动轨迹的尺寸数据、工艺参数（如主运动、进给运动速度和切削深度等）及辅助操作（如换刀，主轴的正、反转，冷却液开关的开启和关闭，刀具的夹紧、松开等）信息等，用规定的文字、数字、符号代码，按一定格式编写加工程序。

数控机床程序编制过程主要包括分析零件图样、工艺处理、数学处理、编写零件程序和程序校验等环节。

数控加工程序的编制方法主要有两种：手工编程和自动编程。

（1）手工编程是指由人工完成整个程序的编制过程。手工编程要求编程人员不仅熟悉数控代码及编程规则，而且具备机械加工工艺知识和数值计算能力。对于点位加工或几何形状不太复杂的零件，数控编程计算较简单，程序段不多，采用手工编程即可实现。

（2）自动编程是用计算机把人们输入的零件图样信息改写成数控机床能执行的数控加工程序，即数控编程的大部分工作由计算机来完成。目前常使用自动编程语言系统 APT 来实现自动编程。编程人员只需根据零件图样及工艺要求，使用规定的数控编程语言编写一个较简短的零件程序，并将其输入计算机（或编程机）。计算机（或编程机）将自动进行后续处理，计算出刀具中心轨迹，输出零件数控加工程序。现在流行的自动编程系统还有图像仪编程系统、图形编程系统等。

12.2.2　机床坐标轴

为了简化编程方法和保证程序的通用性，我国的国家标准《工业自动化系统与集成　机床数值控制坐标系和运动命名》（GB/T 19660—2005）对数控机床的坐标轴和方向的命名做出了规定。

直线进给运动的坐标轴用 X、Y、Z 表示，通常称为基本坐标轴。X、Y、Z 坐标轴的相互关系用右手定则确定，如图 12-10 所示，图中大拇指的指向为 X 轴的正方向，食指的指向为 Y 轴的正方向，中指的指向为 Z 轴的正方向。

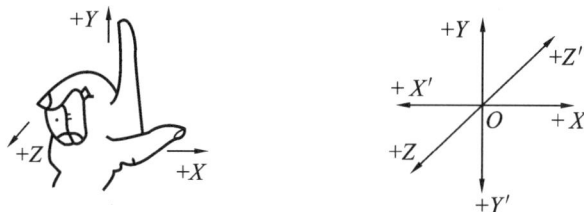

图 12-10　机床的坐标轴

数控机床的进给运动,有的由主轴带动刀具运动来实现,有的由工作台带动工件运动来实现。上述坐标轴正方向是假定工件不动,刀具相对工件做进给运动的方向。如果是工件移动,则坐标轴正方向用加"′"的字母表示。按相对运动的关系,工件运动的正方向恰好与刀具运动的正方向相反,即有

$$+X = -X',\quad +Y = -Y',\quad +Z = -Z'$$

数控铣床和数控车床的坐标轴方向分别如图 12-11 所示。

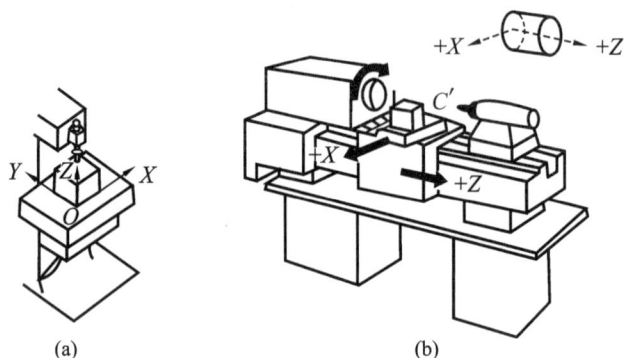

图 12-11　数控铣床和数控车床的坐标轴方向
(a)数控铣床；(b)数控车床

12.2.3　机床坐标系、原点和参考点

机床坐标系是用来确定工件位置和机床运动的基本坐标系,机床坐标系的原点称为机床原点或机床原点。它是在机床设计、制造和调整后所确定的固定点。

为了正确地在机床工作时建立机床坐标系,通常在每个坐标轴的移动范围内设置一个机床参考点,它在靠近每个轴的正向极限位置内侧。机床参考点可以与机床原点重合。通过数控装置参数的设置来确定机床参考点到机床原点的距离。机床回到了参考点位置,该坐标轴的零点位置也就确定了,找到所有坐标轴的参考点,数控装置就建立起机床坐标系,如图 12-12 所示。

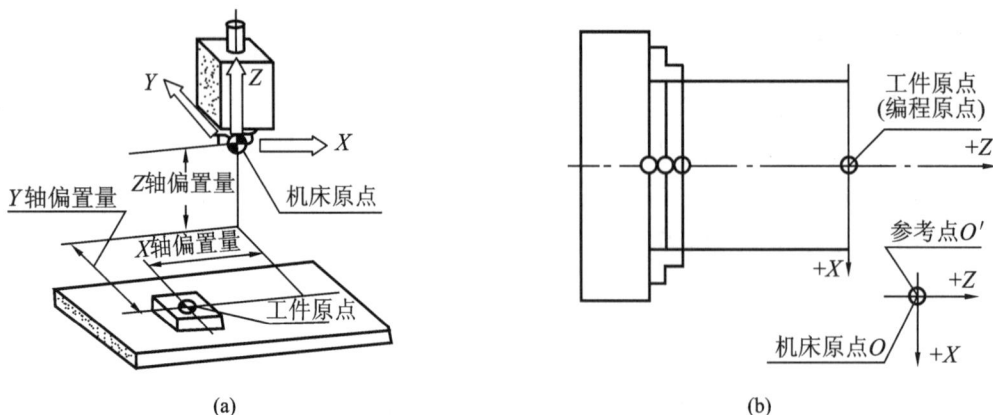

图 12-12　数控铣床与数控车床的机床原点
(a)数控铣床；(b)数控车床

数控机床启动前,通常要通过自动或手动进行回机床参考点操作。回机床参考点有以下

两个作用：

① 建立机床坐标系；

② 消除由于工作台漂移、变形等造成的误差。

数控机床使用一段时间后，工作台会产生漂移，导致加工误差。进行回机床参考点操作，可以使机床工作台回到准确位置，消除误差。所以在机床加工前，首先要进行回机床参考点操作。

机床坐标轴的最大行程范围是由机械行程开关来界定的；机床坐标轴的有效行程范围是通过软件限位来界定的，其值由系统参数设定。机床原点(O)、机床参考点(O')、机床坐标轴的机械行程与有效行程的关系如图 12-13 所示。

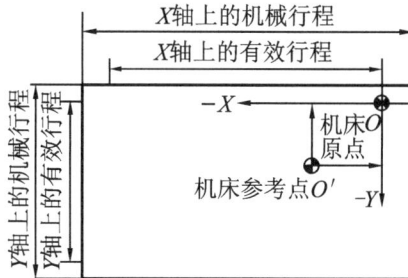

图 12-13　机床坐标轴的机械行程与有效行程的关系

12.2.4　工件坐标系、程序原点和对刀点

工件坐标系是编程人员选择工件上的某一点（也称为程序原点）而建立起来的一个坐标系。工件坐标系一旦建立便一直有效，直到被新的工件坐标系取代为止，如图 12-14 所示。

工件坐标系的原点选择原则如下：

（1）尽量使编程简单；

（2）使尺寸换算少；

（3）引起的加工误差小；

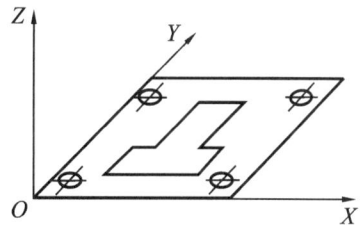

图 12-14　工件坐标系和工件原点

（4）对称零件原点选在对称中心线，形状以同心圆为主的零件原点选在圆心上；

（5）Z 轴的工件原点通常选在工件的上表面。

车床编程原点一般选在工件轴线与工件的前端面、后端面或卡爪前端面的交点上。

对刀点是零件程序的起始点。对刀的目的是确定程序原点在机床坐标系中的位置，对刀点可与程序原点重合，也可在任何便于对刀之处，但该点与程序原点之间必须有确定的坐标联系。

12.2.5　绝对编程和增量编程

在加工程序中，控制机床运动的移动量是用尺寸字来设定的。尺寸字有下述两种表达方式。

1. 绝对指令方式

绝对指令代码为 G90。该指令方式设定程序段的尺寸字按绝对坐标编程，即尺寸字是程

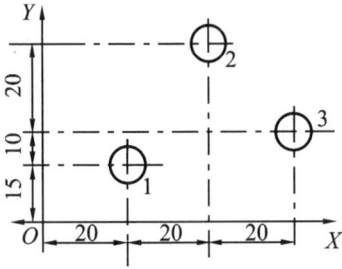

图 12-15　两种指令方式

序段的终点位置在指定坐标系中的坐标值（绝对值）。

2. 增量指令方式

增量指令也称相对指令，指令代码为 G91。该指令方式设定程序段的尺寸字按相对坐标编程，即尺寸字是程序段的终点位置相对前一位置的增量值（相对值）。

如图 12-15 所示，刀具由工件原点 O 按顺序向点 1、2、3 移动，表 12-1 中给出了两种不同指令方式下尺寸字的坐标值。

表 12-1　两种指令方式下尺寸字的坐标值

绝对指令方式（G90）			增量指令方式（G91）		
N	X	Y	N	X	Y
N001	X20.00	Y15.00	N001	X20.00	Y15.00
N002	X40.00	Y45.00	N002	X20.00	Y30.00
N003	X60.00	Y25.00	N003	X20.00	Y−20.00

12.2.6　零件程序的结构

零件程序也称加工程序、数控程序，是一组被传送到数控装置中的指令和数据。它由遵循一定结构、句法和格式规则的若干个程序段组成，每个程序段由若干个指令字组成。其结构如图 12-16 所示。

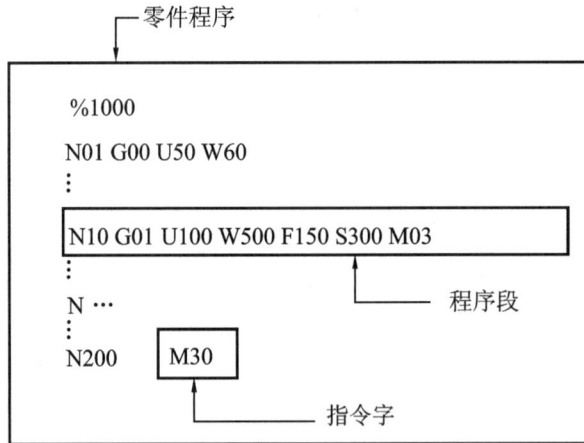

图 12-16　程序的结构

12.2.7　指令字的格式

指令字是由地址符（指令字符）和带符号（如定义尺寸的字）或不带符号（如准备功能字 G 代码）的数组成的。程序段中不同的指令字符及其后续数字确定了每个指令字的含义。程序段中包含的主要指令字符如表 12-2 所示。

表 12-2 主要指令字符

功 能	指令字符	含 义
零件程序号	%	程序的编号(%1～%4294967295)
程序段号	N	程序段的编号(N0～N4294967295)
准备功能	G	指定动作方式(直线、圆弧等)(G00～G99)
尺寸字	X、Y、Z	坐标轴移动命令
	R	圆弧的半径,固定循环的参数
	I,J,K	圆心相对于起点的坐标,固定循环的参数
进给速度	F	指定进给速度(F0～F24000)
主轴功能	S	指定主轴旋转速度(S～S9999)
刀具功能	T	指定刀具编号(T0～T99)
辅助功能	M	指定机床中辅助装置的开关动作或状态(M0～M99)
补偿号	D	指定刀具半径补偿号(D00～D99)
暂停	P,X	指定暂停时间(以 s 为单位)
程序号的指定	P	指定子程序号(P1～P4294967295)
重复次数	L	子程序的重复次数,固定循环的重复次数
参数	P、Q、R、U、W、I、K、C、A	车削复合循环参数
倒角控制	C、R	

12.2.8 程序段的格式

程序段定义了一个将由数控装置执行的指令行。程序段的格式定义了每个程序段中功能字的句法,如图 12-17 所示。

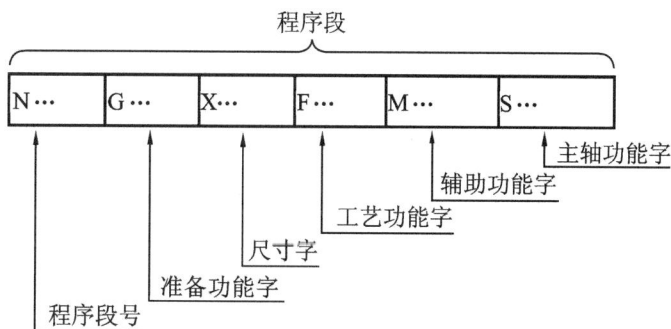

图 12-17 程序段的格式

12.2.9 程序的一般结构

零件程序必须包括起始符和结束符。它是按程序段的输入顺序执行的,而不是按程序段号的顺序执行的,但书写程序时,建议按升序书写程序段号。华中世纪星 HNC-21T 型车床数控系统的程序结构如下。

程序起始符:％(或 O)符,％(或 O)后跟程序号。

程序结束符:M02 或 M30。

注释符:括号或分号,其后的内容为注释文字。

12.2.10　程序的文件名

计算机数控装置可以装入许多程序文件,以磁盘文件的方式读写,通过文件名来调用程序,进行加工或编辑。文件名格式为:O××××(地址 O 后面必须有四位数字或字母)。

第13章　数控车削加工

13.1　概　　述

数控车床主要用于加工各种回转表面,如内、外圆柱表面,圆锥表面,成型回转表面等。由于大多数零件都具有回转表面,因此近年来,数控车床广泛应用于机械制造业,其中以卧式数控车床使用最为广泛。数控车削加工中心主轴在车削加工完成后,还可做分度或圆周进给动作以进行铣削、钻削加工,从而将工件表面上的几何要素全部加工完成。这种加工中心的特点是工序高度集中,本章主要介绍其采用华中世纪星 HNC-21T 型车床数控系统进行数控车削加工的过程。

HNC-21T 型车床数控系统采用彩色 LCD 液晶显示器、内装式 PLC,可与多种伺服驱动单元配套使用。它具有开放性好、结构紧凑、集成度高、可靠性好、性价比高、操作及维护方便等特点。

13.2　数 控 车 床

13.2.1　数控车床的组成

数控车床与普通车床结构相同,仍然由主轴箱、刀架、进给传动系统、床身、液压系统、冷却系统、润滑系统等部分组成,只是数控车床的进给系统与普通车床的进给系统存在着本质上的差别:普通车床是通过将主轴的运动经挂轮架、进给箱、溜板箱传到刀架,来实现纵向和横向进给运动的;数控车床是利用伺服电动机将动力由滚珠丝杠传到滑板和刀架,从而实现纵向和横向进给运动的。

数控车床的主轴、尾座等部位相对车身的布局形式与普通车床基本一致,但刀架和导轨的布局形式发生了根本的变化,这是因为刀架和导轨的布局直接影响数控车床的使用性能。另外,数控车床上都设有封闭的保护装置。

(1)床身和导轨的布局　数控车床床身导轨与水平面的相对位置如图 13-1 所示,它有四种布局形式,分别为平床身、斜床身、平床身斜滑板、立床身。

(2)刀架的布局　刀架作为数控车床的重要部件,其布局形式对机床整体布局及工作性能影响很大。目前两坐标联动数控车床多采用十二工位的回转刀架,也有采用六工位、八工位、十工位回转刀架的。回转刀架在机床上的布局有两种形式:一种是回转轴垂直于主轴;另一种是回转轴平行于主轴。

四坐标联动数控车床的床身上安装有两个独立的滑板和回转刀架,故称为双刀架四坐标数控车床。其中每个刀架的切削进给量是分别控制的,因此两刀架可以同时切削同一工件的不同部位,既扩大了加工范围,又提高了加工效率。

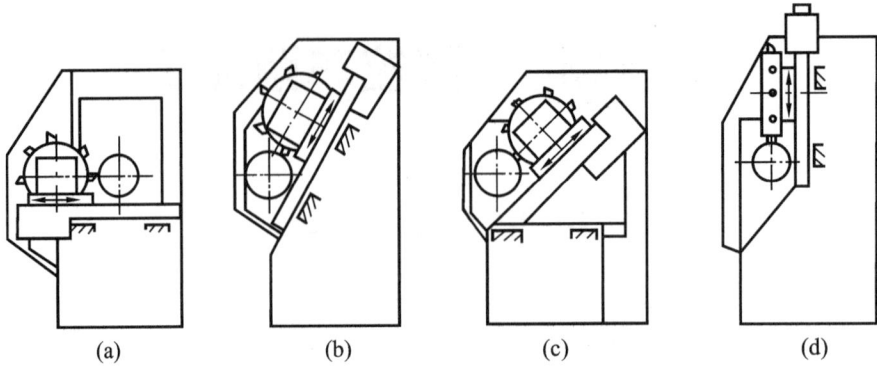

图 13-1　数控车床的布局形式

(a)平床身；(b)斜床身；(c)平床身斜滑板；(d)立床身

13.2.2　数控车床举例

图 13-2 所示为 MJ-50 型数控车床的外观图。它为两坐标连续控制的卧式车床。床身为平床身，床身导轨面上支承着 $30°$ 倾斜布置的滑板，排屑方便。导轨的横截面为矩形，支承刚度大，且导轨上配置有防护罩。床身的左上方安装有主轴箱，主轴由交流伺服电动机驱动，免去了变速传动装置，因此主轴箱的结构十分简单。为了迅速而省力地装夹工件，主轴卡盘的夹紧与松开是由主轴尾端的液压缸来控制的。

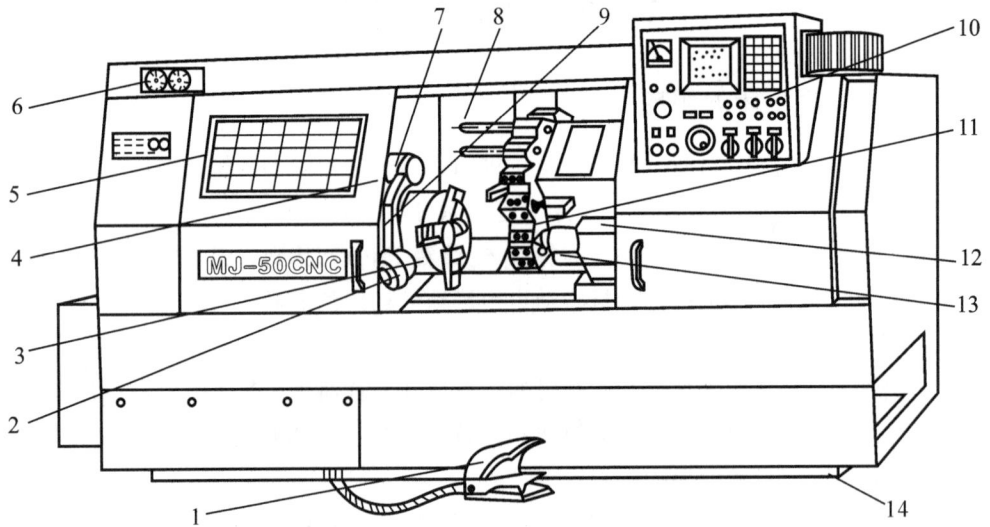

图 13-2　MJ-50 型数控车床的外观图

1—脚踏开关；2—对刀仪；3—主轴卡盘；4—主轴箱；5—机床防护门；
6—压力表；7—对刀仪防护罩；8—机床防护罩；9—对刀仪转臂；10—操作面板；
11—回转刀架；12—尾座；13—滑板；14—床身

床身右边安装有尾座，一种是标准尾座，另一种是选择配置的尾座。

滑板的倾斜导轨上安装有回转刀架，其刀盘上有 10 个工位，最多可安装 10 把刀。滑板上安装有 X 轴和 Z 轴的进给转动装置。

根据用户的要求，主轴箱前端面上可以安装对刀仪，用于机床的机内对刀。检查刀具时，对刀仪的转臂摆出，其上端的接触式传感测头对所用刀具进行检测。检测完毕后，对刀仪的转臂摆回图 13-2 中所示的原位,且测头被锁在对刀仪防护罩中。

利用操作面板可进行各种功能操作。机床防护门既可以为手动式,也可以为气动式。液压系统的压力由压力表显示。脚踏开关可实现主轴卡盘的夹紧与松开。

13.3 数控车床编程指令

13.3.1 数控车床编程要点

(1)进行数控车床编程时,根据被加工零件的图样标注尺寸,既可以使用绝对坐标编程,也可使用增量坐标编程,还可使用二者混合编程。而且,合理的混合编程往往可以减少编程中的计算量,缩短程序段,简化程序。

(2)数控车床的 X 值均以直径值表示,以与设计尺寸、测量尺寸相对应。当使用增量值编程时,径向的增量以实际位移量的两倍表示,并配以正、负号以确定增量的方向。

(3) X 向脉冲当量为 Z 向的一半,以提高径向尺寸精度。

(4)车床数控系统具有多种切削固定循环加工指令,如内、外径矩形切削循环,锥度切削循环,端面切削循环,螺纹切削循环加工指令等。编程时,可依据不同的毛坯材料和加工余量,合理选用切削循环加工指令。

(5)数控车床具备刀具半径补偿功能(G40、G41、G42)。为提高刀具寿命和加工表面的质量,在车削中经常使用半径不大的圆弧刀尖进行切削,此时可使用刀具半径补偿指令直接依据零件轮廓尺寸编程,从而减少计算工作量,提高程序的通用性。在使用刀具半径补偿指令时,要注意选择正确的刀具半径补偿值与补偿方向号,以免产生过切、少切等情况。

(6)合理、灵活使用数控系统给定的其他指令,如零点偏置指令、坐标系平移指令、返回参考点指令、直线倒角与圆弧倒角指令等,以使程序简洁、可靠,充分发挥数控系统的功能。

(7)车床的数控系统具有子程序调用功能,可以实现一个子程序的多次调用。在一条调用指令中,可重复调用子程序 999 次,而且可实现子程序调用子程序的多重嵌套调用。当程序中出现顺序固定、反复加工的要求时,调用子程序可缩短加工程序,使程序简单、明了,这一点对于以棒料为毛坯的车削加工尤为重要。

13.3.2 准备功能指令

准备功能(又称 G 功能)的指令由字符 G 和其后的两位或三位数字组成。它用来规定刀具和工件的相对运动轨迹、机床坐标系、坐标平面,以及刀补偿、坐标偏置等多种加工操作。

(1)G 功能根据功能的不同分成若干组,其中 00 组的 G 功能称为非模态 G 功能,其余组的 G 功能称为模态 G 功能。

非模态 G 功能指令只在规定的程序段中有效,程序段结束时即被注销。

模态 G 功能指令是一组可相互注销的 G 功能指令,这些功能指令一旦被执行就一直有效,直到被同一组的 G 功能指令注销为止。

(2)模态 G 功能组中包含默认 G 功能(见表 13-1 中带 ▼ 的 G 指令),上电时各组 G 功能将被初始化为默认的 G 功能。

(3)不同地址符的不同组的 G 代码可以放在同一程序段中,而且与顺序无关。例如,G90、G17 可与 G01 放在同一程序段中。

华中世纪星 HNC-21T 型车床数控系统准备功能指令及功能说明如表 13-1 所示。

表 13-1　准备功能指令及功能说明

G 指令	组	功 能 说 明	参数(后续地址字)
G00	01	快速定位	X, Z
▼ G01		直线插补	同上
G02		顺圆插补	X, Z, I, K, R
G03		逆圆插补	同上
G04	00	暂停	P
G20	08	英寸输入	X, Z
▼ G21		毫米输入	同上
G28	00	返回到参考点	
G29		由参考点返回	
G32	01	螺纹切削	X, Z, R, E, P, F
G36	17	直径编程	
▼ G37		半径编程	
▼ G40	09	刀具半径补偿取消	T
G41		刀具半径左补偿	
G42		刀具半径右补偿	
▼ G54	11	选择工件坐标系 1	
G55		选择工件坐标系 2	
G56		选择工件坐标系 3	
G57		选择工件坐标系 4	
G58		选择工件坐标系 5	
G59		选择工件坐标系 6	
G65		宏指令简单调用	P, A~Z
G71	06	内径/外径车削复合循环	X, Z, U, W, C, P
G72		端面车削复合循环	Q, R, E
G73		闭环车削复合循环	
G76		螺纹切削复合循环	X, Z, I, K C, P
G80		内/外径车削固定循环	R, E
G81		端面车削固定循环	
G82		螺纹切削固定循环	
▼ G90	13	绝对编程	
G91		增量编程	
G92	00	工件坐标系设定	X, Z
▼ G94	14	每分钟进给	
G95		每转进给	
▼ G96	16	恒线速度有效	S
G97		取消恒线速度	

13.3.3　辅助功能指令

辅助功能(又称 M 功能)的指令由地址字 M 和其后的两位数字组成,主要用于控制机床各种辅助功能的开关动作,以及零件程序的走向。

(1)M功能也有非模态M功能和模态M功能两种。

非模态M功能指令(当段有效代码)只在书写了该代码的程序段中有效。

模态M功能指令(续效代码)是一组可相互注销的M功能指令,这些功能指令在被同一组的另一个功能指令注销前一直有效。

(2)模态M功能组中包含默认功能(表13-2中带▼标记者为默认值),上电时各组M功能将被初始化为默认的M功能。

(3)M功能还可分为前作用M功能和后作用M功能两类:

前作用M功能指令在程序段指定的轴运动之前执行;后作用M功能指令在程序段指定的轴运动之后执行。

M代码规定的功能对不同的机床制造厂来说是不完全相同的,可参考相关机床说明书。

华中世纪星HNC-21T型车床数控系统辅助功能指令及功能说明如表13-2所示。

表13-2 辅助功能指令及功能说明

指　令	是否模态	功能说明	指　令	是否模态	功能说明
M00	非模态	程序暂时停止	M03	模态	主轴正转启动
M02	非模态	程序结束	M04	模态	主轴反转启动
M30	非模态	程序结束并返回程序起点	▼ M05	模态	主轴停止转动
M98	非模态	调用子程序	M07	模态	冷却液开关开
M99	非模态	子程序结束	M08	模态	冷却液开关打开
			▼ M09	模态	冷却液开关关闭

13.3.4　数控系统内定的辅助功能指令

1. 程序暂停指令M00

当数控系统执行到M00指令时,当前程序将暂停执行,以方便操作者进行刀具和工件的尺寸测量、工件调头、手动变速等操作。

暂停时,机床的进给停止,而全部现存的模态信息保持不变,欲继续执行后续程序,需重按操作面板上的"循环启动"键。M00指令为非模态后作用M功能指令。

2. 程序结束指令M02

M02指令一般放在主程序的最后一个程序段中。当数控系统执行到M02指令时,机床主轴的运转、进给运动、冷却液供给全部停止,加工结束。

使用M02指令的程序结束后,若要重新执行该程序,就得重新调用该程序,或在自动加工子菜单下按"F4"键,然后再按操作面板上的"循环启动"键。M02指令为非模态后作用M功能指令。

3. 子程序调用指令M98及子程序返回指令M99

M98指令用于调用子程序。

M99指令用于结束子程序,返回主程序。

13.3.5　PLC设定的辅助功能

1. 主轴功能指令M03、M04、M05

M03指令用来启动主轴,使主轴以程序中编制的主轴速度顺时针方向(从Z轴正向朝Z

轴负向看)旋转。

M04 指令用来启动主轴,使主轴以程序中编制的主轴速度逆时针方向旋转。

M05 指令用来使主轴停止旋转。

M03、M04 指令为模态前作用 M 功能指令;M05 指令为模态后作用 M 功能指令。此外,M03、M04、M05 指令可相互注销。

2. 冷却液开关打开/关闭指令 M07/M09

M07 指令用于打开冷却液开关。

M09 指令用于关闭冷却液开关。

M07 指令为模态前作用 M 功能指令;M09 指令为模态后作用 M 功能指令,M09 指令功能缺省。

13.3.6　主轴功能指令 S、进给功能指令 F 和刀具功能指令 T

1. 主轴功能指令 S

主轴功能指令 S 用于控制主轴转速,其后的数值表示主轴速度,单位为 r/min。

对于有恒线速度功能的切削机床,S 指令指定的是切削线速度,单位为 m/min(G96 指令用于指定恒线速度,G97 指令用于取消恒线速度)。

S 指令是模态指令,S 指令只有在主轴速度可调节时才有效。

对 S 指令指定的主轴速度,可以借助机床控制面板上的主轴倍率开关进行修调。

2. 进给功能指令 F

F 指令表示工件被加工时刀具相对于工件的合成进给速度,F 的单位取决于 G94 指令的单位(mm/min)或 G95 指令的单位(mm/r)。

实现每转进给量与每分钟进给量转化的计算公式为

$$f_m = f_r \times S$$

式中:f_m——每分钟进给量,mm/min;

　　　f_r——每转进给量,mm/r;

　　　S——主轴转数,r/min。

当数控机床工作在 G01、G02 或 G03 方式下时,编程的 F 值一直有效,直到被新的 F 值所取代。而数控机床工作在 G00 方式下,快速定位的速度是各轴的最高速度,与所编 F 值无关。

借助机床控制面板上的倍率按键,可在一定范围内对 F 值进行倍率修调。当执行攻螺纹循环指令 G76、G82 及螺纹切削指令 G32 时,倍率开关失效,进给倍率固定在 100%。

注:① 当使用每转进给量时,必须在主轴上安装一个位置编码器;

　　　② 当采用直径编程时,X 方向的进给速度以半径的变化量表示。

3. 刀具功能指令 T

T 指令用于选刀,其后的四位数字分别表示选择的刀具号和刀具补偿号。T 指令与刀具的关系是由机床制造厂家规定的,具体如何请参考机床厂家的说明书。

执行 T 指令时,数控系统使转塔刀架转动,并选用指定的刀具。

当一个程序段同时包含 T 指令与刀具移动指令时,先执行 T 指令,后执行刀具移动指令。

系统执行 T 指令时,将同时调入刀具半径补偿寄存器中的补偿值。

13.4　数控车床的基本操作

13.4.1　车床数控装置

华中世纪星 HNC-21T 型车床数控系统的操作台如图 13-3 所示。其结构美观、体积小巧（外形尺寸为 420 mm×310 mm×110 mm），操作起来很方便。

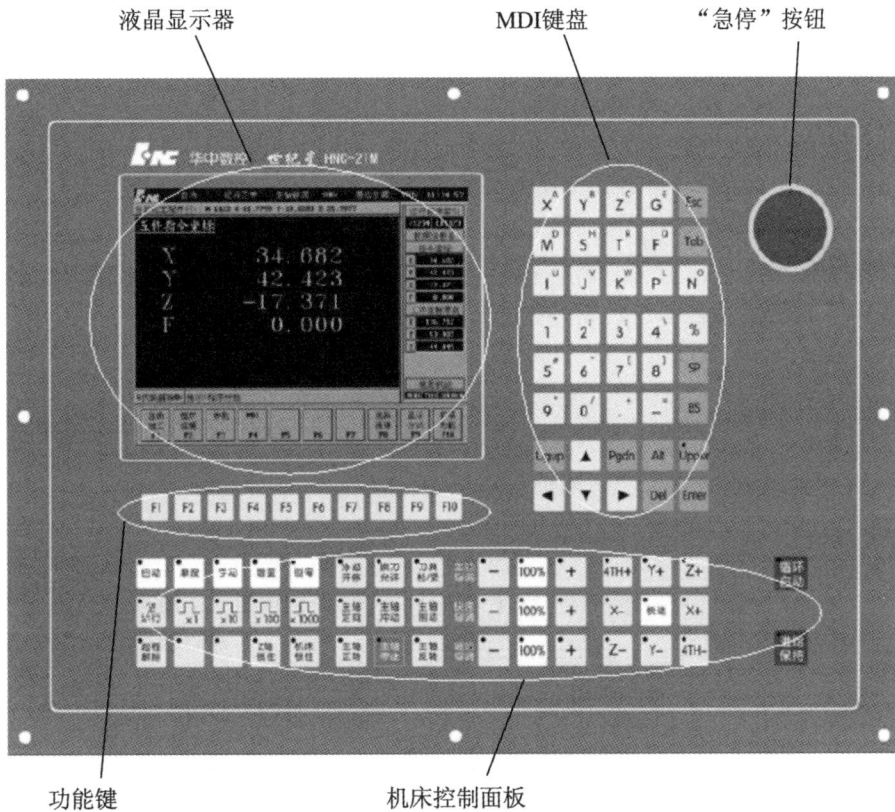

图 13-3　华中世纪星 HNC-21T 型车床数控系统的操作台

1. 液晶显示器

操作台的左上部为 7.5 in 的彩色液晶显示器，其分辨率为 640×480，用于操作信息及故障状态报警信息的显示和加工轨迹的图形仿真。

2. NC 键盘

NC 键盘用于零件程序的编制、参数输入、手动数据输入（MDI）及系统管理操作等。它包括精简型 MDI 键盘和 F1～F10 十个功能键。

标准化的 MDI 键盘介于显示器和"急停"按钮之间，其中大部分键具有上档键功能。当"Upper"键有效时指示灯亮，输入的是上档键的内容。F1～F10 十个功能键位于显示器的正下方。

3. 机床控制面板

机床控制面板（MCP）用于直接控制机床的动作或加工过程（见图 13-4）。标准机床控制

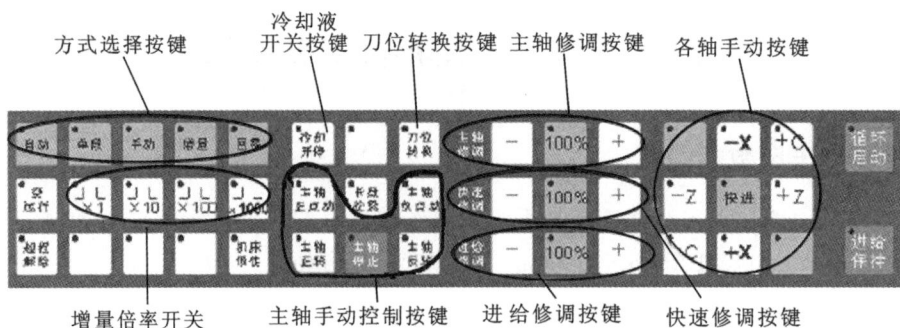

图 13-4　机床控制面板

面板的大部分按钮(除"急停"按钮外)均位于操作台的下部,"急停"按钮位于操作台的右上角。

4. 手持单元

手持单元由手摇脉冲发生器(MPG)、坐标轴选择开关组成,用在手摇方式下,以实现坐标轴的增量进给。

5. 软件操作界面

HNC-21T 型车床数控系统的软件操作界面如图 13-5 所示,其界面由如下几个部分组成:

① 图形显示窗口;　　　② 菜单命令条;

③ 运行程序索引显示区;　④ 选定坐标系下的坐标值显示区;

⑤ 工件坐标零点显示区;　⑥ 倍率修调显示区;

⑦ 辅助功能显示区;　　　⑧ 当前加工程序行显示区;

⑨ 当前加工方式下系统的运行状态显示区。

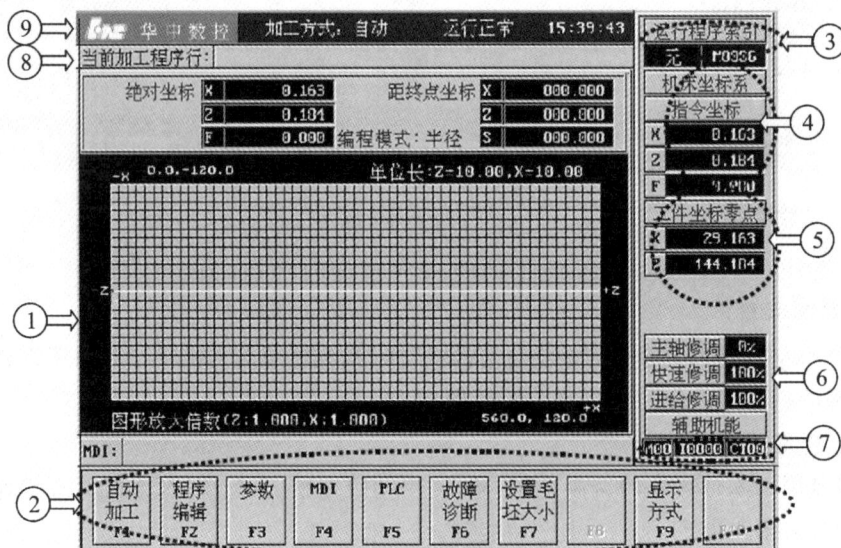

图 13-5　软件操作界面

菜单命令条是操作界面中最重要的部分。它由键盘上的 F1～F10 十个按键组成,单击其中某一按键,操作界面显示相应功能的子菜单。操作界面中的菜单命令条是主菜单。如在图 13-5 所示的界面中,按"F10"键(即扩展功能键),操作界面将显示数控系统的"扩展功能"菜单,而图形显示窗口的内容不变,按"F10"键操作界面又恢复到图 13-5 所示的样子。

13.4.2　数控车床的手动操作

1. 电源接通与关断

合上总电源开关后,先检查电源电压、接线和机床状态是否正常。按下"急停"按钮,机床和数控系统上电。关断前同样需要先按下"急停"按钮,以减少电源对数控系统的冲击。

2. 紧急停止与复位

在机床运行的过程中,当出现危险或紧急情况时,可按下"急停"按钮,中止系统控制,伺服进给运动及主轴运转立即停止,数控系统即进入急停状态。松开"急停"按钮,数控系统进入复位状态。

3. 超程解除

当某轴出现超程现象时,数控系统处于急停状态,显示"超程"报警。要退出超程状态,需一边按住"超程解除"开关,一边在点动方式下,控制该轴向相反方向运动。

4. 方式选择

通过方式选择按键,选择机床的工作方式。有以下几种方式可供选择。

(1)自动运行方式(机床控制由数控系统自动完成):选择"自动"键。

(2)单程序段执行方式:选择"单段"键。

(3)步进进给方式:选择"步进"键。

(4)点动进给方式:选择"点动"键。

(5)返回机床参考点方式:选择"回零"键。

5. 手动运行

1)手动返回机床参考点操作

(1)工作方式选择　选择返回机床参考点方式。

(2)选择坐标轴　每次接通电源后,确保系统处于返回机床参考点方式下。按压"+X"键使 X 轴自动到达机床参考点位置,其状态指示灯亮;按压"+Z"键,使 Z 轴自动到达机床参考点位置,其状态指示灯亮。

2)点动进给及进给速率选择

(1)工作方式选择　选择点动进给方式。

(2)选择坐标轴　按压"+X"或"−X"键、"+Z"或"−Z"键,可分别使 X 轴和 Z 轴到达目标点位置。在点动进给方式下,按压"+X"或"−X"键、"+Z"或"−Z"键,选择的轴将沿正向或负向连续移动,松开按键后轴即减速至停止。点动进给的速率为最大进给速率的 1/3 乘以进给修调开关选择的进给倍率。

将"+X"或"−X"键、"+Z"或"−Z"键分别和"快移"键同时按下,则所选坐标轴将快速沿正向或负向移动,此时速率为最大进给速率乘以进给倍率。

3)增量(步进)进给及增量倍率

(1)工作方式选择　选择步进进给方式。

(2)选择坐标轴　按压"+X"或"−X"键,X 轴按增量倍率移动,其状态指示灯亮;按压"+Z"或"−Z"键,Z 轴按增量倍率移动,其状态指示灯亮。

在增量进给方式下,按下"+X""−X""+Z""−Z"键中的某一个,选择的轴将向正向或负向移动一个增量长度。

增量的大小由增量倍率开关控制,增量倍率和增量长度的对应关系如表13-3所示。

表 13-3　增量倍率和增量长度的对应关系

增量倍率	×1	×10	×100	×1 000
增量长度/mm	0.001	0.01	0.1	1

6. 手动控制机床动作

(1)主轴启停及速度选择　按下"主轴正转"键,主轴电动机正转;按下"主轴反转"键,主轴电动机反转;按下"主轴停止"键,主轴电动机停止运转。

当操作面板上有主轴修调按键时,主轴正转或反转的速度可通过主轴修调按键调节。

(2)冷却液开关　此开关是带锁开关。按下冷却液开关,冷却液开关开启;再次按此开关,冷却液开关关闭。

7. 其他控制操作

(1)机床锁住　禁止机床坐标轴动作。在自动运行开始前,按下"机床锁住"键,再按下"循环启动"键,坐标位置信息变化,但机床不运动。这个功能用于校验程序。

(2)Z轴锁住　禁止进刀。在自动运行开始前,按下"Z轴锁住"键,再按下"循环启动"键,Z轴坐标位置信息变化,但Z轴不运动,因而主轴不运动。

13.4.3　程序编辑

在软件操作界面的菜单命令条中按"F2"键(程序编辑),将会出现表13-4所示的编辑功能键一览表。

表 13-4　编辑功能键一览表

文件管理	选择编辑程序	编辑当前程序	保存文件	文件另存为	删除一行	查找	继续查找替换	替换	返回
F1	F2	F3	F4	F5	F6	F7	F8	F9	F10

1. "文件管理"功能键

在编辑功能子菜单中按"F1"键,将弹出文件管理子菜单,有"新建目录""更改文件名""拷贝文件""删除文件"等选项供选择。

(1)新建目录　在指定的磁盘或目录下建立一个新目录,但指定的新目录名不能与指定的磁盘或目录下已经存在的文件目录同名,否则新建目录将会失败。

(2)更改文件名　将指定的磁盘或目录下的一个文件名称更改成其他的名称,更改后新文件名不能和指定的磁盘或目录下的已经存在的文件同名。

(3)拷贝文件　将指定的磁盘或目录下的一个文件拷贝到其他的磁盘或目录下。拷贝的文件不能和指定的磁盘或目录下的已经存在的文件同名,否则拷贝将会失败。

(4)删除文件　将指定的磁盘或目录下的一个文件彻底删除。被删除的文件如果是只读的,数控系统将不会删除此文件。

2. "选择编辑程序"功能键

在编辑功能子菜单中按"F2"键,将弹出选择编辑程序子菜单,其中有"磁盘程序""当前通道正在加工的程序"两个选项供选择。

(1)磁盘程序　用于选择保存在电子盘、硬盘等中的文件,还可用于生成一个新文件。

（2）当前通道正在加工的程序   用于选择刚加工完毕或自动加工运行中出错的程序。如果程序处于正在加工的状态，编辑器将会用红色的亮条标记当前正在加工的程序行。编辑器禁止编辑当前正在加工的程序行。

对于自动加工运行中出错的程序，应先结束运行，再选择此项，快速调出程序，重新编辑、修改。

3. "编辑当前程序"功能键

编辑当前程序的前提是编辑器已经获得了一个编辑程序。如果在编辑的过程中退出了编辑模式，再返回到编辑模式时，在编辑功能子菜单下按"F3"键（编辑当前程序）即可使当前程序恢复到编辑状态。

4. "保存文件"功能键

用于保存当前编辑的文件。在编辑功能子菜单下按"F4"键（保存文件）即可保存当前程序。如果存盘操作不成功，系统将给出提示信息。可用"文件另存为"功能，将此文件以其他的文件名保存。

5. "文件另存为"功能键

用于将当前正在编辑的文件保存为新的文件。在编辑功能子菜单下按"F5"键（文件另存为），即可通过文件名编辑框输入新的文件名。该功能一般用在将当前文件作为备份或者被编辑的文件是只读文件的情况下。

6. "删除一行"功能键

用于删除正处于编辑状态的程序中的某一行。将光标移到要删除的程序行，在编辑功能子菜单下按"F6"键（删除一行），当前光标处的程序行将自动被删除。

7. "查找"功能键

在编辑功能子菜单下按"F7"键，将弹出"查找"对话框。输入要查找的字符串，按"Enter"键确认。查找总是从光标处开始向程序末尾进行，到程序末尾后再从程序的起始位置继续往下查找。

8. "继续查找替换"功能键

在已经有过查找或替换操作时，可以按"F8"键（继续查找替换）从当前光标处继续查找。"F8"键的功能取决于上一次操作是查找还是替换，如果上一次是查找某字符串，则此次按"F8"键后将继续查找该字符串。

9. "替换"功能键

用于修改、替换指令字。在编辑功能子菜单下按"F9"键（替换），输入要替换的字符串，按"Enter"键确认。按"Esc"键将取消替换操作。

10. 常用键盘操作键

"Del"键：用于删除光标后的字符，删除一个字符后光标位置不变，余下的字符左移一个字符位置。

"Pgup"键：用于将程序向程序首滚动一屏，光标位置不变。如果到了程序的开头位置，则光标移到程序首行的第一个字符位置。

"Pgdn"键：用于将程序向程序尾滚动一屏，光标位置不变。如果到了程序的末尾位置，则光标移到文件最后一行的第一个字符位置。

"BS"键：用于删除光标前面的一个字符，删除一个字符后光标向前移动一个字符位置，余下的字符左移一个字符位置。

"◀"键：用于将光标左移一个字符位置。

"▶"键:用于将光标右移一个字符位置。

"▲"键:用于将光标向上移一行。

"▼"键:用于将光标向下移一行。

"Tab"键:用于将光标移到下一个输入域。

13.4.4　MDI 运行操作

在软件操作界面的主菜单中按"F4"键进入 MDI 功能子菜单。表 13-5 所示为功能键与命令行一览表。

表 13-5　功能键与命令行一览表

刀库表	刀具表	坐标系	返回断点	重新对刀	MDI 运行	MDI 清除	对刀	显示方式	返回
F1	F2	F3	F4	F5	F6	F7	F8	F9	F10

在 MDI 功能子菜单中按"F6"键,进入 MDI 运行方式,命令行的底色变成白色,并且光标闪烁。此时,可以从 NC 键盘上输入一个 G 代码指令段并执行,此即 MDI 运行方式(在自动运行过程中不能进入 MDI 运行方式,可在进给保持后进入)。

1. 输入 MDI 指令段

输入 MDI 的最小单位是一个有效指令字。因此输入一个 MDI 指令段可以采用下述两种方法。

(1) 一次输入,即一次输入多个指令字的信息。

(2) 多次输入,即每次输入一个指令字的信息,输入多次。

例如,要输入"G00 X100 Z1000",可以采用如下操作方法:

① 直接输入"G00 X100 Z1000"并按"Enter"键,MDI 运行显示窗口内关键字 G、X、Z 的值将分别变为"00""100""1000";

② 先输入 G00 并按"Enter"键,MDI 运行显示窗口内将显示大字符 G00。再输入 X100 并按"Enter"键,然后输入 Z1000 并按"Enter"键,显示窗口内将依次显示大字符"X100""Z1000"。

在输入命令时,可以在命令行中看见输入的内容。在按"Enter"键之前,若发现输入错误,可用"BS""▶""◀"等键进行编辑;按"Enter"键后,数控系统若发现输入错误,会给出相应的信息提示。

2. 运行 MDI 指令段

在输入一个 MDI 指令段后,按一下机床控制面板上的"循环启动"键,数控系统即开始运行所输入的 MDI 指令。如果输入的 MDI 指令信息不完整或存在语法错误,数控系统会给出相应的信息提示,此时不能运行 MDI 指令。

3. 修改某一字段的值

在运行 MDI 指令段之前,如果要修改输入的某一指令字,可直接在命令行上输入相应的指令字符及数值。

例如,在输入"X100"并按"Enter"键后,希望将 X 值改为 109,可在命令行上输入"X109"并按"Enter"键。

4. 清除 MDI 指令段

在输入 MDI 数据后,按"F7"键可清除当前输入的所有尺寸字数据(其他指令字依然有效),显示窗口内 X、Z、I、K、R 等字符后面的数据全部消失。此时,可重新输入数据。

5. 停止当前正在运行的 MDI 指令

当系统正在运行 MDI 指令时,按"F7"键可停止 MDI 指令运行。

13.5　数据设置

本节介绍利用 MDI 方式进行数据设置的方法。数据设置主要包括坐标系数据设置、刀库数据设置、刀具数据设置。

13.5.1　坐标系数据设置

1. 手动输入坐标系偏置值

手动输入坐标系偏置值的操作步骤如下:

(1) 在 MDI 功能子菜单下按"F3"键,进入坐标系手动数据输入方式,图形显示窗口首先显示 G54 坐标系数据设置界面。

(2) 按"Pgdn"或"Pgup"键,选择要输入的数据类型:G54、G55、G56、G57、G58、G59 坐标系及当前工件坐标系等的原点偏置值(坐标系原点相对于机床原点的值)或当前相对零点。

(3) 在命令行输入所需数据,如分别输入"X0""Z0"并按"Enter"键,将 G54 坐标系的 X 及 Z 偏置值设置为 0。

(4) 若输入正确,图形显示窗口相应位置将显示修改过的值,否则原值不变。

需要注意的是,在编辑过程中,在按"Enter"键之前,按"Esc"键可退出编辑,此时输入的数据将丢失,数控装置将保持原值不变(下同)。

2. 自动设置坐标系偏置值

在 MDI 方式下自动设置坐标系偏置值的操作步骤如下:

(1) 在 MDI 功能子菜单下按"F8"键,进入坐标系数据自动设置模式;

(2) 按"F4"键,弹出选择坐标系对话框,用"▲""▼"键移动蓝色亮条选择要设置的坐标系;

(3) 选择一把已设置好刀具参数的刀具试切工件外圆,然后沿着 Z 方向退刀;

(4) 按"F5"键,弹出选择坐标轴对话框,用"▲""▼"键移动蓝色亮条选择 X 轴对刀;

(5) 按"Enter"键,弹出试切后工件的半(直)径值输入框;

(6) 输入试切后工件的直径值(对于直径编程)或半径值(对于半径编程),数控系统将自动设置所选坐标系下的 X 轴零点偏置值;

(7) 选择一把已设置好刀具参数的刀具试切工件端面,然后沿着 X 方向退刀;

(8) 按"F5"键,弹出选择坐标轴对话框,选择 Z 轴对刀;

(9) 按"Enter"键,弹出试切后工件的半(直)径值输入框;

(10) 输入试切端面到所选坐标系的 Z 轴零点的距离,数控装置将自动设置所选坐标系下的 Z 轴零点偏置值。

需要注意的是,自动设置坐标系原点偏置值前,机床必须先回机床原点,试切端面到 Z 轴原点的距离有正负之分。

13.5.2　刀库数据设置

手动输入刀库数据的操作步骤如下:

(1) 在 MDI 功能子菜单下按"F1"键,进行刀库设置,图形显示窗口将出现刀库数据;

（2）用"▲""▼""►""◄""Pgup"或"Pgdn"键移动蓝色亮条选择要编辑的选项；

（3）按"Enter"键，蓝色亮条所指刀库数据的颜色和背景都会变化，同时有一光标闪烁；

（4）用"►""◄""BS"或"Del"键进行编辑修改；

（5）修改完毕后，按"Enter"键确认；

（6）若输入正确，图形显示窗口相应位置将显示修改过的值，否则保持原值不变。

13.5.3　刀具数据设置

1. 手动输入刀具参数

手动输入刀具参数的操作步骤如下：

（1）在 MDI 功能子菜单下按"F2"键，进行刀具设置，图形显示窗口将出现刀具数据设置界面；

（2）用"▲""▼""►""◄""PgUp"或"PgDn"键移动蓝色亮条选择要编辑的选项；

（3）按"Enter"键，蓝色亮条所指刀具数据的颜色和背景都会变化，同时有一光标闪烁；

（4）用"►""◄""BS""Del"等键进行编辑修改；

（5）修改完毕后，按"Enter"键确认；

（6）若输入正确，图形显示窗口相应位置将显示修改过的值，否则保持原值不变。

2. 自动设置刀具偏置值

在 MDI 方式下自动设置刀具偏置值的操作步骤如下：

（1）在 MDI 功能子菜单下按"F8"键，进入刀具偏置值自动设置方式；

（2）按"F7"键，弹出标准刀具刀号输入框；

（3）输入正确的标准刀具刀号；

（4）使用标准刀具试切工件外径，然后沿着 Z 方向退刀；

（5）按"F8"键，用"▲""▼"键移动蓝色亮条选择标准刀具 X 坐标值；

（6）按"Enter"键，弹出试切后工件的半（直）径值输入框；

（7）输入试切后工件的直径值（对于直径编程）或半径值（对于半径编程），数控装置将自动记录试切后标准刀具 X 坐标值；

（8）使用标准刀具试切工件端面，然后沿着 Z 方向退刀；

（9）按"F8"键，用"▲""▼"键移动蓝色亮条选择标准刀具 Z 坐标值；

（10）按"Enter"键，系统将自动记录试切后标准刀具 Z 坐标值；

（11）按"F2"键，用"▲""▼"键移动蓝色亮条选择要设置的刀具偏置值；

（12）使用需设置刀具偏置值的刀具试切工件外圆，然后沿着 Z 方向退刀；

（13）按"F9"键，用"▲""▼"键移动蓝色亮条选择 X 轴补偿；

（14）按"Enter"键，弹出试切后工件的半（直）径值输入框；

（15）输入试切后工件的直径值（对于直径编程）或半径值（对于半径编程），数控装置将自动计算并保存该刀具相对标准刀具的 X 轴偏置值；

（16）使用需设置刀具偏置值的刀具试切工件端面，然后沿着 Z 方向退刀；

（17）按"F9"键，用"▲""▼"键移动蓝色亮条选择 Z 轴补偿；

（18）按"Enter"键，弹出输入 Z 轴距离对话框；

（19）输入试切端面到标准刀具试切端面的距离，数控装置将自动计算并保存该刀具相对标准刀具的 Z 轴偏置值。

需要注意的是，如果已知该刀的偏置值，可以手动输入数据值，而且刀具的磨损补偿值同样需要手动输入。

13.6 　车削加工编程实例

例 13-1　端面及外圆数控车削实例：车削加工图 13-6 所示的零件，材料为 45 钢，需要加工端面、外圆，并且切断。毛坯为 45 mm×140 mm 的棒材圆钢。

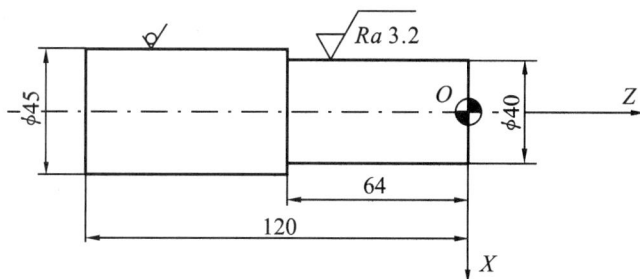

图 13-6　端面及外圆数控车削加工图

解　端面及外圆数控车削加工程序及其注释如表 13-6 所示。

表 13-6　端面及外圆数控车削加工程序

程　　　序	注　　　释
%0001	程序号
N0010　G92　X100.00　Z100.00;	设置工件原点(右端面)
N0020　G90;	采用绝对值编程
N0030　M06　T0101;	取 01 号刀具
N0040　M03　S600　M07;	主轴顺时针旋转，转速为 600 r/min，打开冷却液开关
N0050　G00　X46.0　Z0.0;	快速走刀到车端面起始点
N0060　G01　X−1.0　Z0　F0.2;	以 0.2 mm/min 的进给率车端面
N0070　G00　X−1.0　Z1.0;	退刀
N0080　G00　X100.0　Z100.0;	回换刀点
N0090　M02　T0202;	换 02 号 90°偏刀
N0100　G00　X40.4　Z1.0;	快速走刀到粗车起始点
N0110　G01　X40.4　Z−64.0　F0.3;	粗车外圆
N0120　G00　X100.0　Z100.0;	回换刀点
N0130　M06　T0303;	换 03 号 90°偏刀
N0140　G00　X40.0　Z1.0;	快速走刀到精车起始点
N0150　M03　S1000;	主轴顺时针旋转，转速为 1 000 r/min
N0160　G01　X40.0　Z−64.0　F0.05;	精车 φ40.0 mm 外圆尺寸到指定尺寸
N0170　G00　X100.0　Z100.0;	回换刀点
N0180　M06　T0404;	换 04 号切断刀
N0190　G00　X50.0　Z−124.0;	快速走刀到切断起始点
N0200　G01　X−1.0;	切断
N0210　G01　X50.0;	退刀

程　　序	注　　释
N0220　G00　X100.0　Z100.0;	回换刀点
N0230　T0400;	取消刀具半径补偿
N0240　M05　M09;	主轴停转,冷却液开关关闭
N0250　M30	程序结束

例 13-2　圆锥、倒角数控车削加工实例:数控加工图 13-7 所示的零件,材料为 45 钢,采用锻造毛坯,毛坯余量为 5 mm(直径),其大直径端多留 30 mm 用作夹紧长度。

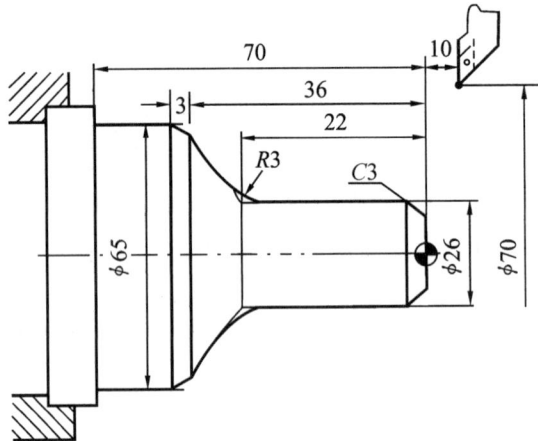

图 13-7　圆锥、倒角数控车削加工图

解　圆锥、倒角数控车削加工程序及其注释如表 13-7 所示。

表 13-7　圆锥、倒角数控车削加工程序

程　　序	注　　释
%0002	程序号
N0010　G92　X100.0　Z100.0;	设置工件原点(右端面)
N0020　G91;	采用增量坐标编程
N0030　M06　T0101;	取 01 号刀具
N0040　M03　S1000　M07;	主轴顺时针旋转,转速为 1 000 r/min,打开冷却液开关
N0050　G00　X−100.0　Z−100.0;	从编程规划起始点移到工件前端面中心处
N0060　G01　X26.0　C3.0　F0.1;	加工 C3 倒角
N0070　Z−22.0　R3.0;	倒 R3 圆角
N0080　X39.0　Z−14.0　C3.0;	加工 C3 倒角
N0090　Z−34.0;	加工 ϕ65 外圆
N0100　G00　X35.0　Z170.0;	回到编程起始点
N0110　T0100;	取消刀具半径补偿
N0120　M05　M09;	主轴停转,关闭冷却液开关
N0130　M30	程序结束并复位

例 13-3　轴类零件数控车削加工实例:在数控车床上加工一个如图 13-8 所示的轴类零件,该零件由外圆柱面、外圆锥面、圆弧面构成,零件的最大外径是 38 mm,所选取毛坯为 40 mm×80 mm 的圆棒料,材料为 45 钢。

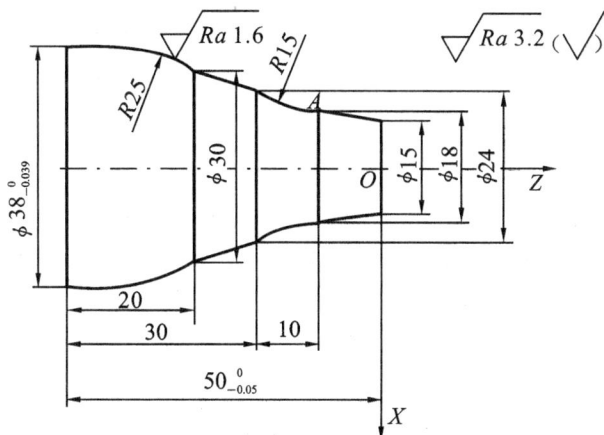

图 13-8 加工轴类零件图

解 加工图 13-8 所示的轴类零件的数控车削加工程序及其注释如表 13-8 所示。

表 13-8 轴类零件的数控车削加工程序及其注释

程　　　序	注　　　释
％0003	程序号
N0010　G92　X100.0　Z100.0;	工件坐标系设定
N0020　M06　T0101;	调用 01 号刀具,01 号刀具半径补偿
N0030　M03　S450　M07;	主轴正转,打开冷却液开关
N0040　G90　G00　X42.0　Z2.0;	快速走刀到点(42.0,2.0)
N0050　G01　Z0　F0.25;	移到车端面始点
N0060　X−1.0;	车端面,进给量为 0.25 mm/r
N0070　G90　G00　X100.0　Z100.0;	快速回换刀点
N0080　T0100;	取消 01 号刀具半径补偿
N0090　M06　T0202　S700;	换 T02 号刀具
N0095　G00　X50.0　Z2.0;	快进至粗车循环始点
N0100　G71　U2.0　W0　R1.0　P110　Q170　X0.5　Z0　F0.3;	调用粗车循环
N0110　G01　X15.0　Z2.0;	快进至加工起始点
N0120　Z0;	到达端面
N0130　G01　X18.0　Z−10.0;	车圆锥面
N0140　G02　X24.0　Z−20.0　R15.0;	车 R15 过渡圆弧
N0150　G01　X30.0　Z−30.0;	车圆锥面
N0160　G03　X37.98　Z−45.0　R25.0;	车 R25 的外圆
N0170　G01　Z−52.0;	车 φ38 的外圆
N0180　G90　G00　X100.0　Z100.0;	退刀
N0190　T0200;	取消 02 号刀具半径补偿
N0200　M06　T0303　S600;	回换刀点,换 03 号刀具
N0210　G90　G00　X42.0　Z−54.0;	快速移动至点(42.0,−54.0)
N0220　G01　X−1.0　Z0.1;	切断(假定切刀宽 4 mm)
N0230　G90　G00　X100.0　Z100.0;	回换刀点

程　　序	注　　释
N0240　T0300；	取消刀具半径补偿
N0250　M05　M09；	主轴停转,关闭冷却液开关
N0260　M30	程序结束

例 13-4　带螺纹的轴类零件加工实例:在数控车床上加工如图 13-9 所示的带螺纹的轴类零件,该零件由外圆柱面、槽及螺纹构成,其中零件的最大外径为 28 mm,加工精度要求较高,并需加工 M20×1.5 mm 的螺纹,其材料为 45 钢。选择毛坯尺寸为 30 mm×90 mm 的圆棒料。

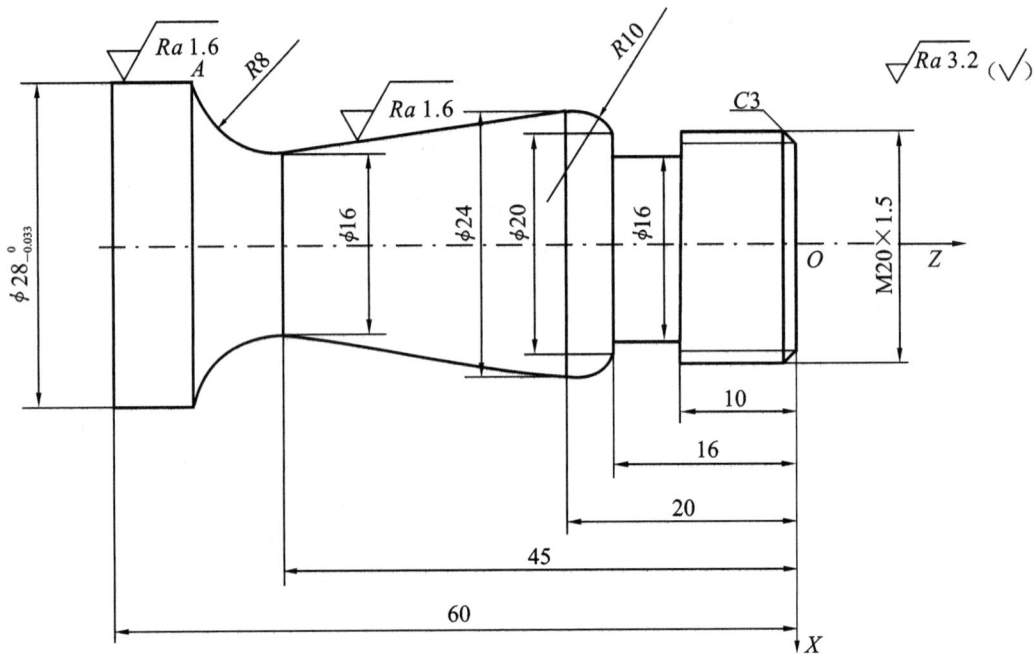

图 13-9　带螺纹的轴类零件图

解　加工图 13-9 所示的带螺纹的轴类零件的数控车削加工程序及其注释如表 13-9 所示。

表 13-9　带螺纹的轴类零件的数控车削加工程序及其注释

程　　序	注　　释
％0008	程序号
N0010　G92　X80.0　Z100.0；	工件坐标系设定
N0020　M06　T0101；	调用 01 号刀具,01 号刀具半径补偿
N0030　M03　S500　M07；	主轴正转,打开冷却液开关
N0040　G90　G00　X32.0　Z2.0；	快速走刀到点(32.0,2.0)
N0050　G01　Z0　F0.2；	移到车端面起始点
N0060　X−1.0；	车端面,进给量为 0.2 mm/r
N0070　G90　G00　X80.0　Z100.0；	快速回到换刀点
N0080　T0100；	取消 01 号刀具半径补偿
N0090　M06　T0202；	换 T02 号刀具

续表

程　　序	注　　释
N0100　S600;	主轴以 600 r/min 的转速正转
N0110　G0　X32.0　Z3.0;	到循环起始点位置
N0120　G71　U1.0　R1.0　P0140　Q0210　E0.3　F0.3;	凹槽粗切循环加工
N0130　G00　X80.0　Z100.0;	粗加工后,回到换刀点位置
N0135　T0200;	取消刀具半径补偿
N0140　M06　T0303;	换 03 号刀具
N0150　G01　X18.0　Z1.0　F0.15;	精加工轮廓开始,到倒角延长线处
N0160　G01　X20.0　Z−0.5;	精加工 C3 倒角
N0170　Z−16.0;	精加工 $\phi16$ 外圆
N0180　G03　X24.0　Z−20.0　R10.0;	精加工 R10 圆弧
N0190　G01　X16.0　Z−45.0;	精加工圆锥面
N0200　G02　X28.0　Z−53.0　R8.0;	精加工 R8 外圆
N0210　G01　Z−62.0;	精加工 $\phi28$ 外圆
N0220　G90　G00　G40　X80.0　Z100.0;	退出已加工表面,精加工轮廓结束
N0230　T0300;	取消半径补偿,返回换刀点位置
N0240　M06　T0404　S500;	换 04 号刀具
N0250　G90　G00　X32.0　Z−16.0;	快速移至点(32.0,−16.0)
N0260　G01　X20.0　F0.5;	接近工件表面
N0270　G01　X16.0　F0.08;	切槽(假定切刀宽 4 mm)
N0280　G01　X22.0　F0.5;	退刀
N0290　Z−14.0;	移动至点(22.0,−14.0)
N0300　G01　X16.0　F0.8;	切槽
N0310　G01　X22.0　F0.5;	退刀
N0320　G90　G00　X100.0　Z100.0;	回换刀点
N0330　T0400;	取消刀具半径补偿
N0340　M06　T0505;	换 05 号刀具
N0350　G90　G00　X25.0　Z4.0;	快速移动至点(25.0,4.0)
N0360　G82　X19.05　Z−14.0　F1.5;	车螺纹
N0370　G82　X18.55　Z−14.0　F1.5;	车螺纹
N0380　G82　X18.3　Z−14.0　F1.5;	车螺纹
N0390　G82　X18.15　Z−14.0　F1.5;	车螺纹
N0400　G82　X18.05　Z−14.0　F1.5;	车螺纹
N0410　G90　G00　X100.0　Z100.0;	回换刀点
N0420　T0500;	取消刀具半径补偿
N0430　M06　T0404;	换 04 号刀具
N0440　G90　G00　X32.0　Z−64.0;	快速移动至切断起始点
N0450　G01　X−1.0　F0.08;	切断(假定切刀宽 4 mm)
N0460　G90　G00　X100.0　Z100.0;	回换刀点
N0470　T0400;	取消刀具半径补偿
N0480　M05　M09;	主轴停转,关闭冷却液开关
N0490　M30;	程序结束

数控车削实习安全操作规程

（1）进入数控车削实训场地后，应服从安排，不得擅自启动或操作车床数控系统。

（2）按规定穿戴好劳动保护用品。

（3）不准穿高跟鞋、拖鞋上岗，不允许戴手套和围巾进行操作。

（4）开机床前，应该仔细检查车床各部分机构是否完好，各传动手柄、变速手柄的位置是否正确，还应按要求认真对数控机床进行润滑保养。

（5）操作数控系统面板时，对各按键及开关的操作不得用力过猛，更不允许用扳手或其他工具进行操作。

（6）完成对刀后，要进行模拟换刀试验，以防止正式操作时发生撞坏刀具、工件或设备等事故。

（7）在数控车削过程中，因观察加工过程的时间长于操作时间，所以一定要选择好操作时的观察位置，不允许随意离开实训岗位，以确保安全。

（8）严禁两人同时操作数控系统面板与数控机床。

（9）自动运行加工时，操作者应集中思想，左手应放在"程序停止"键上，眼睛观察刀尖运动情况，右手控制修调开关，控制机床拖板的运行速率，发现问题及时按下"程序停止"键，确保刀具和数控机床的安全，防止各类事故发生。

（10）实训结束时，除了按规定保养数控机床外，还应认真做好交接班工作，必要时应做好文字记录。

第14章   数控铣削加工

14.1   概   述

数控铣床是一种功能很强的数控机床,它加工范围广,涉及的技术问题多。目前迅速发展的加工中心、柔性制造系统等都是在数控铣床的基础上产生、发展起来的。数控铣床主要用于加工平面和曲面轮廓的零件,还可以加工具有复杂形面的零件,如凸轮、样板、模具、螺旋槽等,同时也可对零件进行钻、扩、铰、锪和镗孔加工。但因数控铣床不具备自动换刀功能,所以不能满足复杂的孔加工的要求。本章介绍采用华中世纪星 HNC-21M 型铣床数控系统进行数控铣削加工的过程。

14.2   数 控 铣 床

14.2.1   数控铣床的组成

数控铣床的机械结构主要由以下几部分组成。

(1)主传动系统:包括动力源、传动件及主运动执行件(主轴)等,其功用是将驱动装置的运动及动力传给执行件,实现主切削运动。

(2)进给传动系统:包括动力源、传动件及进给运动执行件(如工作台、刀架)等,其功用是将伺服驱动装置的运动与动力传给执行件,实现进给切削运动。

(3)基础支承件:包括床身、立柱、导轨、滑座、工作台等,它们用于支承机床的各主要部件,并使其在静止或运动中保持相对正确的位置。

(4)辅助装置:辅助装置视数控机床的不同而异,如自动换刀系统、液压气动系统、润滑冷却装置等。

图 14-1 所示为 XK5040A 型数控铣床的外形。床身固定在底座上,用于安装和支承机床各部件;操作台上有显示器、机床操作按钮和各种开关及指示灯;纵向工作台、横向溜板安装在升降台上,通过纵向进给伺服电动机、横向进给伺服电动机和竖直升降进给伺服电动机的驱动,实现 X、Y、Z 坐标轴的进给;强电柜中装有机床电气部分的接触器、继电器等;变压器箱安装在床身立柱的后面;数控柜内装有机床数控系统;保护开关可实现坐标轴纵向行程硬限位;主轴变速手柄和按钮板用于手动调节主轴的正转、反转、停止及冷却液开关的开启和关闭等。

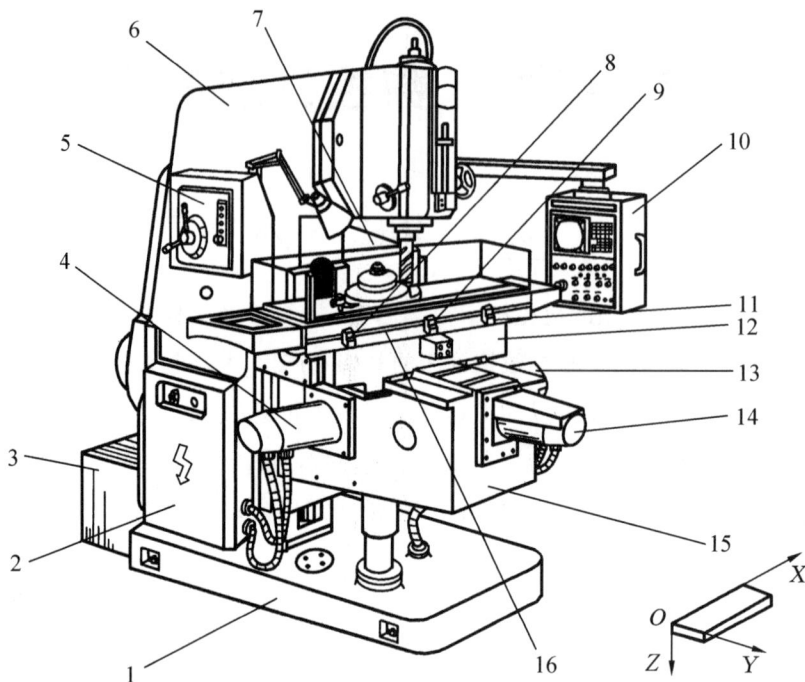

图 14-1　XK5040A 型数控铣床的外形

1—底座；2—强电柜；3—变压器箱；4—竖直升降进给伺服电动机；5—变速手柄和按钮板；

6—床身；7—数控柜；8、11—保护开关；9—挡铁；10—操作台；12—横向溜板；

13—纵向进给伺服电动机；14—横向进给伺服电动机；15—升降台；16—纵向工作台

14.2.2　数控铣床分类

数控铣床也像通用铣床那样，可以分为立式、卧式和立卧两用数控铣床三种。各类铣床配置的数控系统不同，其功能也不尽相同。

（1）立式数控铣床　其主轴与工作台垂直，适用于加工平面凸轮、样板、形状复杂的平面或立体零件，以及模具的型腔等。一般情况下，铣床可控制的坐标轴越多，机床的功能就越多，加工范围就越宽，可选择的加工对象也就越多。目前用到的立式数控铣床多为三坐标联动的，即可以同时控制三个坐标轴运动的数控铣床，如图 14-2 所示。

（2）卧式数控铣床　其主轴轴线平行于水平面，为了扩大加工范围和增加数控铣床功能，常采用增加数控转盘或万能数控转盘的方法来实现四、五轴坐标加工，这样可以省去很多专用夹具或专用角度成型铣刀，适合加工箱体类零件及在一次安装中可以改变工位的零件。图 14-3 所示为卧式数控铣床。

（3）立卧两用数控铣床　其主轴方向可以更换或做 90°旋转，在一台机床上既能进行立式加工，又能进行卧式加工。图 14-4 所示为立卧两用数控铣床。

主轴方向的更换方法有手动和自动两种，可以配备数控万能主轴头，主轴头的方向可以任意转换，柔性极好，适合加工复杂的箱体类零件。

另外：数控铣床如果按照体积来分，可以分为小型数控铣床、中型数控铣床和大型数控铣床；如果按控制的联动坐标轴数来分，又可以分为两轴半控制、三轴控制和多轴控制数控铣床。

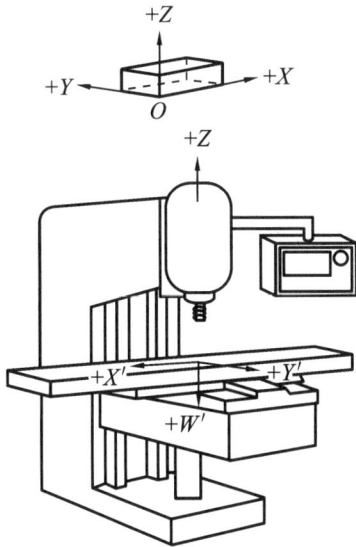

图 14-2 立式数控铣床   图 14-3 卧式数控铣床

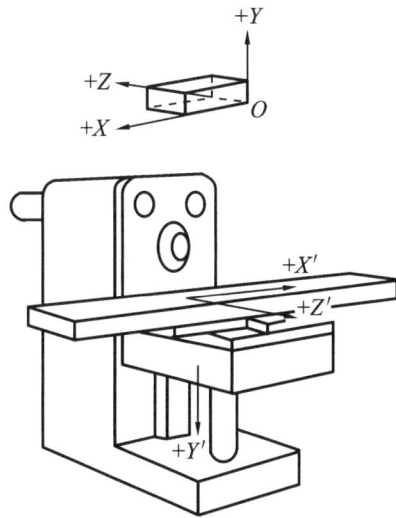

图 14-4 立卧两用数控铣床

14.2.3 数控铣床的工作原理

数控加工程序提供了刀具运动的起点、终点和运动轨迹,刀具从起点到终点的运动轨迹则由数控系统的插补装置或插补软件来控制。严格来说,为了满足加工要求,刀具运动轨迹应该准确按零件的轮廓形状生成。然而,对于复杂的曲线轮廓,直接计算刀具运动轨迹非常复杂,计算工作量很大,不能满足数控加工的实时控制要求。因此,在实际加工中,是用一小段直线或圆弧去逼近(或称为拟合)零件轮廓曲线,即通常所说的直线和圆弧插补。某些高性能的数控系统还具有抛物线、螺旋线插补功能,可完成轮廓起点和终点之间的中间点的坐标值计算。目前,普遍应用的插补算法为脉冲增量插补算法和数据采样插补算法两大类。

数控铣床的加工过程如下。

(1)根据被加工零件的形状、尺寸、材料及技术要求等,确定工件加工的工艺过程、刀具相对工件的运动轨迹、切削参数及辅助动作顺序等,进行零件加工的程序设计。

(2)用规定的代码和程序格式编写零件加工程序。

(3)将加工程序输入数控装置。

(4) 启动机床后,数控装置根据输入的信息进行一系列的运算和控制处理,将结果以脉冲形式送往机床的伺服系统(如步进电动机、直流伺服电动机、电液脉冲马达等)。

(5) 伺服系统驱动机床的运动部件,使机床按程序预定的轨迹运动,从而加工出合格的零件。

14.3　数控铣床编程指令

14.3.1　数控铣床编程要点

数控编程指令字符主要有 G、M、S、T、X、Y、Z 等,基本都已标准化,但不同的数控系统的程序不能完全通用,具体情况需要参照相应系统的编程说明书。下面以华中世纪星 HNC-21M 型铣床数控系统为例来进行介绍。

1. 程序书写规定

(1) 当前程序段的终点为下一程序段的起点。

(2) 上一程序段中出现的模态值,下一程序段中如果不变则可以省略,X、Y、Z 坐标值如果没有变化可以省略。

(3) 程序的执行顺序与程序号无关,只按程序段书写的先后顺序执行,程序号可任意安排,也可省略。

(4) 在同一程序段中,程序的执行与指令字符的书写顺序无关,按数控系统自身设定的顺序执行,但一般按一定的顺序书写,即 N、G、X、Y、Z、F、M、S、T。

2. 刀具半径补偿功能的使用

(1) 只在相应的平面内有直线运动时才能建立和取消刀具半径补偿,即 G40、G41、G42 指令后必须跟 G00、G01 指令才能建立和取消刀具半径补偿。

(2) 进行刀具半径补偿后,刀具的移动轨迹与编程轨迹不一致,但加工出来的轮廓与用户想要的工件轮廓一致。编程时本来封闭的轨迹,在程序校验中显示出来时可能不封闭或有交叉,这不一定是错的。检查方法是将刀具半径补偿取消(删去 G41、G42、G40 指令或将刀具半径补偿值设为 0)再校验,看其是否封闭。若封闭就是对的,不封闭就是错的。

(3) 刀具半径补偿给用户带来了很大的便利,使得编程时不必考虑刀具的具体形状,而只需按工件轮廓编程,但也带来了一些麻烦,若考虑不周会造成过切或欠切的现象。

(4) 在每一程序段中,刀具移动到的终点位置,不仅与终点坐标有关,而且与下一程序段刀具运动的方向有关,应避免出现夹角过小或过大的运动轨迹。

(5) 防止出现多个无轴运动的指令,否则有可能产生过切或欠切现象。

(6) 可以用同一把刀调用不同的刀具半径补偿值,用相同的子程序来实现粗、精加工。

3. 子程序

(1) 编写子程序时,应采用模块化方法,即每一个子程序或每一个程序的组成部分(某一局部加工功能)都相对自成体系,应单独设置 G20、G21、G22、G90、G91、S、T、F、G41、G42、G40 等指令,以免其相互干扰。

(2) 在编写程序时先编写主程序,再编写子程序,程序编写后应按程序的执行顺序再检查一遍,这样便于发现问题。

(3) 如果调用程序时使用刀具半径补偿,则刀具半径补偿的建立和取消应在子程序中进行,如果必须在主程序中建立则应在主程序中取消。刀具半径补偿绝不能在主程序中建立,在子程序中取消,也不能在子程序中建立,在主程序中取消,否则极易出错。

（4）充分发挥相对编程的功用。可以在子程序中进行相对编程,连续调用子程序多次,实现 X、Y、Z 轴中某一轴的进给,以实现连续的进给加工。

4. 其他要求

用 G00 指令可将刀具移近工件,但不能到达切入位置（防止碰撞）,只能利用 G01 指令切入。

5. 编程的要求

（1）要能保证加工精度。

（2）路径规划合理,空行程少,程序运行时间短,加工效率高。

（3）能充分发挥数控系统的功能,提高加工效率。

（4）程序结构合理、规范、易读、易修改、易查错,最好采用模块化编程方式。

（5）语句尽可能少。

（6）书写清楚、规范。

6. 程序中需注释的内容

（1）原则:简繁适当。如果程序是由初学者编制或给初学者看的,应力求详细,可每条语句都注写;对于经验丰富的人则可少写。

（2）各子程序功用和各加工部分改变时需注明。

（3）换刀或同一把刀采用不同刀具半径补偿方式时需注明。

（4）对称中心和对称轴、旋转中心和旋转轴、缩放中心应注明。

（5）需暂停、停车测量或改变夹紧位置时应注明。

（6）在程序开始处应对程序做必要的说明。

14.3.2   准备功能指令

准备功能（又称 G 功能）指令由字符 G 和两位或三位数字组成。它用来规定刀具和工件的相对运动轨迹、机床坐标系、坐标平面,以及刀具补偿、坐标偏置等多种加工操作。如 G01 指令代表直线插补,G42 指令代表刀具半径右补偿等。

（1）G 功能有非模态 G 功能和模态 G 功能之分。

① 非模态 G 功能只在所规定的程序段中有效,程序段结束时被注销。例如:

N10   G04   P10.0;   延时 10 s

N11   G91   G00   X−10.0   F200;   沿−X 方向移动 10 mm

N10 程序段中 G04 是非模态 G 代码,不影响 N11 程序段的执行。

② 模态 G 功能是一组可相互注销的 G 功能,这些 G 功能一旦被执行,则一直有效,直到被同一组的 G 功能注销为止。例如:

N15   G91   G01   X−10.0   F200;

N16   Y10.0;   G91,G01 仍然有效

N17   G03   X20   Y20   R20;   G91 有效,G01 无效

（2）某些模态 G 功能组中包含默认 G 功能（见表 14-1 中带有 ▼ 标记者）,数控装置上电时各组 G 功能将被初始化为默认的 G 功能。

（3）不同组的 G 代码可以放在同一程序段中,而且与顺序无关。例如:

G91   G00   G17   G40   X50   Y50

华中世纪星 HNC-21M 型铣床数控系统准备功能指令如表 14-1 所示。

表 14-1　准备功能指令

指　　　令	组	功 能 说 明	后续地址字
G00		▼ 快速定位	X、Y、Z、A、B、C、U、V、W
G01	01	直线插补	X、Y、Z、A、B、C、U、V、W
G02		顺圆插补	X、Y、Z、U、V、W、I、J、K、R
G03		逆圆插补	X、Y、Z、U、V、W、I、J、K、R
G04		暂停	X
G07	00	虚轴指定	X、Y、Z、A、B、C、U、V、W
G09		准停校验	X、Y、Z、A、B、C、U、V、W
G11	07	▼ 单段允许	
G12		单段禁止	
G17		▼ $X(U)Y(V)$平面选择	X、Y、U、V
G18	02	$Z(W)X(U)$平面选择	X、Z、U、W
G19		$Y(V)Z(W)$平面选择	Y、Z、V、W
G20		英寸输入	
G21	08	▼ 毫米输入	
G22		脉冲当量	
G24	03	镜像开	X、Y、Z、A、B、C、U、V、W
G25		▼ 镜像关	
G28	00	返回到参考点	X、Y、Z、A、B、C、U、V、W
G29		由参考点返回	同上
G33	01	螺纹切削	X、Y、Z、A、B、C、U、V、W、F、Q
G40		▼ 取消刀具半径补偿	
G41	09	刀具半径左补偿	D
G42		刀具半径右补偿	D
G43		刀具长度正向补偿	H
G44	10	刀具长度负向补偿	H
G49		▼ 刀具长度补偿取消	
G50	04	▼ 缩放关	
G51		缩放开	X、Y、Z、P
G52	00	局部坐标系设定	X、Y、Z、A、B、C、U、V、W
G53		直接机床坐标系编程	
G54		工件坐标系 1 选择	
G55		工件坐标系 2 选择	
G56	11	工件坐标系 3 选择	
G57		工件坐标系 4 选择	
G58		工件坐标系 5 选择	
G59		工件坐标系 6 选择	

续表

指　　令	组	功　能　说　明	后续地址字
G60	00	单方向定位	X、Y、Z、A、B、C、U、V、W
G61	12	▼精确停止校验方式	
G64		连续方式	
G65	00	子程序调用	P,L
G68	05	▼旋转变换	X、Y、Z、R
G69		旋转取消	X、Y、Z、R
G73	06	深孔钻削循环	X、Y、Z、P、Q、R
G74		逆攻螺纹循环	同上
G76		精镗循环	同上
G80		固定循环取消	同上
G81		定心钻削循环	同上
G82		钻孔循环	同上
G83		深孔钻削循环	同上
G84		攻螺纹循环	同上
G85		镗孔循环	同上
G86		镗孔循环	同上
G87		反镗循环	同上
G88		镗孔循环	同上
G89		镗孔循环	同上
G90	13	▼绝对编程	
G91		增量编程	
G92	11	工件坐标系设定	X、Y、Z、A、B、C、U、V、W
G94	14	▼每分钟进给	
G95		每转进给	
G98	15	固定循环返回到其起始点	
G99		▼固定循环返回到R点	

14.3.3　辅助功能指令

辅助功能指令由地址字 M 和其后的两位数字组成,主要用于控制机床各种辅助功能的开关动作,以及零件程序的走向。

(1) M 功能也有非模态 M 功能和模态 M 功能两种。

非模态 M 功能(当段有效代码)只在书写了相应指令的程序段中有效。

模态 M 功能(续效代码)是一组可相互注销的 M 功能,这些功能在被同一组的另一个功能指令注销前一直有效。

(2) 模态 M 功能组中包含默认 M 功能(见表 14-2),上电时各组 M 功能将被初始化为默认 M 功能。

(3) M 功能还可分为前作用 M 功能和后作用 M 功能两类。

前作用 M 功能:在程序段指定的轴运动之前执行的 M 功能。

后作用 M 功能：在程序段指定的轴运动之后执行的 M 功能。

M 指令规定的功能对不同的机床制造厂来说是不完全相同的，可参考相关机床说明书。

（4）HNC-21M 型铣床数控系统的辅助功能指令及功能说明如表 14-2 所示（带有 ▼ 标记者为默认功能）。

表 14-2　辅助功能指令及功能说明

指　令	模态情况	功能说明	指　令	模态情况	功能说明
M00	非模态	程序暂时停止	M03	模态	主轴正转启动
M02	非模态	程序结束	M04	模态	主轴反转启动
M30	非模态	程序结束并返回程序起点	▼M05	模态	主轴停止转动
			M06	非模态	换刀
M98	非模态	调用子程序	M07	模态	冷却液开关打开
M99	非模态	子程序结束	▼M09	模态	冷却液开关停止

HNC-21M 型铣床数控系统 M 指令中，M00、M02、M30、M98、M99 是数控系统内定的辅助功能指令，用于控制零件程序的走向。其余 M 指令用于机床各种辅助功能的开关动作，功能由 PLC 程序指定。此外，在一个程序段中仅能指定一个 M 指令。

14.3.4　数控系统内定的辅助功能指令

1. 程序暂停指令 M00

当数控系统执行到 M00 指令时，当前程序将暂停执行，以便于操作者进行刀具和工件的尺寸测量、工件调头、手动变速等操作。

2. 程序结束指令 M02

M02 指令一般放在主程序的最后一个程序段中，表示主程序结束。使用 M02 指令结束程序后，若要重新执行该程序，就得重新调用该程序，或在自动加工子菜单下按"F4"键（请参考 HNC-21M 操作说明书），然后再按操作面板上的"循环启动"键。

3. 程序结束并返回到零件程序头指令 M30

M30 指令除具有 M02 指令功能外，还兼有使系统返回零件程序的开头执行程序的作用。使用 M30 指令的执行程序结束后，若要重新执行该程序，只需再次按操作面板上的"循环启动"键。

4. 子程序调用指令 M98 及从子程序返回指令 M99

M98 指令用来调用子程序。子程序结束后，执行 M99 指令可使系统返回子程序调用处，继续执行主程序。

14.3.5　PLC 设定的辅助功能指令

1. 主轴功能指令 M03、M04、M05

M03 指令用来启动主轴，且主轴以程序指定的速度顺时针方向（从 Z 轴正向朝 Z 轴负向看）旋转。

M04 指令用来启动主轴，且主轴以程序指定的速度逆时针方向旋转。

M05 指令用来使主轴停止旋转。

M03、M04 指令为模态前作用 M 功能指令；M05 指令为模态后作用 M 功能指令，M05 指令为缺省功能指令。此外，M03、M04、M05 指令可相互注销。

2. 换刀指令 M06

M06 指令用于加工中心，以调用一个欲安装在主轴上的刀具。刀具将被自动地安装在主轴上。

3. 冷却液开关打开/关闭指令 M07/M09

M07 指令用于打开冷却液开关。

M09 指令用于关闭冷却液开关。

14.3.6　主轴功能指令、进给功能指令和刀具功能指令

1. 主轴功能指令 S

主轴功能指令 S 用于控制主轴转速,其后的数值表示主轴速度,单位为 r/min。S 指令是模态指令,只有在主轴转速可调节时才有效。

2. 进给功能指令 F

F 指令表示工件被加工时刀具相对于工件的合成进给速度。程序采用 G94 指令时,F 后数值的单位为 mm/min;采用 G95 指令时,F 后数值的单位为 mm/r。

数控铣床工作在 G01、G02 或 G03 方式下时,程序中给定的 F 值一直有效,直到被新的 F 值所取代;而数控铣床工作在 G00、G60 方式下时,快速定位的速度是各轴的最高速度,由数控系统设定,与 F 值无关。借助机床控制面板上的倍率按键,可在一定范围内对 F 值进行倍率修调。当执行攻螺纹循环 G84 指令、螺纹切削 G33 指令时,倍率开关失效,进给倍率固定在 100%。

3. 刀具功能指令 T

T 指令用于选刀,其后续两位数表示选择的刀具号。T 指令与刀具的关系是由机床制造厂规定的。在加工中心上执行 T 指令,刀库转动并选择所需的刀具,然后等待,当 M06 指令作用时自动完成换刀。T 指令为非模态指令。

14.4　数控铣床的基本操作

14.4.1　数控铣床的准备

数控铣床的启动顺序为:先合上总电源,然后打开机床控制面板上的钥匙开关,启动数控装置,进入操作界面,最后释放急停按钮。关机顺序与此相反。

机床开启以后,应先按规定润滑机床导轨,并使机床主轴低速空转 2～3 min,然后返回参考点,此时才可进行加工。

14.4.2　铣床数控装置

华中世纪星 HNC-21M 型铣床数控系统的操作台如图 14-5 所示。其结构美观、体积小巧(外形尺寸为 420 mm×310 mm×110 mm),操作起来很方便。

HNC-21M 型铣床数控系统操作台主要由液晶显示器、MDI 键盘、功能键、机床控制面板等组成。液晶显示器显示的软件操作界面如图 14-6 所示,由如下几个部分组成:

①图形显示窗口;　　　　　　　　　　　②菜单命令条显示区;

③运行程序索引显示区;　　　　　　　　④选定坐标系下的坐标值显示区;

⑤工件坐标零点显示区;　　　　　　　　⑥倍率修调显示区;

⑦辅助功能显示区;　　　　　　　　　　⑧当前加工程序行显示区;

⑨当前加工系统运行状态显示区。

液晶显示器　　　　　MDI键盘　　　　　急停按钮

功能键　　　　　机床控制面板

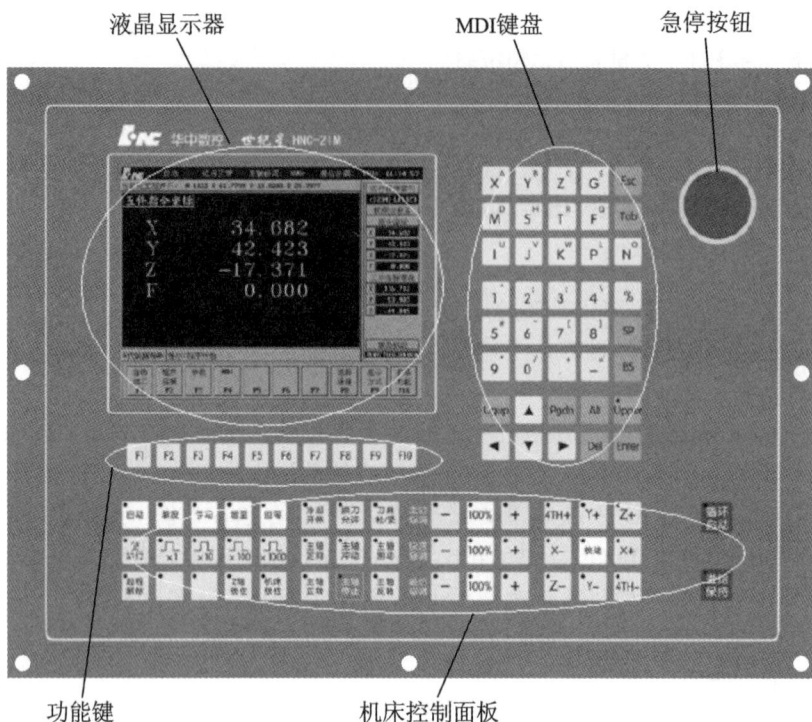

图 14-5　华中世纪星 HNC-21M 型铣床数控系统操作台

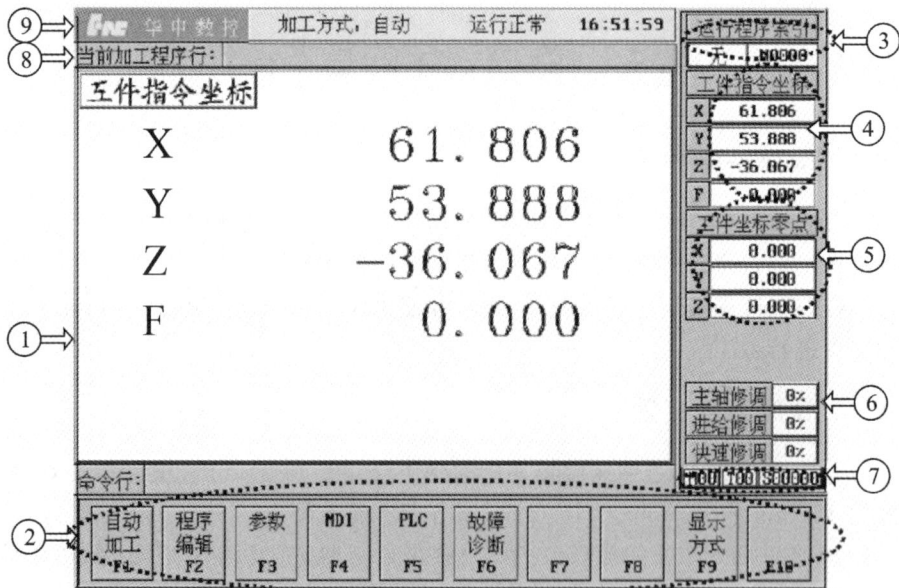

图 14-6　HNC-21M 型铣床数控系统软件操作界面

　　菜单命令条是操作界面中最重要的部分。它由键盘上 F1~F10 十个按键组成,单击其中某一按键,操作界面切换到相应功能的子菜单。操作界面中的菜单命令条是主菜单。如在图 14-6 所示界面中,按"F10"键(即扩展功能键),菜单将切换到 HNC-21M 型铣床数控系统的

"扩展功能"菜单,而图形显示窗口的内容不变;再次按"F10"键,又回到图 14-6 所示的界面。

操作界面中"F8"及"F9"这两个按键分别对应"选择通道"及"显示方式"这两项功能。"选择通道"功能对于具有多通道的 HNC-21M 型铣床数控系统才有作用(注:华中数控系统最多可有四个通道,每个通道最多可控制十六个轴)。"显示方式"功能用于设定图形显示窗口中的内容。

14.4.3 数控铣床的手动操作

1. 电源接通与关断

合上总电源开关后,用钥匙打开操作面板上的电源开关,接通数控装置电源。同样,可用钥匙断开数控装置电源。

2. 紧急停止与复位

机床运行过程中,当出现紧急情况时,按下"急停"按钮,中止系统控制,伺服进给运动及主轴运转立即停止,数控系统即进入急停状态。松开"急停"按钮,数控系统进入复位状态。

3. 超程解除

当某轴出现超程现象时,数控系统处于急停状态,显示"超程"报警。要退出超程状态,必须松开"急停"按钮,一直按着"超程解除"开关,同时在点动方式下,控制该轴沿相反方向运动,消除超程状态。

4. 方式选择

通过方式选择按键,可以选择机床的工作方式。

(1)自动运行方式(机床控制由数控系统自动完成):选择"自动"键。

(2)单程序段执行方式:选择"单段"键。

(3)步进进给方式:选择"步进"键。

(4)点动进给方式:选择"点动"键。

(5)返回机床参考点方式:选择"回零"键。

5. 手动运行

1)手动返回机床参考点操作

(1)工作方式选择　选择回机床参考点方式。

(2)选择坐标轴　按压"+X"键,X 轴自动到达机床参考点的位置,其状态指示灯亮;按压"+Y"键,Y 轴自动到达机床参考点的位置,其状态指示灯亮。按压"+Z"键,Z 轴自动到达机床参考点的位置,其状态指示灯亮。

2)点动进给及进给速率选择

(1)工作方式选择　选择点动进给方式。

(2)选择坐标轴　按压"+X"或"−X"键,X 轴到达目标点,其状态指示灯亮;按压"+Y"或"−Y"键,Y 轴到达目标点,其状态指示灯亮;按压"+Z"或"−Z"键,Z 轴到达目标点,其状态指示灯亮。

在点动进给方式下,若按压"+X"或"−X"、"+Y"或"−Y"、"+Z"或"−Z"键,选择的轴将沿正向或负向连续移动,松开后即减速停止。点动进给的速率为最大进给速率的1/3乘以通过进给修调开关选择的进给倍率。

将"+X"或"−X"、"+Y"或"−Y"、"+Z"或"−Z"键分别和"快移"键同时按下,则所选坐标轴将快速沿正向或负向移动,此时速率为最大进给速率乘以进给倍率。

3)增量(步进)进给及增量倍率

(1)工作方式选择　选择步进进给方式。

(2)选择坐标轴　按压"+X"或"-X"键,X轴按增量倍率移动,其状态指示灯亮;按压"+Y"或"-Y"键,Y轴按增量倍率移动,其状态指示灯亮;按压"+Z"或"-Z"键,Z轴按增量倍率移动,其状态指示灯亮。

在增量进给方式下,选择的轴将沿正向或负向移动一个增量长度。

增量值的大小由增量倍率开关控制,增量倍率和增量长度的对应关系如表14-3所示。

表14-3　增量倍率和增量长度的对应关系

增量倍率	×1	×10	×100	×1 000
增量长度/mm	0.001	0.01	0.1	1

6. 手动控制机床动作

(1)主轴启停及速度选择　按下"主轴正转"键,主轴电动机正转;按下"主轴反转"键,主轴电动机反转;按下"主轴停止"键,主轴电动机停止运转。

当操作面板上有主轴修调开关时,主轴正反转的速度可通过主轴修调开关调节。

(2)冷却液开关　此开关是带锁开关。按下冷却液开关,冷却液开关开启;再次按此开关,冷却液开关关闭。

7. 其他控制操作

(1)机床锁住　禁止机床坐标轴动作。在自动运行开始前,按下"机床锁住"键,再按"循环启动"键,坐标位置信息变化,但机床不运动。这个功能用于校验程序。

(2)Z轴锁住　禁止进刀。在自动运行开始前,按下"Z轴锁住"键,再按"循环启动"键,Z轴坐标位置信息变化,但Z轴不运行,因而主轴不运动。

14.4.4　数控铣床程序编辑

在操作界面的主菜单中按"F2"键(程序编辑),将会出现表14-4所示的编辑功能键一览表。

表14-4　编辑功能键一览表

文件管理	选择编辑程序	编辑当前程序	保存文件	文件另存为	删除一行	查找	继续查找替换	替换	返回
F1	F2	F3	F4	F5	F6	F7	F8	F9	F10

1."文件管理"功能键

图14-7　文件管理子菜单

在编辑功能子菜单中按"F1"键(文件管理),将弹出如图14-7所示的文件管理子菜单,有"新建目录""更改文件名""拷贝文件""删除文件"等选项可供选择。

(1)新建目录　在指定的磁盘或目录下建立一个新目录,但指定的新目录名不能与指定的磁盘或目录下已经存在的文件目录同名,否则新建目录将会失败。

操作步骤如下。

① 在编辑功能子菜单下按"F1"键,弹出文件管理子菜单。

② 选中"新建目录"选项,按"Enter"键,弹出如图 14-8 所示的对话框。

③ 用"Tab"键将蓝色亮条移到文件名的编辑框上,输入新建的目录名,按"Enter"键确认。

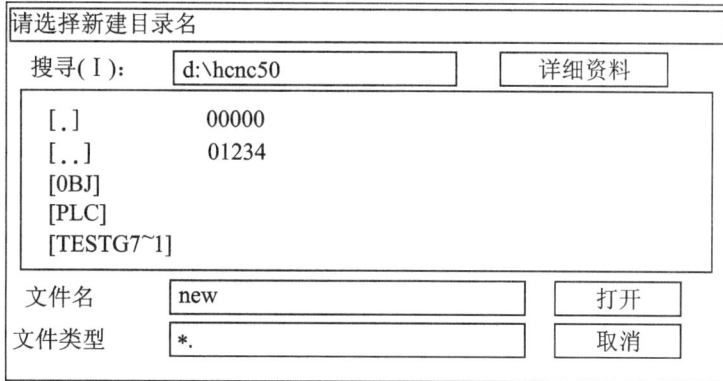

```
┌─────────────────────────────────────────────────────┐
│ 请选择新建目录名                                        │
├─────────────────────────────────────────────────────┤
│  搜寻(Ⅰ):    d:\hcnc50              ┌──────────┐      │
│                                     │ 详细资料 │      │
│                                     └──────────┘      │
│  ┌─────────────────────────────────────┐             │
│  │  [.]           00000                │             │
│  │  [..]          01234                │             │
│  │  [0BJ]                              │             │
│  │  [PLC]                              │             │
│  │  [TESTG7~1]                         │             │
│  └─────────────────────────────────────┘             │
│                                                        │
│  文件名      ┌──────────────────────┐  ┌────────┐     │
│             │ new                  │  │  打开  │     │
│             └──────────────────────┘  └────────┘     │
│  文件类型    ┌──────────────────────┐  ┌────────┐     │
│             │ *.                   │  │  取消  │     │
│             └──────────────────────┘  └────────┘     │
└─────────────────────────────────────────────────────┘
```

图 14-8   新建目录对话框

(2) 更改文件名   将指定的磁盘或目录下的一个文件名更改成其他的文件名,更改后新文件名不能和指定的磁盘或目录下的已经存在的文件名相同。

操作步骤如下。

① 在文件管理子菜单中选择"更改文件名"选项,按"Enter"键确认。

② 用"▼""▶"键及"Tab"键将蓝色亮条移到想要修改的文件名上,或在文件名编辑框中输入想要修改的源文件的路径和文件名,按"Enter"键确认。

③ 按系统给出的文件对话框确认。

(3) 拷贝文件   将指定的磁盘或目录下的一个文件拷贝到其他的磁盘或目录下。拷贝的文件不能和指定的磁盘或目录下的已经存在的文件同名,否则拷贝将会失败。

操作步骤如下。

① 在文件管理子菜单中选择"拷贝文件"选项,按"Enter"键确认。

② 用"▼""▶"键及"Tab"键将蓝色亮条移到想要拷贝的文件名上,或在文件名编辑框中输入想要拷贝的源文件的路径和文件名,按"Enter"键确认。

③ 按系统给出的文件对话框确认。

(4) 删除文件   将指定的磁盘或目录下的一个文件彻底删除。被删除的文件如果是只读的,系统将不会删除此文件。

操作步骤如下:

① 在文件管理子菜单中选择"删除文件"选项,按"Enter"键确认。

② 用"▼""▶"键及"Tab"键将蓝色亮条移到想要删除的文件名上,或在文件名编辑框中输入想要删除的源文件的路径和文件名,按下"Enter"键确认。

③ 按系统给出的文件对话框确认。

2. "选择编辑程序"功能键

在编辑功能子菜单中按"F2"键(选择编辑程序),将弹出选择编辑程序子菜单,其中有"磁盘程序""当前通道正在加工的程序"两个选项可供选择。

(1) 磁盘程序   用于选择保存在电子盘、硬盘等中的文件,还可用于生成一个新文件。

(2) 当前通道正在加工的程序   用于快捷选择刚加工完毕或自动加工运行中出错的程

序。如果程序处于正在加工的状态，编辑器将会用红色的亮条标记当前正在加工的程序行。编辑器禁止编辑当前正在加工的程序行。

对于自动加工运行中出错的程序，应先结束运行，再选择此项，快捷调出程序，重新编辑、修改。

3．"编辑当前程序"功能键

编辑当前程序的前提是编辑器已经获得了一个编辑程序。如果在编辑的过程中退出了编辑模式，再返回到编辑模式时，在编辑功能子菜单下按"F3"键即可使当前程序恢复到编辑状态。

4．"保存文件"功能键

用于保存当前编辑的文件。在编辑功能子菜单中按"F4"键即可保存当前程序。如果存盘操作不成功系统将给出提示信息。可用"文件另存为"功能，将此文件以其他的文件名保存。

5．"文件另存为"功能键

用于将当前正在编辑的文件保存为新的文件。在编辑功能子菜单下按"F5"键，通过文件名编辑框输入新的文件名。该功能一般用在将当前文件作为备份或者被编辑的文件是只读文件的情况下。

6．"删除一行"功能键

用于删除正处于编辑状态的程序中的某一行。将光标移到要删除的程序行，在编辑功能子菜单下按"F6"键（删除一行），当前光标处的程序行将自动被删除。

7．"查找"功能键

在编辑功能子菜单下按"F7"键，将弹出"查找"对话框。输入要查找的字符串，按"Enter"键确认。查找总是从光标处开始向程序末尾进行，到程序末尾后再从程序的起始位置继续往下查找。

8．"继续查找替换"功能键

在已经有过查找或替换操作时，可以按"F8"键（继续查找替换），从当前光标处继续查找。"F8"键的功能取决于上一次操作是查找还是替换，如果上一次是查找某字符串，则此次按"F8"键后将继续查找该字符串。

9．"替换"功能键

用于修改、替换指令字。在编辑功能子菜单中按"F9"键（替换），输入要替换的字符串，按"Enter"键确认。按"Esc"键将取消替换操作。

10．常用键盘操作键

"Del"键：用于删除光标后的字符，删除一个字符后光标位置不变，余下的字符左移一个字符位置。

"Pgup"键：用于将程序向程序首滚动一屏，光标位置不变。如果到了程序的开头位置，则光标移到文件首行的第一个字符位置。

"Pgdn"键：用于将程序向程序尾滚动一屏，光标位置不变。如果到了程序末尾位置，则光标移到文件最后一行的第一个字符位置。

"BS"键：用于删除光标前面的一个字符，删除一个字符后光标向前移动一个字符位置，余下的字符左移一个字符位置。

"◀"键：用于将光标左移一个字符位置。

"▶"键：用于将光标右移一个字符位置。

"▲"键:用于将光标向上移一行。

"▼"键:用于将光标向下移一行。

"Tab"键:用于将光标移到下一个输入域。

14.4.5 MDI 运行操作

在软件操作界面的主菜单中按"F4"键进入 MDI 功能子菜单,如图14-9所示。

图 14-9 MDI 功能子菜单

在 MDI 功能子菜单中按"F6"键,进入 MDI 运行(见图 14-10),命令行的底色变成了白色,并且光标闪烁。此时,可以用 MDI 键盘输入一个 G 代码指令段并执行,即进入 MDI 运行(在自动运行过程中,不能进入 MDI 运行,可在进给保持后进入)。

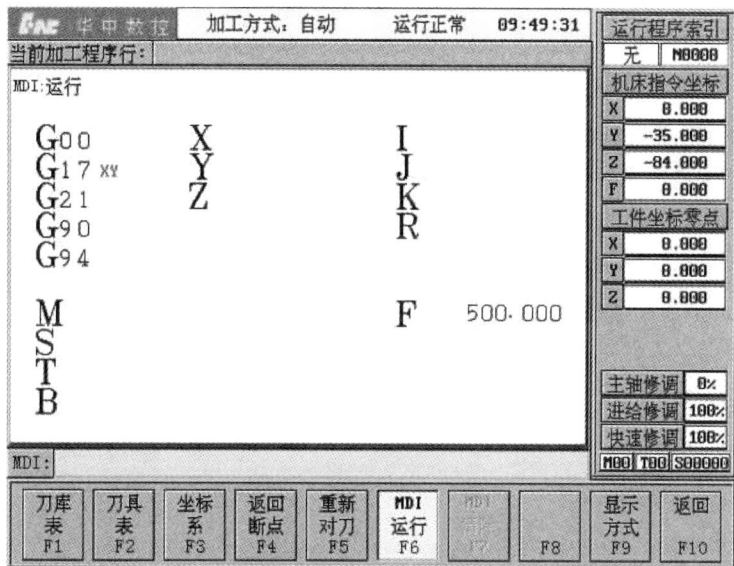

图 14-10 MDI 运行

1. 输入 MDI 指令段

输入 MDI 的最小单位是一个有效指令字,因此输入一个 MDI 指令段可以采用下述两种方法。

(1) 一次输入,即一次输入多个指令字的信息。

(2) 多次输入,即每次输入一个指令字的信息,输入多次。

例如,要输入"G00 X100 Z1000",可以采用如下操作方法。

(1) 直接输入"G00 X100 Z1000"并按"Enter"键,MDI 运行显示窗口内关键字 G、X、Z 的值将分别变为"00""100""1000"。

(2) 先输入"G00"并按"Enter"键,MDI 运行显示窗口内将显示大字符"G00"。再输入"X100"并按"Enter"键,然后输入"Z1000"并按"Enter"键,显示窗口内将依次显示大字符

"X100""Z1000"。

在输入命令时,可以在命令行中看见输入的内容,在按"Enter"键之前,若发现输入错误,可用"BS""▶""◀"等键进行编辑。按"Enter"键后,若系统发现输入错误,会提示相应的错误信息。

2. 运行 MDI 指令段

在输完一个 MDI 指令段后,按一下机床控制面板上的"循环启动"键,系统即开始运行所输入的 MDI 指令。如果输入的 MDI 指令信息不完整或存在语法错误,系统会提示相应的错误信息,此时不能运行 MDI 指令。

3. 清除 MDI 指令段

在输入 MDI 数据后,按"F7"键可清除当前输入的所有尺寸字数据,此时可重新输入新的数据。当系统正在运行 MDI 指令时,按"F7"键可停止运行 MDI 指令。

4. 坐标系参数输入

操作步骤如下。

(1) 按"F3"键(坐标系),图形显示窗口将显示 G54 坐标系参数,如图 14-11 所示。

(2) 按"Pgdn"键,窗口将依次切换至 G55、G56、G57、G58、G59 坐标系状态;按"Pgup"键,窗口将依次返回。

(3) 在命令行输入所设工件坐标系原点相对于机床零点的值并按"Enter"键确定。

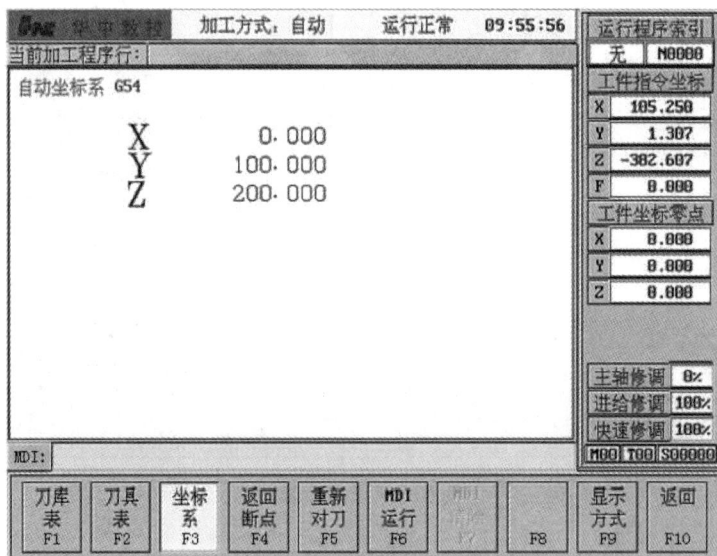

图 14-11　MDI 坐标系设置

14.4.6　刀具参数输入

在 MDI 功能子菜单(见图 14-9)中按"F2"键(显示刀具表)进行刀具参数设置,按"F10"键退出设置。

操作步骤如下。

(1) 按"F2"键,图形显示窗口将显示刀具表,如图 14-12 所示。

(2) 可用"▲""▼""◀""▶""Pgup"或"Pgdn"键移动蓝色亮条选择要编辑的选项,按"Enter"键确认选项。

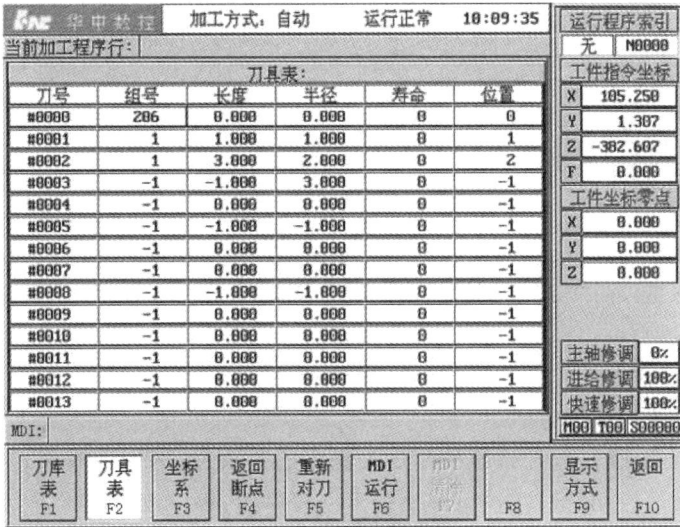

图 14-12　刀具表

（3）可用"◀""▶""Pgup""Pgdn""BS"等键进行编辑，修改相应参数，按"Esc"键退出编辑。

（4）修改完毕后，按"Enter"键确认。

14.4.7　刀库参数输入

在 MDI 功能子菜单中按"F1"键（显示刀库表）进行刀库参数设置，按"F10"键退出设置。操作步骤如下。

（1）按"F1"键，图形显示窗口将显示刀库表，如图 14-13 所示。

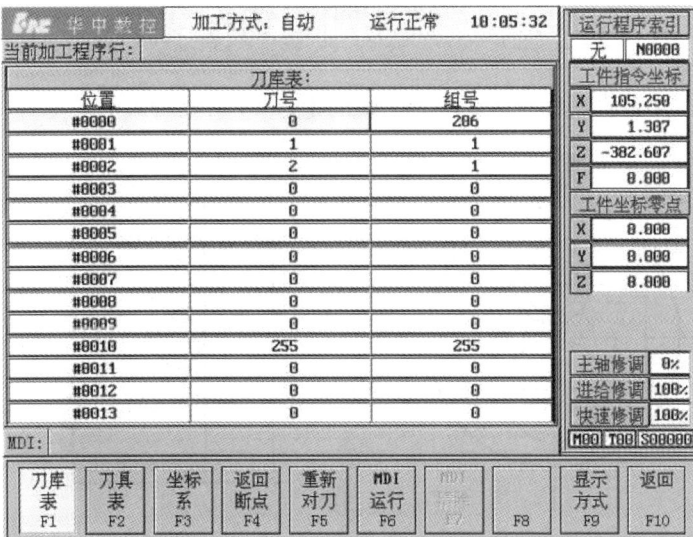

图 14-13　刀库表

（2）用"▲""▼""◀""▶""Pgup"或"Pgdn"键移动蓝色亮条选择要编辑的选项，按"Enter"键确认选项。

（3）可用"◀""▶""Pgup""Pgdn""Home""End"或"BS"键进行编辑,修改相应参数,按"Esc"键退出编辑。

（4）修改完毕,按"Enter"键确认。

14.4.8　自动运转

1. 自动运行

加工方式选择自动运行方式,此时机床控制由数控系统自动完成。

在操作界面的主菜单中按"F1"键进入自动加工功能子菜单,按"F1"键选择要运行的加工程序;按下"循环启动"键,自动加工开始。自动加工期间,"循环启动"键内状态指示灯亮。

2. 单段运行

加工方式选择单段运行方式。

选择单段运行方式时,数控系统控制加工程序逐段执行,即一段程序运行完成后,机床加工停止,按一下"循环启动"键,数控系统执行下一程序段;每一段程序执行完成后,必须按一下"循环启动"键,方可执行下一程序段。

3. 进给保持

在自动运行过程中,按下"进给保持"按钮,程序暂停执行,机床运动轴逐渐减速至停止,刀具运动、主轴电动机运转停止。在暂停期间该按钮内状态指示灯亮。

4. 进给保持后的再启动

在自动运行暂停状态下,按下"循环启动"键,系统将重新启动,以暂停前的状态继续运行。

5. 进给速度修调

在自动运行方式下,可用操作面板上的进给修调开关调节程序中指定的进给速度,此开关可实现10%～160%范围内的修调。

14.5　铣削加工编程实例

例 14-1　偏心轮台阶平底孔加工实例:加工图14-14所示的偏心轮零件的台阶平底孔。

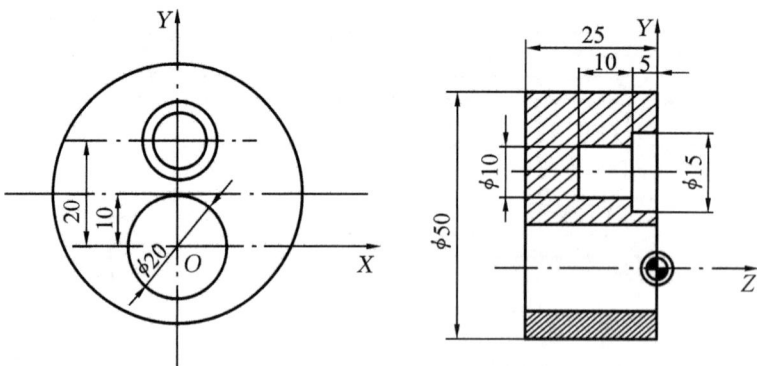

图 14-14　偏心轮工件铣削加工图

解　（1）零件分析　加工部位为台阶盲孔,其加工属于典型的点位钻削加工,采用镗孔循环指令。

（2）刀具选择　由于要加工的是平底孔,必须选用键槽铣刀。采用圆弧插补指令加工

$\phi15$ 孔，选用 $\phi10$ 的键槽铣刀，刀具号为 T01。

（3）零点设定　工件零点设在点 O，换刀点设在工件外部。

（4）工件安装　采用专用夹具，以 $\phi20$ 孔和底面定位，丝杠螺母压紧，中间换刀时采用程序暂停指令 M00 手动换刀。

（5）设计偏心轮加工程序及其注释如表 14-5 所示。

表 14-5　偏心轮加工程序及其注释

程　　　序	注　　　释
％5010	程序号
N001　G92　X0　Y80　Z30	设置工件坐标系
N002　G90	设置绝对编程方式
N003　M03　S530　T01	主轴正转，选用 1 号刀
N004　G00　X0　Y20　Z10	快速定位到孔心上方
N005　G01　Z－5　F300	粗加工 $\phi15$ 孔
N006　X－2.5	沿 X 方向进刀
N007　G17　G02　X－2.5　Y20　I2.5　J0	精加工 $\phi15$ 孔
N008　G00　X0	定位到 $\phi10$ 孔中心
N009　G01　Z－10	钻 $\phi10$ 孔
N010　G04　P02	暂停，断屑
N011　G01　Z－15	钻至深度
N012　G04　P02	暂停修光
N013　G00　Z30	沿 Z 方向退刀
N014　X0　Y80	返回到起始点
N015　M05	主轴停止
N016　M02	程序停止

说明：①起刀点为（0，80，30）；

②铣台阶孔可不使用刀具半径补偿指令而按铣刀中心轨迹编程。

例 14-2　轮廓铣削定位板加工实例：加工图 14-15 所示的零件轮廓。

解　（1）工件坯料为厚 5 mm、长 110 mm、宽 70 mm 的钢板，由所给工件尺寸知两直边的切削余量为 5 mm，三个圆弧所给余量较大。

（2）安装工件采用已加工的两个小孔与底面用专用夹具一面两孔定位，将工件垫高并用螺母压紧，以防与台面相碰。

（3）刀具选择　选用 $\phi20$ 的立铣刀，设置两组刀具半径补偿值，D01 为 10，D02 为 11.5（精加工余量为 1.5 mm）。

（4）加工步骤　首先铣掉三个圆弧的大部分余量，使其单边留出 5 mm 余量，以便与其他边的余量相等。其加工分为粗铣（去除 3.5 mm 余量）、精铣（去除 1.5 mm 余量），通过同一把刀采用不同刀具半径补偿量来实现粗、精铣加工。

（5）走刀路线如图 14-15 所示。

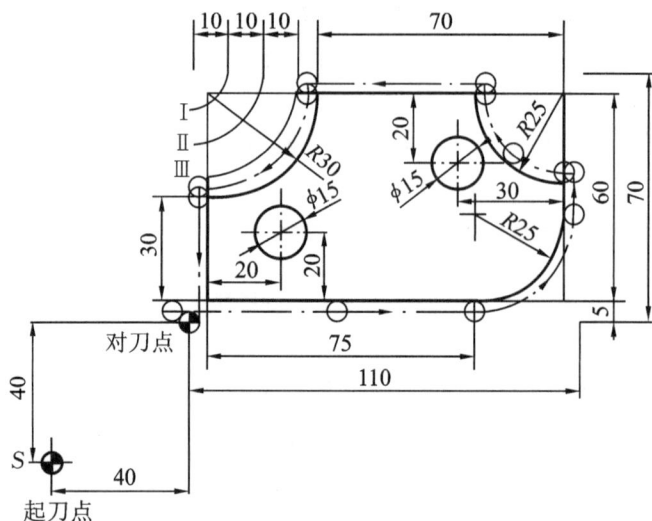

图 14-15　定位板轮廓铣削加工图

（6）零点设定　以工件毛坯左下角为对刀点，设定点 S 为起刀点（见图 14-15）。

（7）程序设计　定位板轮廓铣削加工程序及其注释如表 14-6 所示。

表 14-6　定位板轮廓铣削加工程序及其注释

程　　序	注　　释
%5040	
N001　G92　X−40　Y−40　Z50	
N002　G90	
N003　M03　S530	
N004　G00　Z−5.5	
N005　G17　G41　G00　X−10　Y60　D01	设置刀具半径左补偿，调 1 号刀具半径值
N006　G01　X0　F200	移到点 I
N007　G03　X10　Y70　R10	粗加工圆弧 R30
N008　G00　Y80	
N009　X−5	沿 X 方向退刀
N010　Y50	沿 Y 方向退刀
N011　G01　X0	移到点 II
N012　G03　X20　Y70　R20	粗加工 R30 圆弧
N013　G00　Y80	
N014　X−10	
N015　Y40	
N016　G01　X0	移到点 II
N017　G03　X30　Y70　R30	粗加工 R30 圆弧

续表

程　序	注　释
N018　G00　Y80	
N019　X100	
N020　G01　Y70	
N021　G03　X110　Y60　R10	半精加工 R25 圆弧
N022　G00　X120	
N023　Y80	
N024　X90	
N025　G01　Y70	
N026　G03　X110　Y50　R20	半精加工 R25 圆弧
N027　G00　X120	
N028　Y80	
N029　X85	
N030　G01　Y70	
N031　G03　X110　Y45　R25	精加工 R25 圆弧
N032　G00　Y10	
N033　G02　X100　Y0　R10	精加工 R25 圆弧
N034　G40　G00　Y－20	
N035　X－20	
N036　G42　D02　G00　Y5	设置刀具半径右补偿,调2号刀具半径补偿值
N037　M98　P0401　L1　F200	调用子程序,半精加工轮廓
N038　G40　G00　X－40　Y－40	取消刀具半径补偿
N039　G42　D01　G00　X－10　Y5	设置刀具半径右补偿,调1号刀具半径补偿值
N040　M98　P0401　L1　F120	调用子程序,精加工轮廓
N041　G40　G00　X－40　Y40	取消刀具半径补偿
N042　G00　Z50	
N043　M05	
N044　M02	
％0401	程序起始符,子程序号
N401　G01　X80	
N402　G03　X105　Y30　R25	
N403　G01　Y40	
N404　G02　X80　Y65　R25	
N405　G01　X35	
N406　G02　X5　Y35　R30	
N407　G01　Y0	
N408　M99	子程序结束

例 14-3　内轮廓型腔数控铣削加工实例:加工图 14-16 所示的零件内腔。

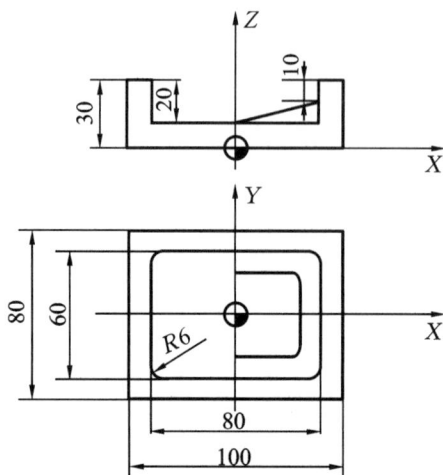

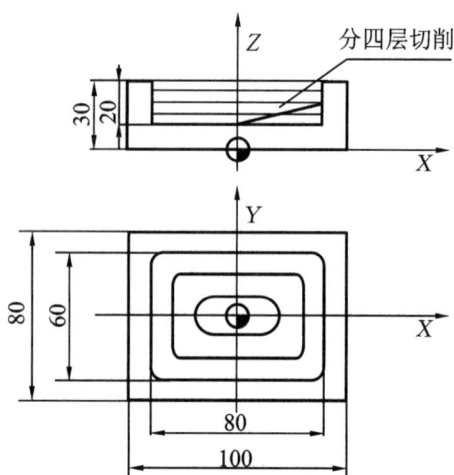

图 14-16　零件内轮廓型腔铣削加工图　　　图 14-17　内轮廓型腔加工路线

解　(1)零件分析　该零件加工属于简单内轮廓加工,需采用多次循环切削,挖出内腔,并安排最后一次循环为精加工。

(2)刀具选择　T01 为 φ20 立铣刀,用来进行粗加工及半精加工;精加工采用 T02,即 φ10 键槽铣刀。设置好相应的刀具半径补偿数据。

(3)工艺路线　先在中点处钻出工艺孔,粗加工从中心工艺孔垂直进刀,向周边环切扩展,并安排粗加工分四层切削,切削余量分别为 5 mm、5 mm、5 mm、4.5 mm,底面、斜底面及各侧面留出 0.5 mm 的精加工余量。内轮廓型腔加工路线如图 14-17 所示。

(4)数值计算　各特征点可利用数学关系直接求得(可在利用 AutoCAD 绘制走刀路线图时直接从计算机图形中获得)。

(5)程序设计　内轮廓型腔加工程序及其注释如表 14-7 所示。

表 14-7　内轮廓型腔加工程序及其注释

程　　序	注　　释
％5060	
N1	第一部分:加工准备
G92　X－80　Y50　Z50	
M03　S530	
G00　X0　Y0　Z5	
N2	第二部分:加工循环
♯60＝34	X 方向直线铣削最大值
♯80＝－5	Z 方向深度值
♯110＝5	刀具半径补偿值
M98　P6000　L1	第一层铣削
♯80＝－10	
M98　P6000　L1	第二层铣削
♯60＝14	
♯80＝－15	

续表

程　序	注　释
M98　P6000　L1	第三层铣削
♯60＝－6	
♯80＝－20	
M98　P6000　L1	第四层铣削
N3	第三部分:结束
G00　X－80　Y50　Z50	
M05	
M02	
％6000	子程序
G41　D110　G01　X0　Y30　Z5	设置刀具半径左补偿
G01　Z[♯80]　F100	Z方向进刀
N4	第一层加工
G01　X－34	
G03　X－40　Y24　R6	
G01　Y－24	
G03　X－34　Y－30　R6	
G01　X[♯60]	
G03　X[♯60＋6]　Y－24　R6	
G01　Y24	
G03　X[♯60]　Y30　R6	
G01　X－24	
N5	第二层加工
G01　X－24　Y20	
G03　X－30　Y14　R6	
G01　Y－14	
G03　X－24　Y－20　R6	
IF♯60－10LTO	条件语句(第三、四层加工时,防止右边界过分左移)
♯60＝4	
ENDIF	
G01　X[♯60－10]	
G03　X[♯60－4]　Y－14　R6	
G01　Y14	
G03　X[♯60－10]　Y20　R6	
G01　X－24	
N6	第三层加工
G01　X－20　Y4	
G01　Y－4	
G03　X－14　Y－10　R6	
IF♯60－20LTO	条件语句(第三、四层加工时,防止右边界过分左移)
♯60＝14	
ENDIF	

续表

程　　　序	注　　释
G01　X[♯60－20]	
G03　X[♯60－14]　Y－4　R6	
G01　Y4	
G03　X[♯60－20]　Y10　R6	
G01　X－14	
G03　X－20　Y4　R6	
N7	结束
G00　Z5	
G40　G00　X0　Y0	
M99	

注:起刀点为（－80,－50,－50）。

数控铣削实习安全操作规程

(1) 数控铣床要避免光线直接照射和热辐射,同时要防止湿气、粉尘的影响,特别要避免有害气体的腐蚀。

(2) 进入数控铣削实训场地后,应服从安排,不得擅自启动或操作铣床数控系统。

(3) 按规定穿戴好劳动保护用品。

(4) 不准穿高跟鞋、拖鞋上岗,不允许戴手套和围巾进行操作。

(5) 开机床前,应该仔细检查机床各部分机构是否完好,各传动手柄、变速手柄的位置是否正确,还应按要求认真对数控机床进行润滑保养。

(6) 按压数控系统面板上的各按键及开关时不得用力过猛,更不允许用扳手或其他工具进行操作。

(7) 开始切削之前一定要关好防护罩门,在程序正常运行过程中严禁开启防护罩门。

(8) 在机床正常运行时不允许打开电气柜门,禁止按压急停、复位按钮。

(9) 严禁两人同时操作数控系统面板及数控机床。

(10) 不得随意更改数控系统出厂设定参数。

(11) 认真填写数控机床的工作日志,做好交接工作,消除事故隐患。

第15章 电火花成型加工

15.1 电火花加工概述

电火花加工又称放电加工或电蚀加工,它与金属切削加工的原理完全不同,它是通过工具电极和工件电极间脉冲放电时的电腐蚀作用进行加工的一种工艺方法。由于放电过程中可见到火花,故称为电火花加工。

15.1.1 电火花加工工艺方法分类

按工具电极和工件相对运动方式的不同,电火花加工工艺方法大致可分为六类(见表15-1)。

表 15-1 电火花加工工艺方法分类

类别	工艺方法	特 点	用 途	备 注
I	电火花成型加工	(1) 工具和工件间的主要运动只有一个相对的伺服进给运动; (2) 工具为成型电极,与被加工表面有相同的截面和相反的形状	(1) 型腔加工:加工各类型腔模及各种具有复杂型腔的零件; (2) 穿孔加工:加工各种冲模、挤压模、粉末冶金模、各种异形孔及微孔等	采用该工艺的电火花机床数约占电火花机床总数的30%,典型机床有D7125、D7140等电火花穿孔成型机床
II	电火花线切割加工	(1) 工具电极为顺电极丝轴线方向移动的线状电极; (2) 工具与工件在两个水平方向同时有相对伺服进给运动	(1) 切割各种冲模和具有直纹面的零件; (2) 下料、切割和窄缝加工	采用该工艺的电火花机床数约占电火花机床总数的60%,典型机床有DK7725,DK7740数控电火花线切割机床
III	电火花内孔、外圆和成型磨削	(1) 工具与工件间有相对旋转运动; (2) 工具或工件有径向和轴向的进给运动	(1) 加工高精度、表面粗糙度小的小孔,如拉丝模、挤压模、微型轴承内环、钻套等; (2) 加工外圆、小模数滚刀等	采用该工艺的电火花机床数约占电火花机床总数的3%,典型机床有D6310电火花小孔内圆磨床等
IV	电火花同步共轭回转加工	(1)成型工具与工件均做旋转运动,但二者角速度相等或成整数倍关系,相对应接近的放电点可有切向相对运动速度; (2) 工具相对工件可做纵、横向进给运动	以同步回转、展成回转、倍角速度回转等不同方式,加工各种具有复杂型面的零件,如高精度的异形齿轮,精密螺纹环规,高精度、高对称度、表面粗糙度小的内、外回转体零件等	采用该工艺的电火花机床数约占电火花机床总数的1%,典型机床有JN-2、JN-8内、外螺纹加工机床

类别	工艺方法	特　　点	用　　途	备　　注
V	电火花高速小孔加工	（1）采用细管（内径 $d>$ 0.3 mm）电极，管内冲入高压水基工作液； （2）细管电极旋转； （3）穿孔速度较大（60 mm/min）	（1）线切割穿丝预孔； （2）深径比很大的小孔，如喷嘴等	采用该工艺的电火花机床数约占电火花机床总数的2%，典型机床有D703A 电火花高速小孔加工机床
VI	电火花表面强化、刻字	（1）工具在工件表面上振动； （2）工具相对工件移动	（1）模具刃口，刀具、量具刃口表面强化和镀覆； （2）电火花刻字、打标记	采用该工艺的电火花机床数占电火花机床总数的2%～3%，典型设备有D9105 电火花强化机等

15.1.2　电火花成型加工的原理

电火花成型加工是通过工具和工件(正、负电极)之间脉冲性火花放电时的电腐蚀现象来蚀除多余的金属，以达到对工件的尺寸、形状及表面质量的要求的加工方法。目前这一工艺方法已广泛用于加工各种高熔点、高强度、高韧度材料，如淬火钢、不锈钢、模具钢、硬质合金等，以及模具等具有复杂表面和有特殊要求的零件。

电火花成型加工的必备条件如下。

（1）工具电极与工件被加工表面之间始终保持一定的放电间隙，这一间隙与加工电压、加工介质等因素有关，通常为 0.01～0.5 mm。如果间隙过大，极间电压不能击穿极间介质，因而不会产生火花放电；如果间隙过小，很容易形成短路接触，同样也不能产生火花放电。为此，电火花成型机床必须具有工具电极的自动进给调节装置。

（2）火花放电为瞬时的脉冲性放电，并在放电延续一段时间后，停歇一段时间(放电延续时间一般为 0.1～1000 μs)，以使放电产生的热量来不及从放电点传导扩散到其他部位，而只在极小范围内使金属局部熔化，直至汽化。因此，电火花成型加工必须采用脉冲电源。

（3）加工中工具电极和工件浸泡在称为工作液的液体介质(如煤油、皂化液或去离子水等)中。工作液必须具有较高的绝缘强度，以便产生脉冲性的火花放电。同时，液体介质能将电蚀产物从放电间隙中排除出去，并对电极和工件表面进行很好的冷却。

图 15-1 所示为电火花成型加工系统示意图。工件 1 与工具电极 4 分别与脉冲电源 2 的两输出端相连接。自动进给调节装置 3 使工具电极和工件间保持一很小的放电间隙。当脉冲电压加到两极之间时，在当时条件下相对某一间隙最小处或绝缘强度最低处介质被击穿，在该局部产生火花放电，瞬时高温使工具电极和工件表面都被蚀除掉一小部分金属，各自形成一个小凹坑，如图 15-2 所示。其中，图 15-2(a)表示单个脉冲放电后的电蚀坑，图 15-2(b)表示多次脉冲放电后的电蚀坑。脉冲放电结束后，经过一段间隔时间(即脉冲间隔 t_0)，工作液恢复绝缘性能，第二个脉冲电压又加到两极上，当时极间距离相对最近或绝缘强度最弱处又会发生击穿放电，被电蚀出一个小凹坑。这样，伴随着以相当高的频率连续不断重复的放电，工具电极不

断地向工件进给,就将工具电极端面和横截面的形状复制在工件上,加工出所需的与工具形状阴阳相反的零件。整个加工表面由无数个小凹坑所组成。

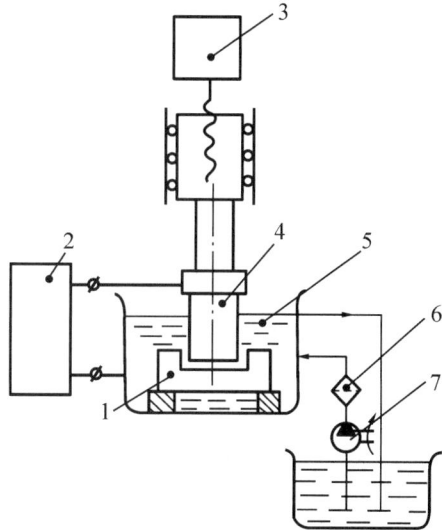

图 15-1　电火花成型加工系统示意图
1—工件;2—脉冲电源;3—自动进给调节装置;4—工具电极;
5—工作液;6—过滤器;7—工作液泵

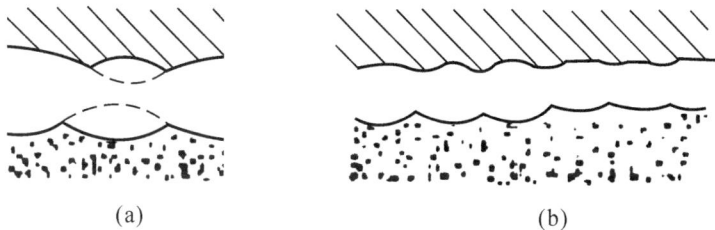

(a)　　　　　　　　　　　　　(b)

图 15-2　脉冲放电后的电蚀坑

15.1.3　电火花成型加工的特点及其应用

1. 电火花成型加工的优点及适用范围

(1)可以加工任何难切削的导电材料。在电火花成型加工中材料的去除是依靠放电时的电热作用来实现的,材料的可加工性主要取决于材料的导电性及热学特性,几乎与其力学性能无关。

(2)可以加工形状复杂的表面。电火花成型加工可以简单地将工具电极的形状复制到工件上,因此特别适合用于具有复杂表面形状工件的加工,如具有复杂型腔的模具的加工。

(3)加工中工具电极和工件不直接接触,没有机械加工的切削力,可以加工带有微细小孔、异形小孔等结构的零件及低刚度零件。

2. 电火花成型加工的局限性

(1)主要用于加工金属等导电材料,但在一定条件下也可以加工半导体和非导体材料。

(2)一般加工速度较慢。

(3)存在电极损耗。

15.1.4　电火花成型加工中常用术语

1. 工具电极

电火花成型加工用的工具是电火花放电时的电极之一,故称为工具电极,有时简称电极。

2. 放电间隙

放电间隙是指放电时工具电极和工件间的距离,它的大小一般为 $0.01\sim0.5$ mm,粗加工时间隙较大,精加工时则较小。

3. 脉冲宽度 t_i

脉冲宽度简称脉宽,是指加到工具电极和工件上放电间隙两端的电压脉冲的持续时间,即电压脉宽,如图 15-3(a)所示。为了防止电弧烧伤,电火花成型加工只能采用断断续续的脉冲电压波。一般来说,粗加工时可用较大的脉宽,精加工时只能用较小的脉宽。

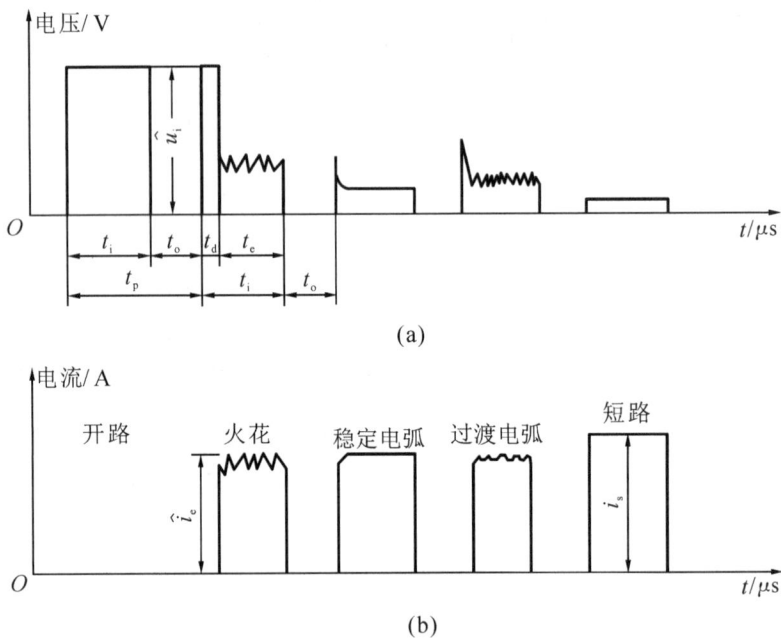

(a)

(b)

图 15-3　脉冲参数与脉冲电压、电流波形

4. 脉冲间隔 t_o

脉冲间隔简称间隔,它是指两个电压脉冲之间的间隔时间。间隔时间过短,放电间隙来不及消电离和恢复绝缘,容易产生电弧放电,烧伤电极和工件;间隔时间过长,将降低加工生产率。加工面积、加工深度较大时,间隔也应稍大。

5. 击穿延时 t_d

在间隙两端加上脉冲电压后,一般均要经过一小段延续时间 t_d,工作液介质才能被击穿放电,这一小段延续时间称为击穿延时。

6. 放电时间 t_e

放电时间是指工作液介质击穿后放电间隙中流过放电电流的时间,即电流脉宽,它比电压脉宽 t_i 稍小,二者相差一个击穿延时 t_d。t_i 和 t_e 对电火花成型加工的生产率、表面粗糙度和电极损耗有很大影响,但实际起作用的是电流脉宽 t_e。

7. 脉冲频率

脉冲频率是指单位时间内电源发出的脉冲个数。

8. 开路电压 $\hat{u}_i$

开路电压是间隙开路和间隙击穿之前 t_d 时间内电极间的最高电压,即峰值电压。一般晶体管方波脉冲电源的峰值电压是 $60\sim80$ V,高低压复合脉冲电源的高压峰值电压为 $175\sim300$ V。峰值电压高时,放电间隙大,生产率高,但成型复制精度较差。

9. 加工电压 U

加工电压(或间隙平均电压)是指加工时电压表上指示的放电间隙两端的平均电压,它是多个开路电压、火花放电维持电压、短路电压和脉冲间隔电压等的平均值。

10. 加工电流 I

加工电流是指加工时电流表上指示的流过放电间隙的平均电流,精加工时小,粗加工时大。

11. 短路电流 i_s

短路电流是指放电间隙短路时电流表上指示的平均电流。它比正常加工时的平均电流要大 $20\%\sim40\%$。

12. 峰值电流 $\hat{i}_e$

峰值电流是间隙火花放电时脉冲电流的最大值(瞬时)。峰值电流不易测量,它是影响加工速度、表面质量等的重要参数。在设计制造脉冲电源时,每一功率放大管的峰值电流是预先计算好的,选择峰值电流实际上是选择功率管个数。

13. 放电状态

放电状态是指电火花放电间隙内每一个脉冲放电时的基本状态。一般分为以下五种放电状态,如图 15-3(b)所示。

(1)开路:放电间隙没有被击穿,间隙上有大于 50 V 的电压,但间隙内没有电流流过,为空载状态。

(2)火花放电:间隙内绝缘性能良好,工作液被击穿后能有效地抛出、蚀除金属。

(3)电弧放电:由于排屑不良,放电点集中在某一局部而不分散,导致局部热量积累,温度升高,如此恶性循环,火花放电就变成电弧放电。由于放电点固定在某一点或某一局部,因此电弧放电又称为稳定电弧放电。稳定电弧放电常使电极表面积炭、烧伤。

(4)过渡电弧放电:过渡电弧放电是正常火花放电与稳定电弧放电的过渡状态,是稳定电弧放电的前兆。其特点是击穿延时很小或接近于零,电流波形呈现一尖刺。

(5)短路:放电间隙直接短路,这是由于伺服进给系统瞬时进给过多或放电间隙中有电蚀产物搭接。间隙短路时电流较大,但间隙两端的电压很小,没有蚀除加工作用。

15.1.5　影响材料放电腐蚀的主要因素

1. 极性效应

在进行电火花成型加工时,无论是正极还是负极,都会受到不同程度的电蚀。即使两电极材料相同(如用钢电极加工钢工件时两电极材料均为钢),其蚀除量也会不同,其中一个电极比另一个电极的蚀除量大,这种现象称为极性效应。如果两电极材料不同,则极性效应更加复杂。在生产中,将工件电极接脉冲电源正极、工具电极接脉冲电源负极的加工称为正极性加工,如图 15-4 所示;反之,称为负极性加工,如图 15-5 所示。

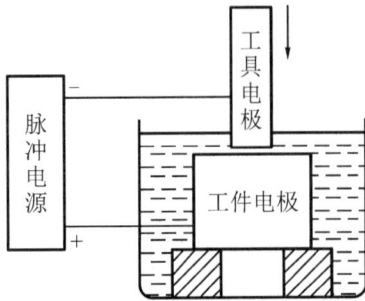

图 15-4　正极性接线法　　　　　　　　图 15-5　负极性接线法

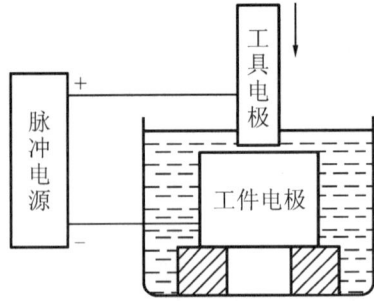

在电火花成型加工中,极性效应受到电极及电极材料、加工介质、电源种类、单个脉冲能量等多种因素的影响,其中主要影响因素是脉宽。火花放电过程中,在电场的作用下,放电通道中的电子奔向正极,正离子奔向负极。在短脉冲加工时,由于电子惯性小,运动灵活,大量的电子奔向正极,并轰击正极表面,使正极表面迅速熔化和汽化,而正离子惯性大,运动缓慢,只有一小部分能够到达负极表面,大量的正离子不能到达,因此电子的轰击作用大于正离子的轰击作用,正极的蚀除量大于负极的蚀除量,这时应采用正极性加工。在长脉冲加工时,质量和惯性都大的正离子有足够的时间到达负极表面,由于正离子的质量大,它对负极表面的轰击破坏作用要比电子强,同时到达负极的正离子又会牵制电子的运动,故负极的蚀除量将大于正极的蚀除量,这时应采用负极性加工。

在电火花成型加工中,要充分利用极性效应,正确选择极性,最大限度地提高工件的蚀除量,降低工具电极的损耗。

2. 覆盖效应

在用煤油之类的碳氢化合物作为工作液时,在放电过程中工作液将发生热分解,产生大量的碳微粒,它能和金属结合形成金属化合物的胶团,在电场的作用下中性胶团的外层可能脱落,而留下带负电荷的碳胶粒。碳胶粒在电场的作用下向正极移动,并黏附在电极表面。如果电极表面瞬时温度在 400 ℃左右,且能保持一定的时间,即能形成一定强度与厚度的碳素层,通常称为炭黑膜。由于碳的熔点和汽化点较高,故炭黑膜有利于降低正电极损耗。

因为炭黑膜在阳极表面生成,需采用负极性加工;增大脉宽和减小脉冲间隔有助于炭黑膜的生成(但若脉冲间隔过小,正常的火花放电有转变为破坏性电弧放电的危险);用铜电极加工钢制工件时覆盖效应较明显,但用铜电极加工硬质合金工件则不大容易生成炭黑膜;电极截面面积较大、电极间隙较小、加工状态较稳定等情况均有助于生成炭黑膜,但若加工中冲油压力太大,则炭黑膜较难生成,这是因为冲油会使趋向电极表面的微粒运动加剧,微粒无法黏附到电极表面上去。

在电火花成型加工中,炭黑膜不断形成,又不断被破坏。为了实现电极低损耗,达到提高加工精度的目的,最好使炭黑膜的形成与破坏达到动态平衡。

15.2　电火花成型机床

电火花成型机床按是否采用数控技术分为普通(非数控)电火花成型机床和数控电火花成

型机床;按其大小可分为小型、中型和大型电火花成型机床;按精度等级可分为标准精度型和高精度型;按工具电极的伺服进给系统的类型可分为液压进给、步进电动机进给、直流或交流伺服电动机进给驱动电火花成型机床等类型。为满足模具工业的需要,国外已经大批量生产微型计算机五坐标数字控制的电火花成型机床,以及带有工具电极库、能按程序自动更换电极的电火花加工中心。

电火花成型机床型号表示方法如下:

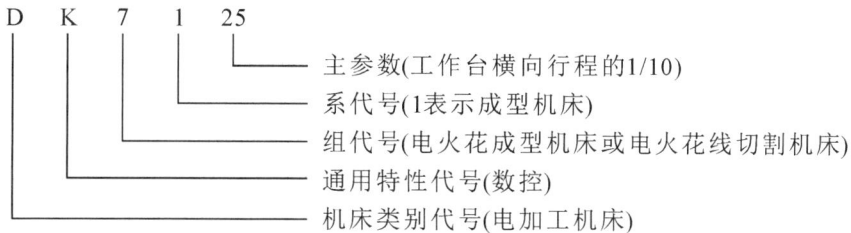

```
D  K  7  1  25
                主参数(工作台横向行程的1/10)
                系代号(1表示成型机床)
                组代号(电火花成型机床或电火花线切割机床)
                通用特性代号(数控)
                机床类别代号(电加工机床)
```

图15-6所示为最常见的电火花成型机床。它包括主机、脉冲电源、工作液循环过滤系统及机床电气系统。数控电火花成型机床带有数控系统。

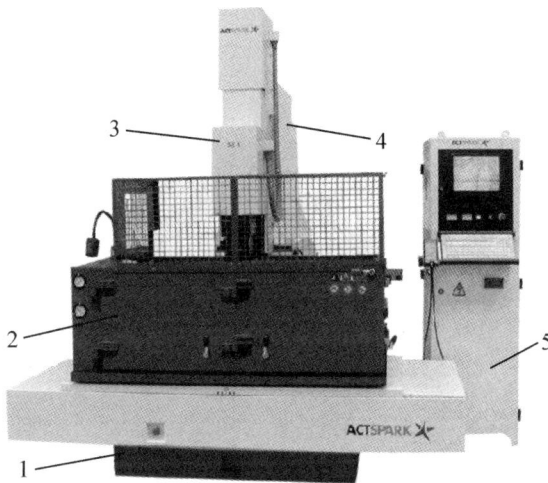

图15-6　电火花成型机床外观
1—床身;2—工作液箱;3—主轴头;4—立柱;5—数控电源柜

主机由床身、立柱、主轴头、工作液箱等组成,用于支承工具电极及工件,保证它们之间的相对位置,并实现电极在加工过程中稳定的进给运动。床身和立柱是机床的基础结构。

主轴头是机床的关键部件,在加工中,主轴头上常装有电极夹头(见图15-7),电极安装在其上。电极可通过自动进给调节系统带动,在立柱上做升降运动,从而改变其与工件之间的间隙。

脉冲电源的作用是将工频交流电转变成一定频率的定向脉冲电流,为电火花成型加工提供所需要的能量。

自动进给调节系统的任务是通过改变、调节主轴头进给速度,使进给速度接近并等于蚀除速度,以维持一定的"平均"放电间隙,保证电火花加工正常、稳定进行,以获得较好的加工效果。常用的自动进给调节系统有电液自动控制系统和电-机械式自动进给调节系统。数控电火花成型机床普遍采用电-机械式自动进给调节系统。

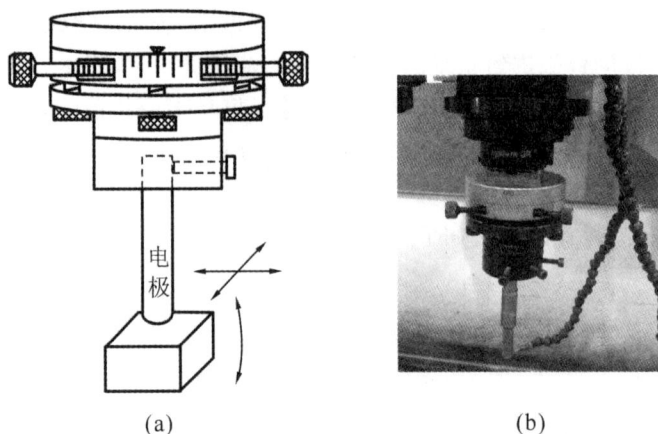

图 15-7　电极夹头

(a)结构;(b)外观

15.3　电火花成型机床的操作

15.3.1　电火花成型加工

1. 电火花成型加工方法

根据加工对象、精度及表面粗糙度等要求和机床的性能,确定加工方法。电火花成型加工方法通常有以下三种。

1) 单工具电极直接成型法

如图 15-8 所示,单工具电极直接成型法是采用同一个工具电极完成型腔粗加工和精加工的加工方法。

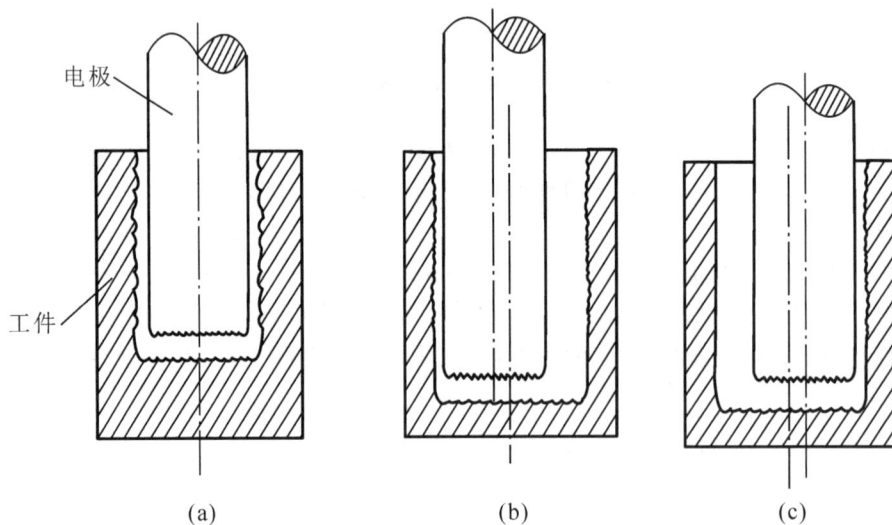

图 15-8　单工具电极直接成型法

(a)粗加工;(b)精加工型腔(左侧);(c)精加工型腔(右侧)

普通的电火花成型机床在加工过程中一般先用低损耗电规准进行粗加工,然后采用平动头使工具电极各点做平面小圆运动,按照粗、半精、精加工的顺序逐级改变电规准,进行侧面平动修整加工。在加工过程中,借助平动头逐渐加大工具电极的平移(偏心)量,可以补偿前后两个加工规准之间放电间隙的差值和表面微观不平度差值,实现型腔侧面仿形修光和侧面尺寸修精,完成整个型腔的加工。

进行单电极平动法加工时,工具电极只需一次装夹定位,可避免反复装夹带来的定位误差。但对于对棱角要求高的型腔,加工精度就难以保证。

如果加工中使用的是数控电火花成型机床,则不需要平动头,可利用工作台按照一定轨迹做微量移动来修光侧面。为区别于单电极平动法,这种加工方法通常称为摇动法。

2) 多电极更换法

如图 15-9 所示,多电极更换法是指根据一个型腔在粗、半精、精加工中放电间隙各不相同的特点,采用几个不同尺寸的工具电极完成一个型腔的粗、半精、精加工。在加工中,首先用粗加工电极蚀除大量金属,然后更换电极进行半精、精加工;对于加工精度要求高的型腔,往往需要较多的电极来精修型腔。

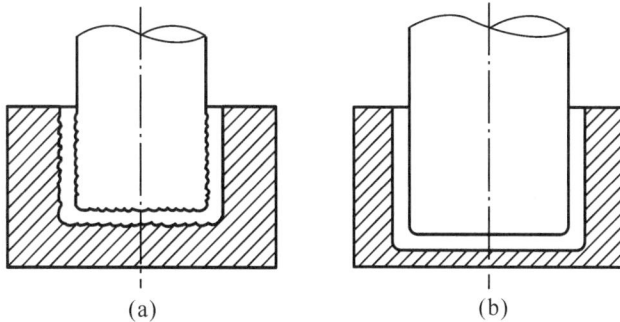

图 15-9　多电极更换法
(a)粗加工电极;(b)精加工电极

多电极更换法的优点是仿形精度高,尤其适用于带尖角、窄缝多的型腔模加工。它的缺点是需要制造多个电极,并且对电极的重复制造精度要求很高。另外,在加工过程中,更换电极时需要保证一定的重复定位精度。

3) 分解电极加工法

分解电极加工法是指根据型腔的几何形状,把电极分解成主型腔电极和副型腔电极并分别制造的方法。先用主型腔电极加工出主型腔,后用副型腔电极加工尖角、窄缝等部位。此方法的优点是能根据主、副型腔不同的加工条件,选择不同的电规准,有利于提高加工速度和改善加工表面质量,同时还可简化电极制造,便于电极修整。其缺点是主型腔和副型腔间的精确定位问题较难解决。

近年来,国内外广泛应用具有电极库的数控电火花机床,事先将复杂型腔分解为若干个简单型腔并配备相应的电极,编制好程序,在加工过程中自动更换电极和电规准,实现复杂型腔的加工。

2. 电极材料选择

从理论上讲,任何导电材料都可以用来制作电极。但不同的材料对电火花加工速度、加工质量、电极损耗、加工稳定性的影响也不同。因此,在实际加工中,应综合考虑各个方面的因素,选择最合适的材料做电极。

目前电极材料有紫铜(纯铜)、黄铜、钢、石墨、铸铁、银钨合金、铜钨合金等。常用的电极材料有紫铜和石墨。

1) 紫铜(纯铜)电极的特点

(1) 在电火花加工过程中稳定性好,不容易产生电弧,生产率高。

(2) 精加工时比石墨电极损耗小。

(3) 易于加工精密、微细的花纹,精密加工时表面粗糙度能低于 $1.25\ \mu m$。

(4) 韧度高,机械加工性能差,磨削加工困难。

(5) 适合做电火花成型的精加工电极材料。

2) 石墨电极的特点

(1) 机械加工成型容易,容易修正。

(2) 在加工中稳定性能较好,生产率高,在长脉宽、大电流加工时电极损耗小。

(3) 机械强度较低,尖角处易崩裂。

(4) 适宜于做电火花成型的粗加工电极材料。因为石墨的体积膨胀系数小,也可作为穿孔加工的大电极材料。

3. 电极的结构形式

电极的结构形式可根据型孔或型腔的尺寸大小、复杂程度及电极的加工工艺性等来确定。常用的电极结构形式如下。

(1) 整体式电极　整体式电极由一整块材料制成,如图 15-10(a)所示。若电极尺寸较大,则可在内部设置减轻孔及多个冲油孔,如图 15-10(b)所示。

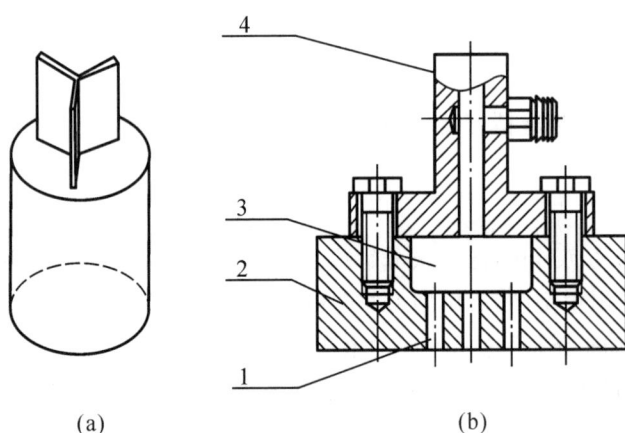 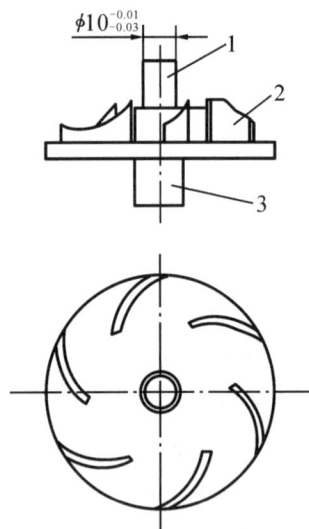

图 15-10　整体式电极
(a)立体图;(b)剖面图
1—冲油孔;2—电极;3—减轻孔;4—电极柄

图 15-11　组合电极
1—校正棒;2—电极;3—连接杆

(2) 组合电极　组合电极是指将若干个小电极组装在电极固定板上构成的、可一次性完成多个成型表面电火花加工的电极。如图 15-11 所示的加工叶轮的工具电极就是由多个小电极组装而成的。

采用组合电极加工时生产率高,各型孔之间的位置精度也较准确,但前提是要保证组合电极中各电极间的定位精度,并且每个电极的轴线要垂直于安装表面。

(3) 镶拼式电极　镶拼式电极是先将形状复杂而制造困难的电极分成几块来加工,然后再镶拼成整体的电极。如图15-12所示,将E字形硅钢片冲模所用的电极分成三块,加工完毕后再镶拼成整体。这样既可保证电极的制造精度,得到尖锐的凹角,又可简化电极的加工,节约材料,降低制造成本。但在制造中应保证各电极分块之间的位置准确,配合紧密牢固。

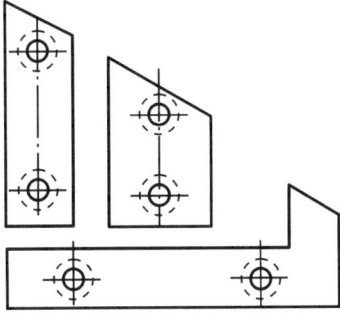

图 15-12　镶拼式电极

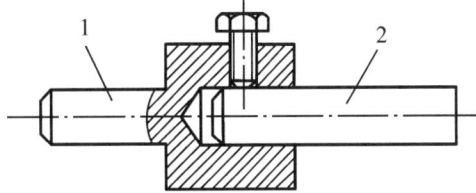

图 15-13　用标准套筒装夹电极

1—标准套筒;2—电极

4. 电极的装夹

电极装夹的目的是将电极安装在机床的主轴头上。在安装电极时,一般使用通用夹具或专用夹具直接将电极装夹在机床主轴的下端电极夹头上。常用装夹方法有下面几种。

(1) 小型的整体式电极多数采用通用夹具直接装夹在机床主轴下端,采用标准套筒、钻夹头装夹,如图15-13、图15-14所示。

(2) 对于尺寸较大的电极,常将电极通过螺纹连接直接装夹在夹具上。图15-15所示为螺纹夹头。

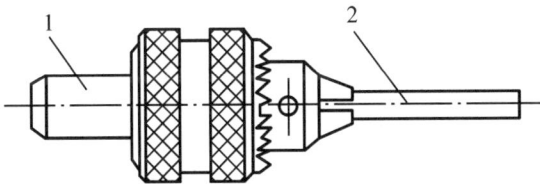

图 15-14　用钻夹头装夹电极

1—钻夹头;2—电极

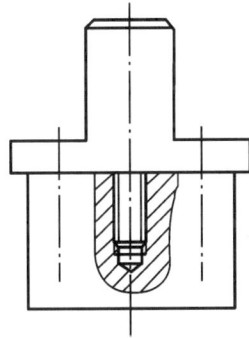

图 15-15　螺纹夹头

(3) 镶拼式电极的装夹比较复杂,一般先用连接板将几块电极拼接成所需的整体,然后再用机械方法固定,如图15-16(a)所示;也可用黏结剂(如环氧树脂)黏结,如图15-16(b)所示。在拼接时各结合面需平整密合,然后再将连接板连同电极一起装夹在电极柄上。

5. 电极极性的选择

由前文分析可知,选择电极极性的一般原则是:在短脉冲加工时,采用正极性加工方式;在长脉冲加工时,采用负极性加工方式。

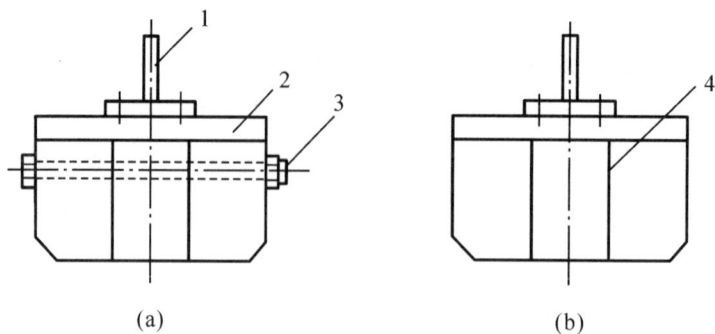

(a)　　　　　　　　　　　　　　　(b)

图 15-16　连接板式夹具

(a)用机械方式固定;(b)用黏结剂固定

1—电极柄;2—连接板;3—螺栓;4—黏结剂

6. 峰值电流和电流脉宽的选择

峰值电流和电流脉宽主要影响表面粗糙度和加工速度。脉冲峰值电流和电流脉宽愈大,单个脉冲能量也愈大,加工速度和表面粗糙度值愈大;反之,表面粗糙度值小,但加工速度要下降很多。

7. 脉冲间隔的选择

脉冲间隔主要影响加工效率,脉冲间隔小,加工效率高,但间隔太小会引起放电异常。应重点考虑排屑情况,以保证正常加工。

具体参数的选择请参考有关的机床使用说明书。

15.3.2　数控电火花成型机床操作

1. 了解电火花加工步骤

电火花加工步骤如图 15-17 所示。

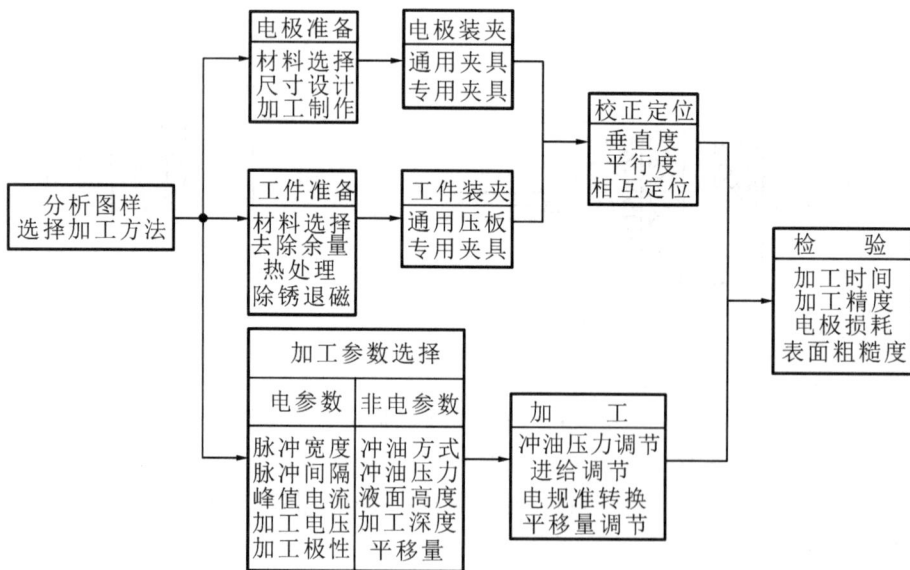

图 15-17　电火花加工的步骤

2. 准备工作

合上机床输入电源总开关,启动总电源,再启动计算机电源开关,相应的指示灯亮,稍等片刻,计算机屏幕上显示主菜单界面,然后根据提示启动强电开关。手动检查机床运动部件是否轻快自如。

3. 工具电极的校正

电极装夹好后,必须经过校正才能开始加工。不仅要调整电极使之与工件基准面垂直,而且需在水平面内调整、转动电极,使工具电极的截面与将要加工的工件型孔或型腔的位置一致。电极的校正主要靠调节电极夹头的相应螺钉来进行,如图 15-18 所示。

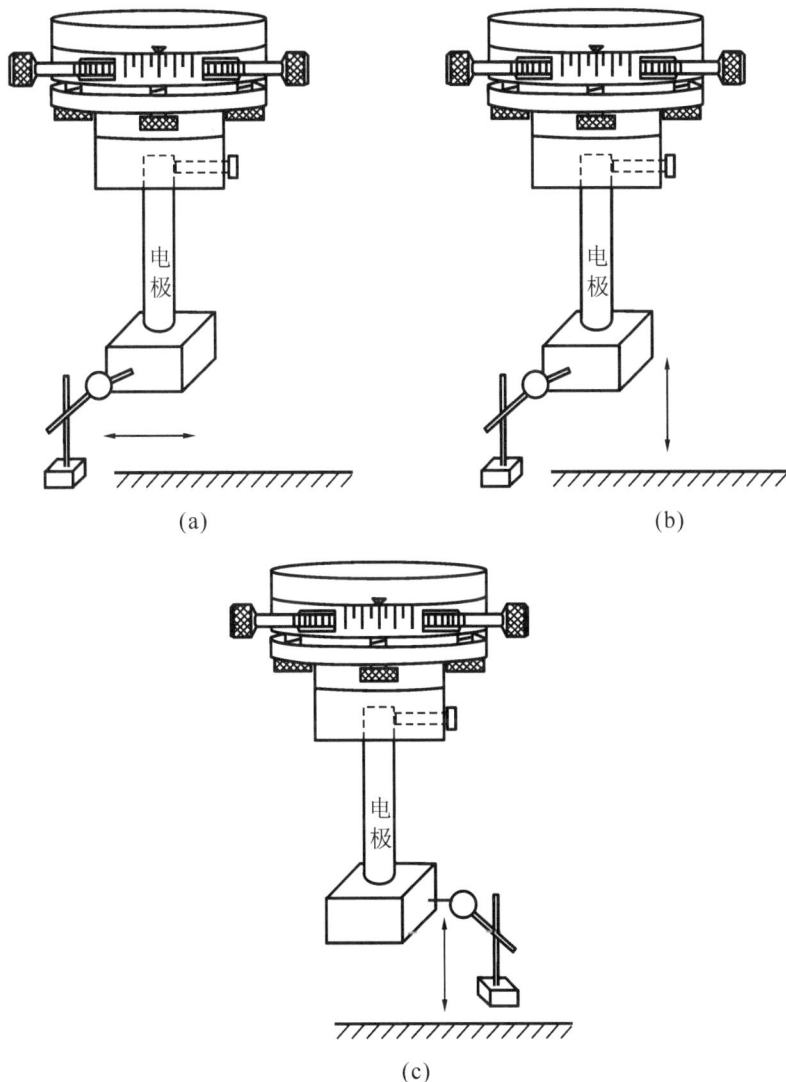

图 15-18 工具电极的校正

(a)使电极与 X 轴平行;(b)使电极前后水平;(c)使电极左右水平

将电极装夹到主轴上后,必须进行电极的垂直度校正,一般的校正方法如下。

(1)根据电极的侧基准面,采用千分表校正电极的垂直度,如图 15-19 所示。

(2)电极上无侧面基准时,以电极上端面作为辅助基准校正电极的垂直度,如图 15-20 所示。

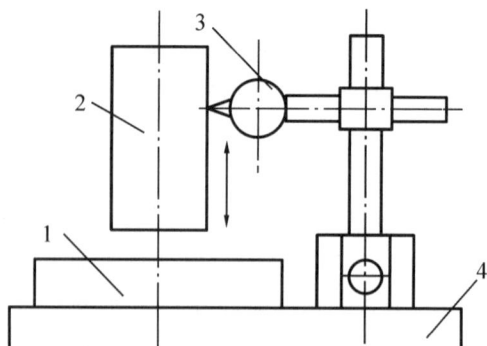

图 15-19　用千分表校正电极垂直度
1—工件；2—电极；3—千分表；4—工作台

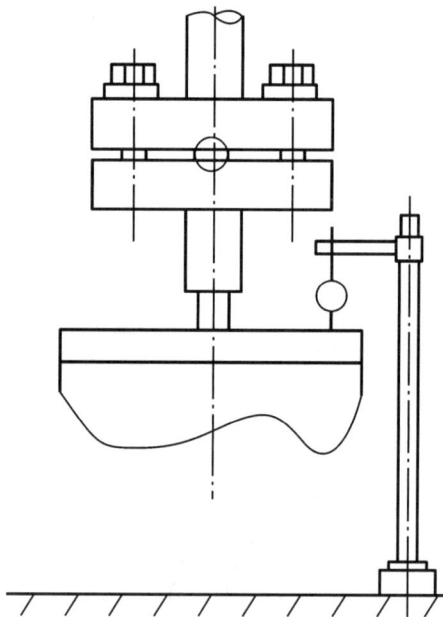

图 15-20　加工型腔时校正电极垂直度

4. 安装工件

将工件安装在工作台上，利用机床的撞刀保护(接触感知)功能进行对刀。在正式加工前，必须将工具电极与工件的相对位置找正。具体调节方法参见各机床说明书。

5. 调整工作液面

为了保证加工安全，工作液面必须高出工件加工面。一般情况下，液面高出加工面50 mm。

6. 确定电规准

根据加工工件的精度和加工面积确定电规准。确定电规准的原则是：粗加工时，应有较大的脉宽、较大的工作电流、较小的脉冲间隔，力求提高生产率；精加工时，为了获得较高的精度和表面质量，则应减小脉宽，减小工作电流，增大脉冲间隔等。将确定好的电规准输入计算机。

7. 加工

通过计算机选择所要加工的程序段,启动机床进行自动加工。加工完毕机床将自动停机。

8. 加工完成

加工完成后,停止作业,卸下工具电极与工件,切断电源,停机并擦净机床。

电火花成型加工实习安全操作规程

(1) 加工时,工作液面要高于工件一定距离(30～100 mm),如果液面过低,加工电流较大,很容易引起火灾。发生火灾时,应立即切断电源,并用四氯化碳或二氧化碳灭火器扑灭火苗,防止事故扩大化。

(2) 按照工艺规程做好加工前的一切准备工作,严格检查工具电极与工件是否都已校正和固定好。

(3) 调节好工具电极与工件之间的距离并锁紧工作台面后,应先启动工作液油泵,使工作液面高于工件加工表面一定距离,然后才能启动脉冲电源进行加工。

(4) 加工过程中,操作人员不能一只手触摸工具电极,另一只手触碰机床(因为机床是连通地面的),否则将有触电危险,严重时会危及生命。如果操作人员脚下没有铺橡胶垫、塑料垫等绝缘垫,则加工中不能触摸工具电极。

(5) 为了防止触电事故的发生,应建立各种电气设备的经常与定期检查制度,如出现故障或不符合有关规定,应及时加以处理。

尽量不要带电工作,特别是在危险场所(如周围有对地电压在 250 V 以上的导体的工作场地)应禁止带电工作。如果必须带电工作,应采取必要的安全措施(如站在橡胶垫上或穿绝缘胶靴,附近的其他导体或接地处都用橡胶布遮盖,并有专人监护等)。

(6) 加工完毕后即关断电源,收拾好工、夹、量具,并将场地清扫干净。

(7) 操作人员应坚守岗位,集中注意力,经常采用看、听、闻等方法观察机床的运转情况,发现问题要及时处理或向有关人员报告。

(8) 在电火花加工场所不能吸烟,并严禁其他明火。

第16章 电火花线切割加工

16.1 概　述

16.1.1 电火花线切割加工的基本原理

电火花线切割加工简称线切割,是电火花加工的一个分支,它是利用移动的细金属丝作为工具电极,在金属丝与工件间通以脉冲电流,利用脉冲放电的电腐蚀作用对工件进行切割加工的。其加工原理如图 16-1 所示。

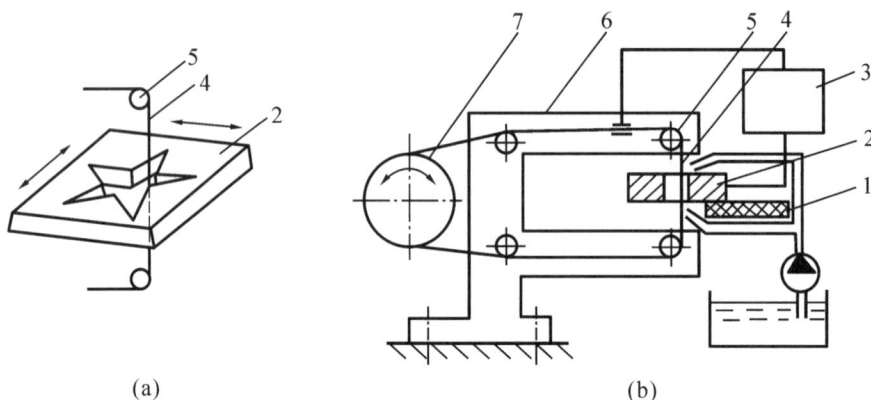

图 16-1　线切割机床加工原理

(a)立体图;(b)结构原理

1—绝缘底板;2—工件;3—脉冲电源;4—钼丝;5—导向轮;6—支架;7—贮丝筒

电火花线切割加工时,电极丝接脉冲电源的负极,工件接脉冲电源的正极。当一个电脉冲到来时,在电极丝与工件间产生一次火花放电,放电通道的中心温度可达 10 000 ℃以上,高温使放电点的工件表面金属熔化甚至汽化,电蚀形成的金属微粒被工作液清洗出去,工件表面形成放电凹坑,无数凹坑组成一条纵向的加工线。控制器通过进给电动机控制工作台的动作,使工件沿预定的轨迹运动,从而将工件切割成一定的形状。

线切割机床根据电极丝的走丝速度分为两大类:高速走丝线切割机床(一般走丝速度为 9 m/s 左右)和低速走丝线切割机床(一般走丝速度低于 0.2 m/s)。我国主要生产高速走丝线切割机床(见图 16-2)。本章主要介绍高速走丝线切割知识。

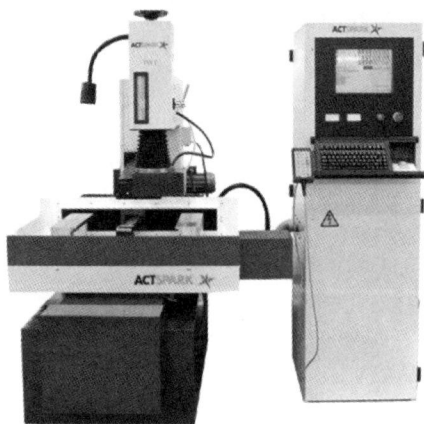

图 16-2　高速走丝线切割机床

16.1.2　线切割加工的特点

（1）由于电极工具是直径较小的细丝，故脉宽、平均电流等不能太大，加工工艺参数的范围较小。

（2）采用水或水基工作液，不会引燃起火，容易实现无人安全运行。

（3）电极丝通常比较细，可以加工窄缝及形状复杂的工件。由于切缝窄，金属的实际去除量很少，材料的利用率高，尤其在加工贵重金属时，可降低费用。

（4）无须制造成型工具电极，可大大降低工具电极的设计和制造费用，缩短生产周期。

（5）自动化程度高，操作方便，加工周期短，成本低。

16.1.3　线切割加工的适用范围

（1）模具加工　适用于加工各种形状的冲模。调整不同的间隙补偿量，只需一次编程就可以切割凸模、凸模固定板、凹模及卸料板等。

（2）新产品试制　在新产品试制过程中，利用线切割可直接切割出零件，不需要另行制造模具，可大大降低试制成本和周期。

（3）加工特殊材料　对于某些高硬度、高熔点的金属材料，用传统的切削加工方法几乎是不可能的，采用电火花线切割加工经济，且质量好。

16.2　数控线切割加工设备

数控电火花线切割机床主要由机床本体、脉冲电源、控制系统三大部分组成，其具体结构如图 16-3 所示。

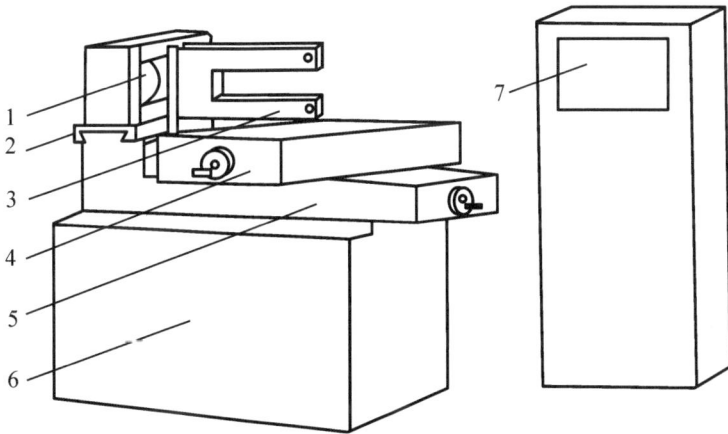

图 16-3　高速走丝线切割机床结构

1—贮丝筒；2—走丝溜板；3—丝架；4—上滑板；5—下滑板；6—床身；7—控制柜

16.2.1　机床本体

机床本体主要由床身、工作台、丝架、走丝机构、工作液循环系统等几部分组成。

1. 床身

床身通常为铸铁件,是机床的支承体,上面装有工作台、丝架、走丝机构等,其结构为箱式结构,内部安装电源和工作液箱。

2. 工作台

工作台用来装夹工件,其工作原理是:驱动电动机通过变速机构将动力传给丝杠螺母副,并将电动机的转动变换成运动轴的直线运动,从而获得各种平面图形的曲线轨迹。工作台主要由上、下滑板,丝杠螺母副,齿轮传动机构和导轨等组成。上、下滑板采用步进电动机带滚珠丝杠副驱动。

3. 走丝机构

走丝机构可分为高速走丝机构和低速走丝机构,目前国内生产的数控线切割机床采用的基本都是高速走丝机构。走丝机构的主要作用是带动电极丝按一定线速度运动,并将电极丝整齐地卷绕在贮丝筒上。

丝架是用来支撑电极丝的构件,通过导轮将电极丝引到工作台上,并通过导电块将高频脉冲电源连接到电极丝上。具有锥度切割功能的机床,丝架上还装有锥度切割装置。丝架的主要功用是在电极丝按给定的线速度运动时,对电极丝起支撑作用,并使电极丝与工作台平面保持一定的几何角度。

4. 工作液循环系统

该系统用于在加工中不断向电极丝与工件之间冲入工作液,迅速恢复绝缘状态,以防止产生连续弧光放电,并及时把蚀除下来的金属微粒排走。

16.2.2 脉冲电源

脉冲电源是数控电火花线切割机床的主要组成部分。它在两极之间产生高频高压的电脉冲,使电极丝与工件间形成脉冲放电,故通常又称高频电源。其功能是把工频的正弦交流电流转变成适应电火花加工需要的脉冲电流,以提供电火花加工所需的放电能量。脉冲电源的性能好坏将直接影响加工的切割速度、工件的表面粗糙度、加工精度及电极丝的损耗等。

16.2.3 控制系统

数控电火花线切割机床控制系统的主要功能如下。

1. 轨迹控制

轨迹控制是指精确地控制电极丝相对工件的运动轨迹。

2. 加工控制

加工控制是指控制伺服进给速度、电源装置、走丝机构、工作液系统等。

现在的电火花线切割机床基本上都直接采用微型计算机控制。除了对工作台或丝架的运动进行控制以外,线切割机床的数控装置还需要根据放电状态控制电极丝与工件的相对运动速度,以保证正确的放电间隙。数控电火花线切割机床控制系统的数字程序控制流程如图16-4所示。

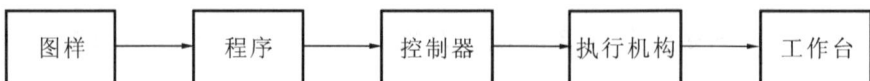

图样 → 程序 → 控制器 → 执行机构 → 工作台

图 16-4　数字程序控制流程

16.3 数控电火花线切割机床编程方法

数控电火花线切割机床的控制系统是根据指令控制机床进行加工的。为了加工出所需要的图形,必须事先根据要切割的图形,用机器所能接受的语言进行编程,并将程序输入控制系统。编程方法分为手工编程和计算机编程。手工编程的计算工作比较繁杂,花费时间较多。现在线切割机床编程大都采用计算机编程。高速走丝线切割机床一般采用3B代码格式,而低速走丝线切割机床一般采用国际上通用的ISO(G代码)格式。目前市场上很多自动编程软件既可以输出3B代码,又可以输出G代码。

本章简要介绍3B代码编程。

16.3.1 3B代码编程

1. 程序格式

BX BY BJ GZ

其中各项参数的含义如下。

B:分隔符号,因为X、Y、J均为数码,所以需用符号B将它们区分开来,若B后的数字为0,则0可以不写。

X、Y:加工圆弧时,X、Y为起点坐标值;加工直线时,X、Y为终点坐标值。坐标以μm为单位。

J:计数长度,以μm为单位。

G:计数方向,可分为G_X、G_Y。

Z:加工指令,包括直线插补指令(L)和圆弧插补指令(R)两类,如图16-5所示。直线插补指令L_1、L_2、L_3、L_4分别对应被加工斜线在第一、二、三、四象限的情况。圆弧插补指令根据加工方向又可分为顺圆插补指令(SR_1、SR_2、SR_3、SR_4)和逆圆插补指令(NR_1、NR_2、NR_3、NR_4)。

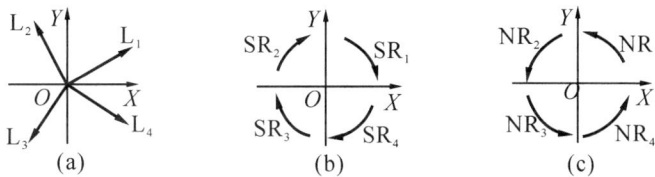

图16-5 直线和圆弧的加工指令
(a)直线插补;(b)顺圆插补;(c)逆圆插补

2. 直线的编程

(1)以直线的起点作为坐标原点。

(2)把直线的终点坐标值作为X、Y值,均取绝对值,单位为μm。X、Y值的作用主要是确定直线的斜率,因此可将直线终点坐标的绝对值除以它们的最大公约数作为X、Y的值,以简化数值。

(3)计数长度J,按计数方向G_X或G_Y取该直线在X轴或Y轴上的投影值,即取X值或Y值,以μm为单位。

(4)计数方向的选取原则是取本程序最后一步的轴向为计数方向。对于直线加工,取X、Y的绝对值中的较大者作为计数长度J,取相应的轴向为计数方向。

(5)如果加工的直线与坐标轴重合,根据进给方向来确定插补指令。与X轴重合且沿$+X$方向进给的用指令L_1,与Y轴重合且沿$+Y$方向进给的用指令L_2,与X轴重合且沿$-X$方

向进给的用指令 L_3,与 Y 轴重合且沿－Y 方向进给的用指令 L_4。与 X、Y 轴重合的直线,编程时 X、Y 值均可作 0,并且 X、Y 值出现在符号 B 后时可不写。

3. 圆弧的编程

(1) 以圆弧的圆心作为坐标原点。

(2) 以圆弧的起点坐标的绝对值作为 X、Y 值,单位为 μm。

(3) 计数长度 J 按计数方向取圆弧在 X 或 Y 轴上的投影值,以 μm 为单位。如果圆弧较长,跨越两个以上象限,则分别按计数方向取 X 轴或 Y 轴上各个象限内圆弧投影值的绝对值相加,作为该方向计数长度。

(4) 计数方向同样也应取与该圆弧终点走向较一致的轴向,以减少编程工作量和降低加工误差。对于圆弧,取终点坐标中绝对值较小者对应的轴向作为计数方向(与直线相反)。

(5) 圆弧插补指令共有 8 种,即 SR_1、SR_2、SR_3、SR_4、NR_1、NR_2、NR_3、NR_4,如图 16-5 所示,其中 R_1、R_2、R_3、R_4 表示第一步所进入的象限分别为第一、第二、第三、第四象限,S、N 分别表示切割走向为顺时针和逆时针方向。

4. 编程举例

编程图形如图 16-6 所示。

(1) 加工直线 AB　坐标原点在 A 点,直线 AB 与 X 轴重合,X 与 Y 值编程时均可作 0,并且 X、Y 值在符号 B 后,可不写,程序为

B　　B　　B400000　　G_X　　L_1

(2) 加工斜线 BC　坐标原点在 B 点,斜线 BC 终点 C 的坐标值为 $X=10000$,$Y=90000$,程序为

B10000　　B90000　　B90000　　G_Y　　L_1

(3) 加工圆弧 CD　以圆心 O 作为坐标原点,圆弧 CD 起点 C 的坐标值 $X=30000$,$Y=40000$,程序为

B30000　　B40000　　B60000　　G_X　　NR_1

(4) 加工斜线 DA　坐标原点在 D 点,斜线 DA 终点 A 的坐标值为 $X=10000$,$Y=-90000$,程序为

B10000　　B－90000　　B90000　　G_Y　　L_4

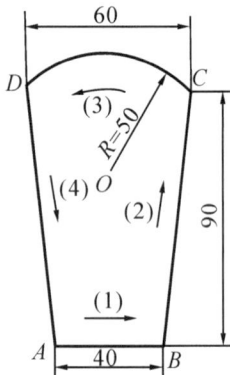

图 16-6　编程图形

16.3.2　自动编程

手工编程的计算工作比较繁杂,线切割机床编程大都采用计算机编程。CAXA 线切割是一个面向线切割机床数控编程的软件系统,其自动编程过程一般是:利用 CAXA 线切割的 CAD 功能绘制加工图形→生成加工轨迹和加工仿真结果→生成线切割加工程序→将线切割加工程序传输给线切割加工机床。

16.4　数控电火花线切割机床的操作

16.4.1　数控电火花线切割机床的工艺指标

1. 切割速度

切割速度是指单位时间内电极丝中心所切割过的有效面积,通常以 mm^2/min 表示。高

速走丝线切割机床最大切割速度为 120 mm²/min。

2. 表面粗糙度

高速走丝线切割机床加工的表面粗糙度 Ra 为 5～2.5 μm。

3. 加工精度

高速走丝线切割机床的加工精度为 0.01～0.02 mm。

4. 电极丝损耗量

高速走丝机床电极丝损耗量用电极丝在切割 10 000 mm² 面积后电极丝直径的减少量来表示,一般减少量不应大于 0.01 mm。

16.4.2 电火花线切割加工中的电参数和非电参数

1. 电参数

1) 放电峰值电流 $\hat{i}_e$

放电峰值电流增大,单个脉冲能量增大,工件放电痕迹增大,故切割速度迅速提高,表面粗糙度数值增大,电极丝损耗增大,加工精度有所下降。因此,第一次线切割加工及加工较厚工件时取较大的放电峰值电流。

放电峰值电流不能无限制增大,当其达到一定临界值时,若再继续增大峰值电流,则加工的稳定性变差,加工速度明显下降,甚至会断丝。

2) 脉宽 t_i

在其他条件不变的情况下,增大脉宽,线切割加工的速度会提高,表面粗糙度会变差。这是因为当脉宽增大时,单个脉冲放电能量增大,放电痕迹会变大。同时,随着脉宽的增大,电极丝损耗也会变大。因为脉宽增大,正离子对电极丝的轰击作用加强,将使接负极的电极丝损耗变大。

当脉宽增大到一临界值时,线切割加工速度将随脉宽的增大而明显减小。因为当脉宽达到一临界值时,加工稳定性会变差,从而影响加工速度。

3) 脉冲间隔 t_o

在其他条件不变的情况下,减小脉冲间隔,脉冲频率将提高,单位时间内放电次数增多,平均电流增大,从而使切割速度提高。

脉冲间隔在电火花加工中的主要作用是消电离和恢复液体介质的绝缘强度。脉冲间隔不能过小,否则会影响电蚀产物的排出和火花通道的消电离,导致加工稳定性变差和加工速度降低,甚至断丝。当然,也不是说脉冲间隔越大,加工就越稳定。脉冲间隔过大会使加工速度明显降低,严重时不能连续进给,加工变得不稳定。

综上所述,电参数对线切割电火花加工的工艺指标的影响有如下规律。

(1)加工速度随着加工峰值电流、脉宽的增大和脉冲间隔的减小而提高,即加工速度随着加工平均电流的增大而提高。有实验证明,增大峰值电流对切割速度的影响比增大脉宽对切割速度的影响显著。

(2)加工表面粗糙度随着加工峰值电流、脉宽的增大及脉冲间隔的减小而增大,不过脉冲间隔对表面粗糙度影响较小。

(3)脉冲间隔的合理值主要与工件厚度有关。工件较厚时,因排屑条件不好,可以适当增大脉冲间隔。

实践表明,在加工中改变电参数对工艺指标影响很大,必须根据具体的加工对象和要求,综合考虑各因素及其相互影响关系,选取合适的电参数,既优先满足主要加工要求,同时又注意提高各项加工指标。例如:加工精密零件时,尺寸精度和表面粗糙度是主要指标,加工速度是次要指标,选择电参数时主要考虑的是满足尺寸精度高、表面粗糙度低的要求;加工低精度零件时,对尺寸的精度和表面粗糙度要求低一些,故可选较大的加工峰值电流、脉宽,尽量获得较大的加工速度。此外,不管加工对象和要求如何,都需选择适当的脉冲间隔,以保证加工稳定进行,提高脉冲利用率。因此,选择电参数值是相当重要的,只有客观地运用它们的最佳组合,才能够获得良好的加工效果。

2. 非电参数

1)电极丝

(1)材料 目前,高速走丝线切割加工中广泛使用直径为 0.18 mm 左右的钼丝作为电极丝,低速走丝线切割加工中广泛使用直径为 0.1 mm 以上的黄铜丝作为电极丝。

(2)走丝速度 对于高速走丝线切割机床,在一定的范围内,提高走丝速度(简称丝速)有利于脉冲结束时放电通道迅速消电离。同时,高速运动的电极丝能把工作液带入厚度较大的工件的放电间隙中,有利于排屑和放电加工稳定进行。故在一定加工条件下,随着丝速的增大,加工速度会有所提高。

2)工件材料及厚度

(1)工件材料对工艺指标的影响 在工艺条件大体相同的情况下,工件材料的化学、物理性能不同,加工效果也会有较大的差异。

在高速走丝、采用乳化液介质的情况下,加工铜件、铝件时,加工过程稳定,加工速度快,但电极丝易涂覆一层铜、铝电蚀物微粒,加速导电块磨损。加工不锈钢、磁钢、未淬火的钢(硬度低)时,加工稳定性差一些,加工速度也低,表面粗糙度更大。加工硬质合金或淬火高硬度钢时,加工比较稳定,加工速度较快,表面粗糙度小。

(2)工件厚度对工艺指标的影响 工件厚度对工作液进入和流出加工区域,以及电蚀产物的排除、通道的消电离等都有较大的影响。同时,电火花通道压力对电极丝抖动的抑制作用也与工件厚度有关。这样,工件厚度必然会对电火花加工稳定性和加工速度产生相应的影响。工件薄,工作液容易进入和充满放电间隙,对排屑和消电离有利,加工稳定性好。但是工件若太薄,采用固定丝架时,电极丝从工件两端面到导轮的距离大,易发生抖动,会对加工精度和表面粗糙度带来不良影响,且脉冲利用率低,切割速度小;工件若太厚,工作液难以进入和充满放电间隙,这样对排屑和消电离不利,加工稳定性差。

16.4.3 电火花线切割加工前的准备

1. 开机

合上机床输入电源总开关,此时机床控制面板上的电压表示数应在 220 V 左右,且相应的指示灯亮。用机油充分润滑机床运动部件。打开计算机,进入系统主屏幕。检查乳化油箱及其回油管的位置是否正确,穿钼丝并校正其垂直度,调节行程开关,使钼丝得到充分利用;检查操作面板上波段开关的位置是否正确。

2. 确定起始切割点

电火花线切割加工的零件大部分是封闭图形,因此切割的起始点通常也就是切割加工的终点。为了减少工件切割表面上的残留切痕,应尽可能把起始点选在切割表面的拐角处或精度要求不高的表面上,或选在容易修整的表面上。

3. 切割路线的确定

在整体材料上切割工件时,材料边角处的变形较大,因此确定切割路线时,应尽量避开坯料的边角处;在线切割中工件坯料的内应力会失去平衡而使工件产生变形,影响加工精度,严重时切缝甚至会夹住、拉断电极丝。应综合考虑内应力导致的变形等因素,合理设置切割路线。应将工件与其夹持部分分离的切割段安排在总的切割程序末端,图 16-7(c)所示的路线最好。按图 16-7(a)、(b)所示路线,不打穿丝孔,从外切入工件,切第一边时工件的内应力将失去平衡而使工件产生变形,使切第二边、第三边、第四边时加工误差增大。按图(d)所示路线,切第一边时工件与坯料的主要连接部位被过早地割离,余下的材料被夹持部分少,工件刚度将大大降低,容易产生变形,因而影响加工精度。

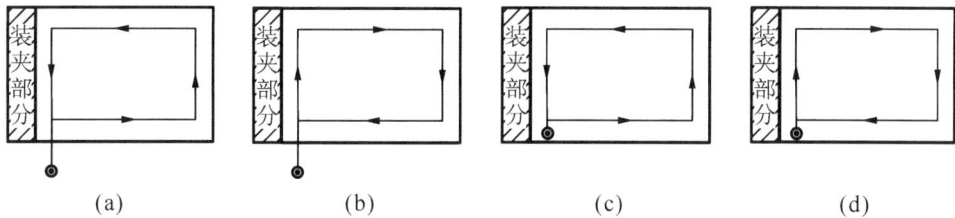

图 16-7　切割凸模时穿丝孔位置及切割方向比较

4. 毛坯的准备

为了提高加工精度,通常应在毛坯的适当位置进行预孔加工,即加工穿丝孔(见图 16-7(c)和(d))。穿丝孔的位置最好选择在已知坐标点或便于运算的坐标点处,以简化编程时控制轨迹的运算。

5. 工件的装夹及穿丝

工件的装夹方式对加工精度有直接影响。常用工件的装夹方式如图 16-8 所示。常用夹具有压板夹具、磁性夹具、分度夹具等。安装工件前,首先要确定基准面。装夹工件时,基准面应清洁无毛刺,工件上必须留有足够的夹持余量;对工件的夹紧力要均匀,不得使工件产生变形或翘起。不得使工件夹具在加工时与丝架相碰。工件装夹完毕后要穿丝,穿丝前应检查电极丝的直径是否与编程所规定的电极丝直径相同,当电极丝损耗到一定程度时应更换新的电极丝。穿丝完毕后应检查电极丝的位置是否正确,特别要注意电极丝是否在导轮槽内。

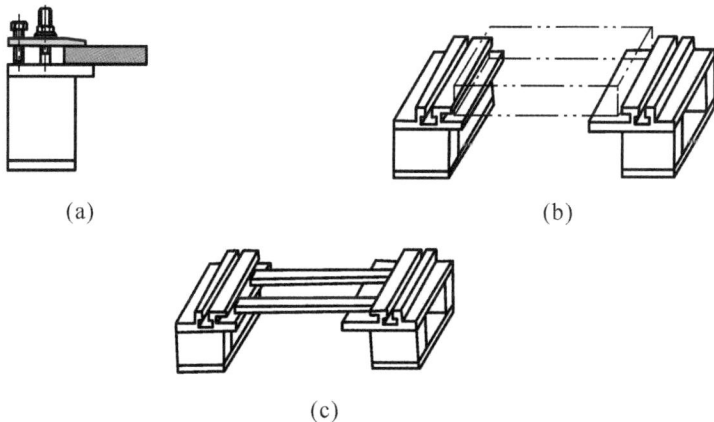

图 16-8　工件的装夹方式
(a)悬臂支承;(b)两端支承;(c)桥式支承

6. 电极丝垂直度的调整

在进行精密零件加工等情况下,需要重新校正电极丝对工作台平面的垂直度。电极丝垂直度校正的常见方法有两种,一种是利用找正块校正(又称为火花法),一种是利用校正器校正。

1) 利用找正块校正

找正块是一个六方体或类似六方体(见图 16-9(a))。在校正电极丝垂直度时,首先目测电极丝的垂直度,若明显不垂直,则调节 U、V 轴,使电极丝大致垂直于工作台;然后将找正块放在工作台上,在弱加工条件下,将电极丝沿 X 方向缓缓移向找正块。当电极丝快碰到找正块时,电极丝与找正块之间产生火花放电,然后肉眼观察产生的火花:若火花上下均匀(见图 16-9(b)),则表明在该方向上电极丝垂直度良好;若下面火花多(见图 16-9(c)),则说明电极丝右倾,故将 U 轴上的值调小,直至火花上下均匀;若上面火花多(见图 16-9(d)),则说明电极丝左倾,故将 U 轴上的值调大,直至火花上下均匀。同理,调节 V 轴上的值,使电极丝在 V 向垂直度良好。

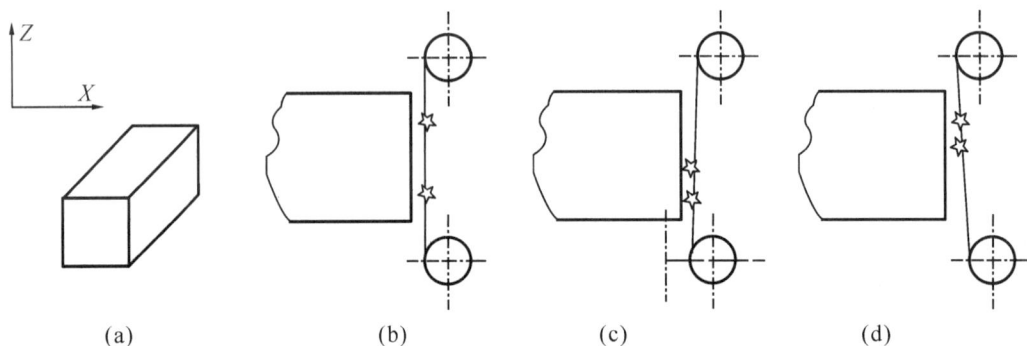

图 16-9　利用找正块校正电极丝垂直度
(a)找正块;(b)垂直度较好;(c)垂直度较差(右倾);(d)垂直度较差(左倾)

在利用找正块校正电极丝的垂直度时,需要注意以下几点。

(1) 找正块使用一次后,其表面会留下细小的放电痕迹,下次找正时,要重新换位置,不可用有放电痕迹的位置碰火花来校正电极丝的垂直度。

(2) 在精密零件加工前,分别校正 U、V 轴的垂直度后,需要检验电极丝垂直度校正的效果。具体方法是:重新分别从 U、V 轴方向碰火花,看火花是否均匀,若 U、V 方向上火花均匀,则说明电极丝垂直度较好;若 U、V 方向上火花不均匀,则重新校正,再检验。

(3) 在校正电极丝垂直度之前,电极丝应张紧,张力与加工中使用的张力相同。

(4) 校正电极丝垂直度时,电极丝要运行,以免电极丝断丝。

2) 利用校正器校正

校正器是一个由触点与指示灯构成的光电校正装置,电极丝与触点接触时指示灯亮。校正器(见图 16-10)的灵敏度较高,使用方便且直观。其底座用耐磨、不会变形的大理石或花岗岩制成。

利用校正器校正电极丝垂直度的方法与利用找正块校正的方法大致相似。主要区别是:利用找正块校正时要观察火花上下是否均匀,而利用校正器校正时则要观察指示灯。若在校正过程中指示灯同时亮,说明电极丝垂直度良好,否则需要校正。

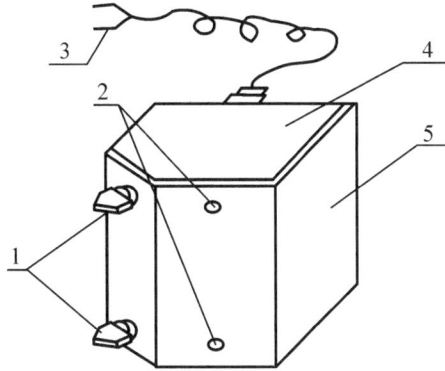

图 16-10　校正器

1—上、下测量头；2—上、下指示灯；3—导线及夹子；4—盖板；5—底座

在使用校正器校正电极丝的垂直度时，要注意以下几点：

（1）电极丝停止走丝时不能放电。

（2）电极丝应张紧，电极丝的表面应干净。

（3）若加工零件精度高，则在校正电极丝垂直度后需要检验校正效果，其方法与用找正块校正时类似。

7. 电参数的调整

主要包括脉宽、脉冲间隔、脉冲电压、峰值电流等电参数的调整。

8. 进给速度的调节

调节进给速度本身并不能直接提高加工速度，但能保证加工的稳定性。适当地调节进给速度，可保证加工的稳定进行，获得好的加工质量。

9. 走丝速度的调节

对于不同厚度的工件，应选择合适的走丝速度。

16.4.4　试切与切割

对于加工质量要求较高的工件，正式加工前最好进行试切。通过试切可确定正式加工时的各种工艺参数，同时可检查编制的程序是否正确。

电火花线切割加工实习安全操作规程

（1）操作者必须熟悉机床操作规程，开机前应检查各连线是否接触良好，电网供电是否正常，并应按设备润滑要求对设备相对运动部位进行润滑，润滑油必须符合设备说明书要求。

（2）要注意开机的顺序，先开走丝电动机，再开工作液泵，最后开高频电源。

（3）装卸钼丝时，操作贮丝筒后，应及时将手摇柄拨出，防止贮丝筒转动时将手柄甩出伤人；换下来的废旧钼丝要放在规定的容器内，防止混入电路和走丝机构中，造成电器短路、触电和断丝事故。

（4）装拆工件时，一定要断开高频电源，以防止触电。在装拆过程中注意不要让手、工具、夹具、工件等碰到钼丝，以防碰断钼丝；加工工件前，应确认工件的安装位置正确，防止工件碰撞丝架和因超行程而撞坏丝杠、螺母等传动部件。

（5）加工中若要改变电参数，一定要在钼丝换向时间内操作。

（6）在关停走丝电动机时，一定要确保钼丝停在贮丝筒有效行程内，以防止电动机移动拉断钼丝；在正常停机情况下，一般把钼丝停在贮丝筒的一边，防止不小心碰断钼丝，造成整筒钼丝报废。

（7）机床接通高频电源后，不可用手或手持金属工具同时接触加工电源的两输出端（床身与工件），防止触电；紧急情况下，关断走丝机构电源即可使机床总停；禁止用湿手、污手按开关或接触计算机操作键盘、鼠标等电子设备。

第 17 章　增材制造技术

17.1　概　　述

制造技术从制造原理上可以分为三类:第一类技术为等材制造,在等材制造过程中,材料仅发生形状的变化,其质量基本上不发生变化;第二类技术为减材制造,在减材制造过程中,材料不断减少;第三类技术为增材制造,在增材制造过程中,材料不断增加,如激光快速成型、3D打印等。

17.1.1　增材制造技术的原理

增材制造技术是 20 世纪 80 年代发展起来的一种高新技术,是造型技术和制造技术的一次飞跃,它从成型原理上提出一个分层制造、逐层叠加成型的全新制造模式,即将计算机辅助设计(CAD)、计算机辅助制造(CAM)、计算机数字控制、激光、伺服驱动和新材料技术等先进技术集于一体,依据计算机上构成的工件三维设计模型,进行分层切片,得到各层截面的二维轮廓信息,增材制造装备的成型头再按照这些轮廓信息在控制系统的控制下,选择性地固化或切割一层层的成型材料,形成各个截面轮廓,并逐步顺序叠加得到三维工件。

美国材料与试验协会 F42 国际委员会对增材制造有明确的定义:增材制造是依据三维CAD 数据将材料连接起来而制作物体的过程,相对于减材制造,它通常是逐层累加过程。增材制造也常被称为 3D 打印,因其是采用打印头、喷嘴或其他打印技术沉积材料来制造物体的技术。

从广义上来说,以设计数据为基础,将材料(包括液体、粉材、线材或块材等)自动化地累加起来形成实体结构的制造方法,都可视为增材制造。

增材制造通过离散获得每一层面的制造信息和堆积的顺序,通过堆积材料构成三维实体。增材制造的全过程可由图 17-1 表示。

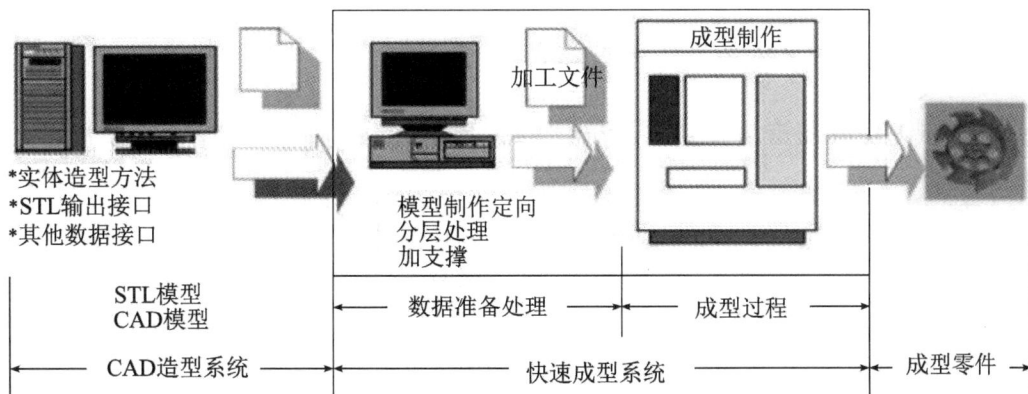

图 17-1　增材制造流程图

17.1.2　增材制造与传统制造方法的区别

如前文所述,传统制造方法根据零件成型的过程主要包括两大类型:一类是减材制造方法,这类方法以成型过程中材料减少为特征,通过各种手段将零件毛坯上的多余材料去除,如切削加工、磨削加工、电化学加工等,这类方法通常又称为材料去除法;另一类是等材制造方法,材料的质量在成型过程中基本保持不变,在成型过程中主要发生材料的转移和毛坯形状的改变,如各种压力成型方法以及各种铸造方法,这类方法通常又称为材料转移法。这两类方法是目前制造领域中普遍采用的方法,也是非常成熟的方法,能够满足加工精度等各方面的要求。然而,随着市场日新月异的变化以及产品生命周期的缩短,企业必须重视新产品的不断开发和研制,这样才能在竞争日益激烈的市场中立于不败之地。传统的制造方法无法很好地满足新产品快速开发的要求,这就促使制造领域发生了一场大的变革——增材制造技术出现。传统制造与增材制造方法的比较如图 17-2 所示。

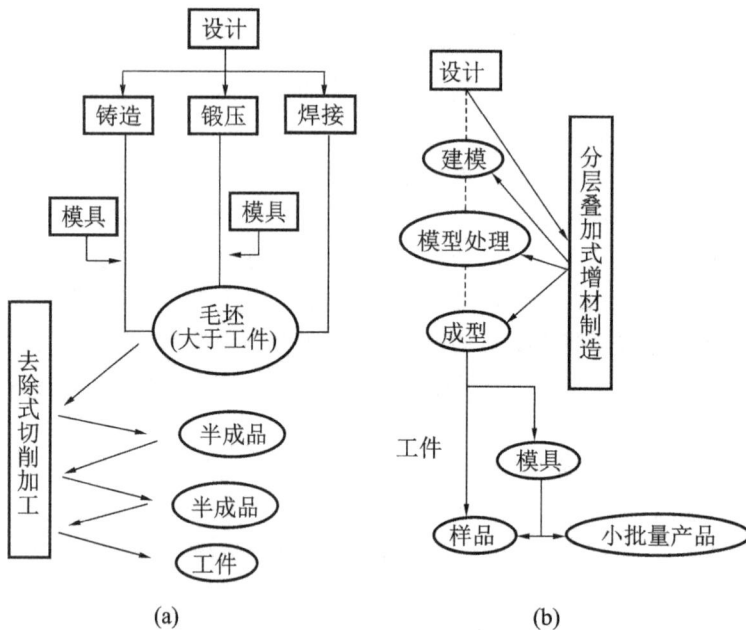

图 17-2　传统制造与增材制造方法比较
(a)传统制造;(b)增材制造

17.1.3　增材制造与传统制造方法的关系

从以上对增材制造方法与传统制造方法的论述可以知道,这两者是相辅相成、相互补充、密不可分的。增材制造技术主要用于制造样品,也就是将设计者的设计思想、设计模型迅速转化为实实在在的、看得见摸得着的三维实体样件。增材制造一般生产的是单个样件或小批量样件,它的优势是在极短的时间内,不使用刀具、夹具、模具和辅具,将设计思想实体化,主要应用于新产品的快速开发。而真正的大批量生产,包括中批量生产,还是要采用传统制造方法来实现。在新产品开发中首先采用增材制造技术,再采用传统制造方法进行大批量生产,能避免因多次试制而出现不必要的返工,从而可降低生产成本,缩短新产品试制的时间,使新产品能够尽早上市,提高企业对市场响应的速度,使企业在激烈的市场竞争中占得先机。

17.1.4　增材制造主要技术方法与使用的材料

1. 增材制造主要技术方法

增材制造技术自诞生以来,经过了三十多年的发展,人们已经根据不同成型材料开发出数十种成型方法,目前比较成熟、应用比较普遍的增材制造技术有以下几种。

(1) 融化沉积成型(FDM)增材制造。

(2) 选择性光固化(SLA)增材制造。

(3) 选择性激光烧结(SLS)增材制造。

(4) 薄材分层切割增材制造。

(5) 金属材料的增材制造。

2. 增材制造技术使用的材料

增材制造技术是一门跨学科交叉技术,而材料科学无疑是其中最核心的部分之一。新材料的研发既是其瓶颈,也是增材制造技术发展的方向之一。增材制造原材料按照形态可以分为液体材料、薄片材料、粉末材料、丝线材料,按照材料性能也可分为高分子材料、金属材料、无机非金属材料和复合材料,其中又以金属材料和高分子材料应用最为广泛。

1) 高分子材料

高分子材料在一定温度下具有良好的热塑性,强度合适,流动性好,价格低廉,是增材制造所使用的最主流的材料之一。应用于增材制造的高分子材料主要分为工程塑料和光敏树脂两大类。

适用于增材制造技术的热塑性材料主要有 ABS、PC(聚碳酸酯)、PLA(聚乳酸)、PA(聚酰胺)和 PEEK(聚醚醚酮)。

ABS 工程塑料常用于 FDM 增材制造,其强度高,韧性好,耐冲击,无毒无味,颜色多样,但在遇冷时尺寸稳定性差,会收缩引发脱落翘曲或开裂现象,可以通过复合改性提升 ABS 材料物理力学性能。PC 与 ABS 树脂相比,力学性能更出色,高强高弹,耐燃,抗疲劳,抗弯曲,尺寸稳定性好,不易收缩变形,在汽车、航天等对制造强度要求较高的工业领域应用广泛。PLA 是典型的生物塑料,具有良好的生物降解性和生物相容性,对环境无害。

2) 金属材料

金属材料在增材制造技术中的应用迅速发展,使得金属材料增材制造成为对传统机械制造的重要补充。增材制造技术使用的金属材料多为粉末,为了达到较高的性能,对原材料要求较高,特别是为了得到优异的流动性,要求粉末具有较高的纯净度和球形度、较窄的粒径分布和较低的氧含量。

钛及钛合金因具有比强度高、耐高温,以及耐蚀性和生物相容性好等优点,在航天、医疗等领域得到广泛应用。例如,利用钛合金增材制造的机翼中央翼缘条已应用在 C919 大飞机的机翼结构中。钴铬合金则具有非常好的力学性能(强度、硬度等)、耐蚀性和耐热性。

3) 无机非金属材料

在增材制造中应用的无机非金属材料主要有陶瓷、水泥等,且主要以粉末和浆料的形式出现。陶瓷材料是人类使用的最古老的材料之一,具有强度高,硬度大,耐熔、耐磨、耐氧化,绝缘性、化学稳定性好等优点,是工业制造中的常用材料,但由于其硬而脆的特性,其模具制造需要较长的制作周期且成本高昂,其在传统制造中的应用受到了限制。而增材制造技术恰恰克服了这些不足,使得陶瓷制件的生产效率大大提高。

磷酸三钙陶瓷具有天然的生物相容性和化学稳定性,其化学组成与人骨相似,与人体适配度良好,是骨修复材料的理想选择。氧化铝陶瓷以 Al_2O_3 为主体,具有来源广、用途多、成本低、产量大、高强高硬、耐磨耐腐等特性,常应用于工业零部件制作。

17.1.5 增材制造过程

虽然增材制造的工艺方法有很多种,但所有的增材制造工艺方法都是一层一层地来制造零件的,不同的是每种方法所用的材料不同,制造每一层添加材料的方法不同。增材制造的工艺过程一般由以下三个步骤构成。

1. 前处理

前处理包括产品三维模型的构建、三维模型的近似处理、模型成型方向的选择和三维模型的切片处理。

1）产品三维模型的构建

由于快速成型机只有在对三维模型进行分层切片处理后才能进行加工,因此,进行增材制造时首先必须建立三维模型。目前构造三维模型主要有以下方法(见图 17-3):

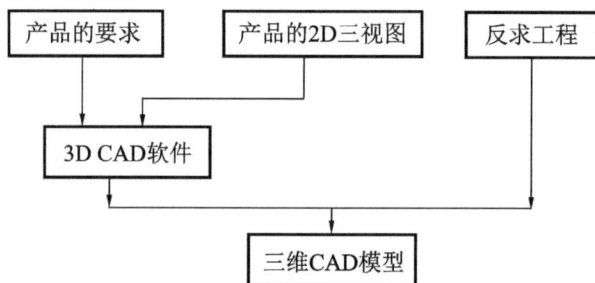

图 17-3　构造三维模型的方法

（1）应用计算机三维设计软件,根据产品的要求设计三维模型。常用的 CAD 软件有 CATIA、Pro/E 和 SolidWorks 等。

（2）应用计算机三维设计软件,将已有产品的二维三视图转换为三维模型。

（3）利用反求工程构建三维模型。反求工程方法与传统的产品正向设计方法不同,它是运用先进的测量技术对已存在的产品、零件原型或零件的工程设计模型进行三维扫描和数字化处理,在此基础上对已有产品进行剖析、理解和改进,是对已有设计的再设计。

常见的物体三维几何形状的测量方法基本可分为接触式和非接触式两大类,而测量系统与物体的作用不外乎光、声、机、电等方式,现有的一些测量方法既有各自独特的应用优势,又都有一定的局限性。

图 17-4　激光扫描仪

常用的三维测量设备有传统的坐标测量机(CMM)、激光扫描仪(见图 17-4)、零件断层扫描机、X 射线计算机断层扫描(CT)仪和磁共振成像(MRI)仪等。

2）三维模型的近似处理

由于产品往往有一些不规则的自由曲面,加工前要对模型进行近似处理,以方便后续的数据处理工作。由于 STL 文件的格式简单、实用,目前已经成为增材制造领域的标准接口文件。STL 格式文件最初出现于 1988 年美国

3D Systems 公司生产的 SLA 快速成型机中,它是目前增材制造系统中最常见的一种文件格式。STL 模型用一系列的小三角形平面来逼近原来的模型,将三维模型近似成小三角形平面的组合,每个小三角形用三个顶点坐标和一个法向量来描述,三角形的大小可以根据精度要求进行选择。如图 17-5 所示为小扳手的三维原始模型,其经近似处理后则如图 17-6 所示。

图 17-5　小扳手的三维原始模型　　　　图 17-6　小扳手的 STL 数据模型

3)模型成型方向的选择

不同的成型方向会对工件品质(尺寸精度、表面粗糙度、强度等)、材料成本和制作时间产生很大的影响。

模型成型方向选择方案有三种:

(1)将尺寸最小的方向作为叠层方向——缩短原型制作时间和提高制作效率。

(2)将尺寸最大的方向作为叠层方向——提高原型制作质量和关键尺寸、形状的精度。

(3)倾斜摆放——减少支撑量,节省材料,方便后处理。

4)三维模型的切片处理

切片是将模型以片层的方式来描述(见图 17-7),无论三维模型多么复杂,对每一层来说都是简单的平面矢量组,其实质是一种降维处理,即将三维模型转化为二维片层,为分层制造做准备。

片层厚度一般取 0.05~0.5 mm,常用 0.1 mm。片层厚度越小,成型精度越高,成型时间越长,效率越低,反之则精度越低,效率越高。

图 17-7　切片示意图

2. 分层叠加成型加工

分层叠加成型加工是增材制造的核心,包括模型截面的制作与截面轮廓的叠合。也就是增材制造设备根据切片处理的截面轮廓,在计算机控制下,相应的成型头(激光头或喷头)按各截面轮廓信息做扫描运动,在工作台上一层一层地堆积材料,然后将各层相黏结,最终得到原型产品。

3. 制件的后处理

从成型系统里取出制件,可对其进行剥离、涂挂、后固化、修补、打磨、抛光和表面强化等处理,或放在高温炉中进行后烧结,进一步提高其强度。

17.1.6　增材制造技术的作用

增材制造技术不需要任何专门的辅助工夹具,并且不受批量大小的限制,能够直接由CAD三维模型快速地得到三维实体模型,而产品造价几乎与零件的复杂性无关,特别适合于复杂的、带有精细内部结构的零件的制造,并且制造柔性极高。随着各种成型技术的进一步发展,所得零件精度也不断提高。随着材料种类的增加以及材料性能的不断改进,其应用领域必将不断扩大,用途也将越来越广泛。增材制造技术的作用主要可以概括为以下几方面。

(1) 使设计原型样品化。

为提高产品设计质量,缩短试制周期,增材制造装备可在几小时或几天内由设计图样或CAD模型制造出实体模型样品,从而使设计者、制造者、销售人员和用户都能受益。

(2) 用于产品的性能测试。

随着新型材料的开发,增材制造装备所制造的产品零件原型的机械强度越来越高,可用于传热以及流体力学试验。而用某些特殊光敏固化材料制作的模型还具有光弹特性,可用于零件受载时的应力应变分析。

(3) 快速模具制造。

以增材制造实体模型作模芯或模套,结合精铸、粉末烧结或石墨研磨等技术可以快速制造出企业所需要的功能模具或工装设备,其制造周期为传统的数控切削方法的 $1/10\sim1/5$,而成本却仅为其 $1/5\sim1/3$。模具的几何复杂程度越高,这种效益越显著。

(4) 增材制造为创新设计释放了巨大的空间。

增材制造新工艺可以实现所想即所得,使人们的设计思想不再受到制造风险的约束,为人们的设计创新开辟了巨大的空间。如任意复杂形状(包括内部形状,采用传统制造刀具不可达的方位)、多零件、多材料集成为一体等要求,对于传统制造也许不可想象,现在采用增材制造均可轻易实现。

(5) 增材制造是创新产品开发的利器。

汽车车身设计、零部件制造、家电轻工产品制造、建筑设计、时尚消费品等领域的新产品开发必须通过增材制造来验证,其带来的好处是使开发周期、开发费用降低至原来的 $1/10\sim1/3$。增材制造无论是在中国还是在世界发达国家均已成为创新产品开发的利器。

17.2　FDM 增材制造

17.2.1　FDM 增材制造的工作原理

1. FDM 增材制造的工作原理

FDM增材制造的工作原理如图17-8所示。丝状热塑性材料(如 ABS 塑料丝、蜡丝、聚烯烃树脂、尼龙丝、聚酰胺丝)由供丝机构送至喷头,并在喷头中被加热至熔融态,在计算机的控制下,根据截面轮廓的信息,喷头做 X-Y 平面运动,将熔融的材料涂覆在工作台上,快速冷却后形成截面轮廓。一层截面成型完成后,喷头沿 Z 方向上升一截面层的高度,再进行下一层的涂覆。如此循环,逐层堆积形成三维产品。

FDM成型工艺在原型制作时常需要同时制作支撑。

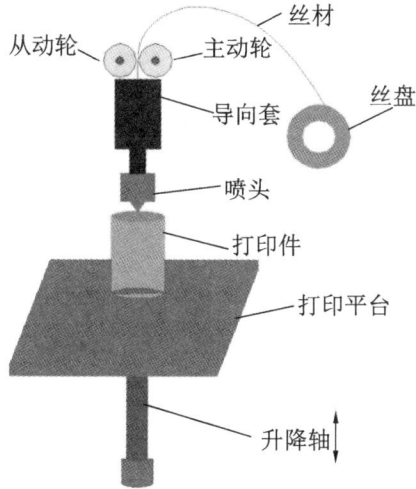

图 17-8 FDM 增材制造工作原理图

2. FDM 增材制造装备构成

1）喷头

喷头是最复杂的部分，材料在喷头中被加热熔化。

2）运动机构

运动机构包括 X、Y、Z 三个运动轴。X 轴与 Y 轴联动扫描完成 FDM 工艺喷头对截面轮廓的平面扫描，Z 轴则带动工作台实现高度方向的进给，实现层层堆积的控制。

3）送丝机构

送丝机构为喷头输送原料，送丝要求平稳可靠。原料丝直径一般为 $1\sim2$ mm，而喷嘴直径只有 $0.2\sim0.5$ mm，二者直径存在的这一差距可以保证喷头内具有一定的压力和熔融后的原料能以一定的速度（必须与喷头扫描速度相匹配）被挤出成型。送丝机构以两台直流电动机为主构成，在 D/A（数/模）控制模块的配合下随时控制送丝速度。送丝机构和喷头采用推、拉相结合的方式，以保证送丝稳定可靠，避免断丝或积瘤。

4）加热系统

加热系统用来给成型过程提供一个恒温环境。熔融状态的原料丝挤出成型后如果骤然冷却，制件容易翘曲和开裂，而适当的环境温度则可最大限度地减少这种缺陷，提高成型质量和精度。加热系统由成型室和喷头加热机构组成。

17.2.2 FDM 增材制造的工艺流程

FDM 增材制造的工艺流程如下。

（1）建立三维实体模型。

（2）获得模型 STL 格式的数据。

STL 格式表达简单明了，其实质是用无数个小三角形来近似地代替并且还原原来的三维 CAD 模型，与有限元中的网格划分很相似。STL 格式目前已普遍被快速成型设备接受，成为快速成型行业数据的一个标准。

（3）切片处理。目前使用比较多的切片软件主要有 Slic3r 和 Cura 两种，也有公司针对自己机器的特点开发了专用的切片软件。

（4）设置合适的打印参数，包括设置合适的打印层厚、打印速度、打印温度和填充类型等。

（5）成型。打开增材制造装备，载入前处理中生成的切片模型；将工作台面清理干净，待系统初始化完成后，即可执行打印命令，完成模型打印。

（6）后处理。FDM 增材制造的后处理主要包括去除支撑结构、打磨处理、抛光处理。

去除支撑结构是 FDM 技术的必要后处理工艺。复杂模型一般采用双喷头打印，其中一个喷头挤出的材料就是支撑材料。FDM 的支撑材料有较好的水溶性，也可在超声波清洗机中用碱性温水（NaOH 溶液）浸泡后将其溶解剥落。

打磨处理主要是为了消除制件"台阶效应"，达到表面粗糙度和装配尺寸精度要求。可用水砂纸直接手工打磨的方法，但若成型材料较硬（如 ABS），则会花费较长时间。也可采用天那水（香蕉水）浸泡涂刷使成型表面溶解平滑的方法，但需控制好浸泡时间和涂刷量，一般一次浸泡时间为 2～5 s，或用毛笔刷蘸天那水多次涂刷。

17.2.3　FDM 增材制造对材料的要求

FDM 增材制造使用的材料分为成型材料和支撑材料。

1. FDM 增材制造对成型材料的要求

（1）黏度低。材料的黏度低，流动性好，阻力就小，有助于材料顺利挤出。

（2）熔融温度低。低的熔融温度对 FDM 工艺的好处是多方面的。熔融温度低则材料可以在较低温度下被挤出，有利于提高喷头和整个机械系统的寿命，可以减少材料在挤出前后的温差，减小热应力，从而提高原型的精度。

（3）黏结性好。FDM 成型是分层制造的，层与层之间是连接最薄弱的地方，如果材料黏结性太差，则制件会因热应力而发生层与层之间的开裂。

（4）材料的收缩率对温度不能太敏感。材料的收缩率如果对温度太敏感，会引起制件尺寸超差，甚至翘曲、开裂。

2. FDM 增材制造对支撑材料的要求

（1）能承受一定的高温。由于支撑材料与成型材料在支撑面上接触，所以支撑材料必须能够承受成型材料的高温。

（2）对成型材料不浸润。加工完毕后支撑材料必须去除，所以支撑材料与成型材料的亲和性不能太好，以便于后处理。

（3）具有水溶性或酸溶性。为了便于后处理，支撑材料最好能溶解在某种液体中。由于现在的 FDM 增材制造一般采用 ABS 工程塑料，该材料能溶解在有机溶剂中，所以支撑材料最好具有水溶性或酸溶性。

（4）具有较低的熔融温度。具有较低的熔融温度则材料可以在较低的温度下被挤出，有利于提高喷头的使用寿命。

（5）流动性好。为了提高机器的扫描速度，要求支撑材料具有很好的流动性。

17.2.4　FDM 增材制造的优点与缺点

1. FDM 增材制造的优点

（1）操作简单。由于使用了热融挤压头，整个系统构造和操作简单，维护成本低，系统运行安全。

（2）成型材料广泛。既可以采用丝状蜡、ABS 丝，也可以采用经过改性的尼龙、橡胶等热塑性材料丝。

（3）成型速度快。FDM 成型过程中喷头的无效运动很少，特别是成型薄壁制件的速度极快。

（4）可以成型任意复杂程度的零件。常用于成型具有很复杂的内腔、孔等的零件。

（5）原材料利用率高，无环境污染。成型系统所采用的材料为无毒、无味的热塑性塑料，废弃的材料还可以回收利用，材料对周围环境不会造成污染。

（6）制件翘曲变形小，支撑去除简单。原材料在成型过程中无化学变化，制件的翘曲变形小，去除支撑时无须进行化学清洗，分离容易。

2. FDM 增材制造的缺点

FDM 增材制造和其他增材制造技术相比，也存在着以下缺点：

（1）需对整个实体截面进行扫描，大面积实体成型时间较长。

（2）要设计与制作支撑结构。

（3）成型轴竖直方向的强度比较弱。

（4）制件的表面有较明显的条纹，影响表面精度。

（5）原材料价格昂贵。

17.2.5　典型 FDM 增材制造装备简介

图 17-9 所示为太尔时代 UP BOX 3D 打印机，其主要技术参数见表 17-1。

图 17-9　太尔时代 UP BOX 3D 打印机

表 17-1　太尔时代 UP BOX 3D 打印机技术参数

技术参数	参数值	技术参数	参数值
整机尺寸	35 cm×48 cm×40 cm	成型平台尺寸	255 mm×205 mm×205 mm
整机功率	180 W	成型平台工作温度	0～120 ℃
X、Y 轴定位精度	0.01 mm	喷头数量	1 个
Z 轴定位精度	0.0025 mm	喷头工作温度	0～260 ℃
喷嘴直径	0.4 mm	分层厚度	0.1～0.4 mm
打印速度	0～150 mm/s	耗材直径	1.75 mm
操作系统	Win XP/Vista/7/8	支持耗材	ABS 塑料，PLA 材料
控制软件	STL、UP3、UPP	电源电压	AC 110～240 V
数据导入方式	USB	电源频率	50～60 Hz

17.3　SLA 增材制造

光敏材料选择性光固化(SLA)增材制造,又称光固化成型或立体光刻成型。它以光敏树脂为原料,通过计算机控制紫外激光使其凝固成型。这种方法能简捷、全自动地制造出各种用传统加工方法难以制作的复杂立体形态,在加工技术领域中具有划时代的意义。

17.3.1　SLA 增材制造的原理

SLA 增材制造基于分层制造原理,以液态光敏树脂为原料。如图 17-10 所示,液槽中盛满液态光敏树脂,在计算机控制下特定波长的激光沿分层截面逐点扫描,聚焦光斑扫描处的液态树脂吸收能量,发生光聚合反应而固化,从而形成制件的一个截面薄层。一层固化完毕后,工作台下降一层高度,然后刮平器将黏度较大的树脂液面刮平,使先固化好的树脂表面覆盖一层新的树脂薄层,再进行扫描固化,新固化的一层牢固地黏结在前一层上。如此依次逐层堆积,最后形成物理原型。除去支撑,进行后处理,即获得所需的实体原型。

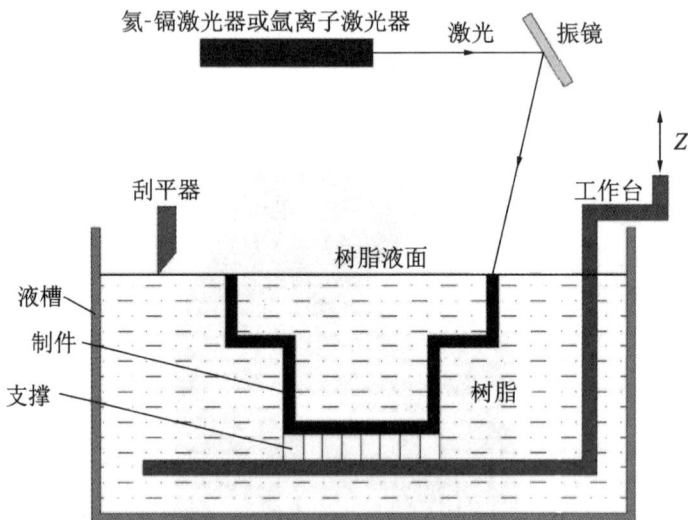

图 17-10　SLA 增材制造工艺原理

17.3.2　SLA 增材制造的基本过程

SLA 增材制造基本过程(见图 17-11)一般分为前期数据准备、模型打印制作和后处理等阶段。

1. 前期数据准备

(1)造型与数据模型转换。利用计算机辅助设计软件绘制出产品三维模型。

(2)确定摆放方位。对于不同的模型需要综合考虑成型效率、成型质量、成型精度、支撑等方面的因素来确定模型的摆放方位。

(3)设计支撑。支撑可选择多种形式,例如点支撑、线支撑、网状支撑等。支撑的设计与施加应考虑使支撑容易去除,并能保证支撑面的低粗糙度。图 17-12 所示为 SLA 增材制造的支撑结构。

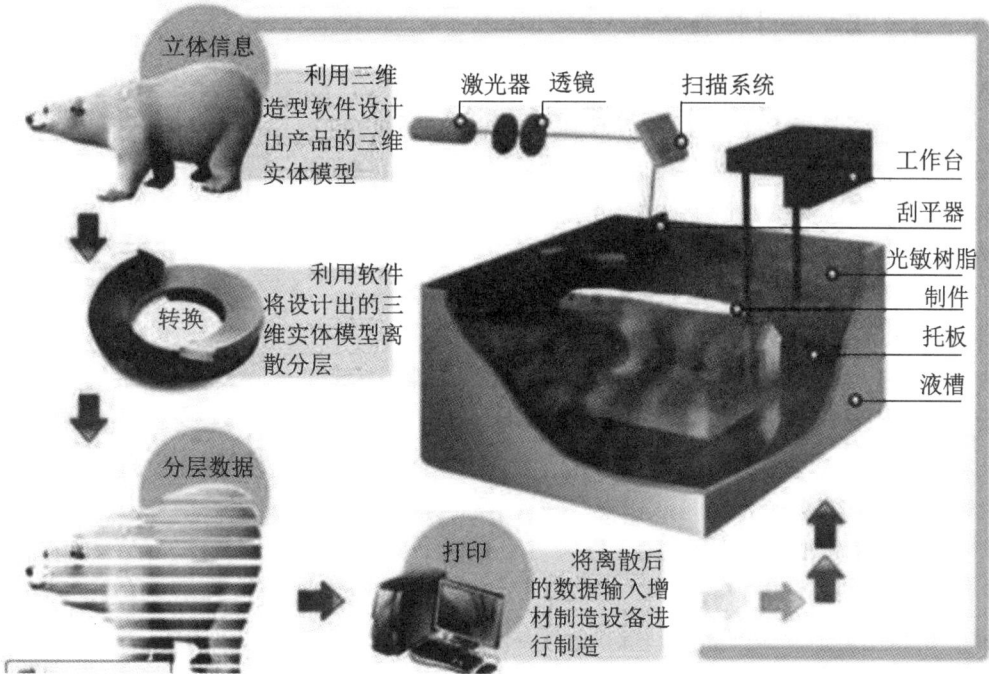

图 17-11　SLA 增材制造基本过程

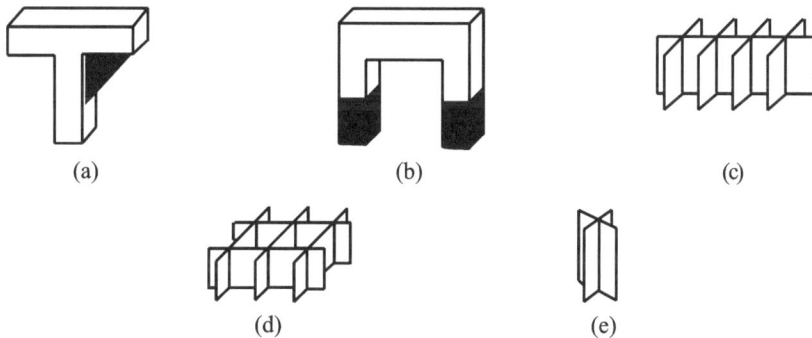

图 17-12　SLA 增材制造的支撑结构

(a)角板式支撑结构;(b)投射特征边式支撑结构;(c)单壁式支撑结构

(d)壁板式支撑结构;(e)柱形支撑结构

(4) 模型切片分层。CAD 模型转化成 STL 模型后,接下来的数据处理工作是将数据模型切成一系列横截面薄片(切片层的轮廓线表示形式和切片层的厚度直接影响零件的制造精度)。

2. 模型制作

首先调整工作台的高度,使其处在液面下并距液面为一个分层厚度,开始成型加工,计算机按照分层参数指令驱动镜头使光束做 X-Y 平面运动,扫描固化树脂,底层截面(支撑截面)黏附在工作台上,工作台下降一个层厚,光束按照新一层截面数据扫描、固化树脂,同时牢牢地黏结在底层上。依次逐层扫描固化,最终形成实体原型。

3. 后处理

零件成型完成后,将其从工作台上分离出来,用酒精清洗干净,用刀片等其他工具将支撑与零件剥离,之后进行打磨喷漆处理。为了获得良好的力学性能,可以在后固化箱内进行二次固化。

17.3.3　SLA 增材制造材料

1. SLA 增材制造对材料的要求

（1）成型材料易于固化，且成型后具有一定的连接强度。

（2）成型材料的黏度不能太高，以保证加工层平整并且液体流平时间短。

（3）成型材料本身的热影响区小，收缩应力小。

（4）成型材料对光有一定的透过深度，以获得具有一定固化深度的层片。

2. SLA 增材制造材料的分类

1）自由基光固化树脂

自由基低聚物主要有三类：环氧树脂丙烯酸酯、聚酯丙烯酸酯和聚氨酯丙烯酸酯。

2）阳离子光固化树脂

阳离子光固化树脂固化收缩小，黏度低，因此由其制作的产品精度高，强度高，可直接用于制作注塑模具。阳离子聚合物是活性聚合物，在停止光照后可以继续引发聚合；氧气对自由基聚合有阻聚作用，而对阳离子树脂则无影响。

3）SLA 增材制造的新型材料

SLA 增材制造的新型材料包括混杂型光敏树脂、功能性光敏树脂（如利用不同的填料、不同的工艺方法开发出的不同导电性的光固化复合材料）等。

3. 未来对光敏树脂的研究与开发

（1）开发低收缩率、低翘曲度、高固化速度的光敏树脂，在保证成型精度的同时能得到较高的加工速度。

（2）开发功能性（导电性、导磁性、更好的力学性能）光敏树脂，以便直接使用和进行功能测试。

（3）开发无毒害、无污染的环保产品。

17.3.4　SLA 增材制造的优点与缺点

1. SLA 增材制造的优点

（1）可成型任意复杂形状零件，零件的复杂程度与制造成本无关，且零件形状越复杂，越能体现出 SLA 的优势。

（2）零件的成型周期与其复杂程度无关，常规的机械加工方法是零件形状越复杂，工、模具制造周期越长，困难越大，而 SLA 增材制造采用的是分层叠加方法，因此，成型周期与其形状无关。

（3）成型精度高，可成型精细结构，如厚度在 0.5 mm 以下的薄壁、小窄缝等微细结构；制件的表面质量好。

（4）成型过程高度自动化，基本上可以做到无人值守，不需要高水平操作人员。

（5）成型效率高，例如成型一套手机壳体零件仅需 2～4 h。

（6）成型材料利用率接近 100%。

（7）成型无须就刀具、夹具、工装等做生产准备，不需要高水平的技术工人，制件强度高，可达 40～50 MPa，可进行切削加工和拼接。

2. SLA 增材制造的缺点

（1）需要设计支撑结构，以确保在成型过程中制件的每一个结构部分都能可靠定位。

（2）须对整个截面进行扫描固化,因此成型时间较长。为了节省成型时间,对于封闭轮廓线内的壁厚部分,可不进行全面扫描固化,而只按网格线扫描,使制件有一定的强度和刚度,待成型完成,从成型机上取出工件后,再将工件放入大功率的紫外箱中进行后固化（一般需 16 h 以上,）以便得到完全固化的工件。

（3）成型过程中有物相变化,所以制件较易翘曲,尺寸精度不易保证,往往需要进行反复补偿、修正。制件的翘曲变形也可以通过支撑结构加以改善。

（4）产生紫外激光的激光管寿命仅 2000 h 左右,且价格昂贵。

（5）液态光敏聚合物固化后的性能尚不如常用的工业塑料,一般较脆,易断裂,工作温度通常不能超过 100℃,许多还会被湿气侵蚀,导致工件膨胀,并且该材料抗化学腐蚀的能力不够好,又价格昂贵。

（6）材料在固化过程中会产生刺激性气体,有污染,会造成皮肤过敏,因此机器运行时成型腔室部分应密闭。

17.4　SLS 增材制造

17.4.1　SLS 增材制造的原理和烧结机理

选择性激光烧结（SLS）增材制造又称为选区激光烧结增材制造。SLS 增材制造是利用粉末材料（金属粉末或非金属粉末）在激光下烧结的原理,在计算机控制下层层堆积成型的增材制造方法。SLS 的原理与 SLA 相似,主要区别在于所使用的材料类别及材料形状。

1. SLS 增材制造的原理

首先由 CAD 软件绘制待制作物体的三维模型,用分层切片软件对其进行切片处理,获得各截面形状的信息参数,并生成各截面的扫描轨迹参数。同时,将 SLS 成型机粉床上的粉末材料预热至材料熔融温度以下 2~3 ℃,然后根据制件几何形体各层截面的扫描轨迹参数,在计算机的控制下,激光以一定的扫描速度和能量密度有选择地对材料粉末进行分层扫描。由于激光能量在选定的扫描轨迹上作用于粉末材料,粉末材料黏结固化。一层烧结完成后,电动机驱动工作台下降一个铺粉层厚,用铺粉辊将新粉末材料均匀地铺放在前一固化层上,再进行下一层扫描烧结,新的一层和前一层烧结在一起,如此层层叠加,最终生成所需要的制件。图 17-13 所示为 SLS 增材制造原理。

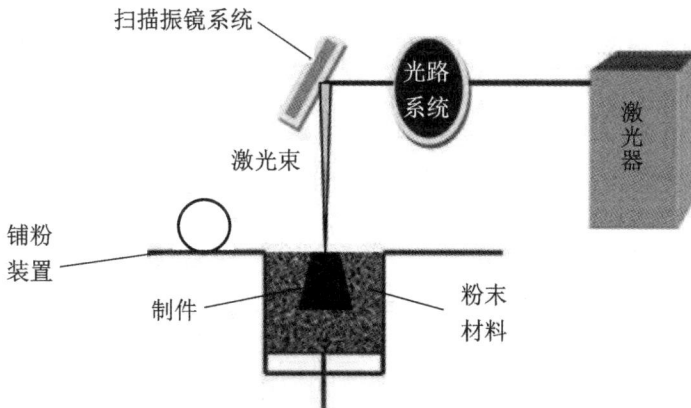

图 17-13　SLS 增材制造原理

2. SLS 增材制造的烧结机理

SLS 增材制造的烧结机理可以分为四大类:固相烧结、化学烧结、液相烧结和部分熔化、完全熔化。虽然 SLS 增材制造的烧结机理可以分为四大类,但是实际上每一种烧结过程中同时伴随着其他几种烧结。

1) 固相烧结

固相烧结的温度范围是$(1/2\sim1)T_m$(T_m 为粉末材料的熔点),这个过程伴随着各种物理和化学反应,最重要的是形成扩散。扩散发生在相邻的粉末之间,从而使具有较低自由能的粉末通过烧结颈连接起来。这种烧结机理适用于陶瓷粉末和部分金属粉末。

2) 化学烧结

化学烧结在现有的激光粉末烧结中用得较少,但事实证明它对于聚合物、金属及陶瓷材料都是可行的,如在氮气气氛中进行铝粉的烧结,氮气和铝粉发生反应生成氮化铝来连接铝粉,使烧结不断继续。

3) 液相烧结和部分熔化

液相烧结和部分熔化指一些粉末材料被熔化而其他部分仍保持固态,熔化的材料因强烈的毛细作用在固态粉末颗粒之间迅速扩散,将粉末颗粒连接在一起。

4) 完全熔化

采用高能量的激光作用在金属粉末上面,可以使金属粉末完全熔化,得到致密的实体零件。通过此方法获得的金属零件的致密度可以达到 99.9%。

17.4.2　SLS 增材制造的工艺过程和工艺参数的影响

1. SLS 增材制造的工艺过程

(1) 设计构建 CAD 三维模型;

(2) 将三维模型转化为 STL 模型;

(3) 对 STL 模型进行切片分割,规划扫描路径;

(4) 激光热黏分层制造零件原型;

(5) 对原型进行清粉等处理;

(6) 后处理。

2. SLS 增材制造工艺参数的影响

1) 激光能量与扫描速度

激光能量与扫描速度对 SLS 制件的力学性能有着重要的影响。制件的致密度和强度随着激光输出能量的增大而提高,随着扫描速度的增大而降低。采用低的扫描速度和高的激光能量能达到较好的烧结效果,这是因为高的能量密度可使粉末材料的温度在瞬间升高、熔化,导致大量的液相生成,同时高的温度也使熔化液相的黏度降低,流动性增强,能更好地浸润固相颗粒。

2) 预热温度与铺粉层厚

无论烧结成型任何材料,如金属、陶瓷以及聚合物等,粉末的预热都能明显地改善制件的性能质量。但是预热温度最高不能超过粉末材料的最低熔点或塑变温度。薄的铺粉层能提高烧结的质量,改善制品的致密度。铺粉层厚是通过模型切片的厚度参数控制的,最小的层厚是由粉末材料的颗粒尺寸大小决定的。但薄的铺粉层会使激光能量对已烧结层产生大的影响。

3）填充间距对制件强度的影响

随着填充间距的增大，制件的强度会降低，精度会提高一些，但是当填充间距较大时，就会导致轮廓处的偏移量或大或小，从而导致误差的产生。

4）分层厚度对制件强度的影响

随着分层厚度的增大，制件的强度降低，精度有所提高（不包括阶梯效应所产生的误差）。一般选择小的层厚，降低由阶梯效应产生的误差，从而获得强度、精度更高的制件。

3. SLS 工艺的后处理

1）高温烧结

金属和陶瓷坯体均可用高温烧结的方法进行处理。坯体经高温烧结后，内部孔隙减少，密度、强度增加，性能也得到改善，但制件体积收缩，会影响其尺寸精度。炉内温度不均匀会造成制件各个方向收缩不一致，从而发生翘曲变形。

2）热等静压

金属和陶瓷坯体均可采用热等静压后处理。热等静压后处理是指通过流体介质将高温和高压同时均匀地作用于坯体表面，消除其内部气孔，提高其密度和强度，并改善其性能。使用温度范围为 $(0.5\sim0.7)T_m$（T_m 为金属或陶瓷的熔点），压力为 147 MPa 以下，要求温度均匀、准确、波动小。热等静压后处理包括三个阶段：升温、保温和冷却。采用热等静压后处理方法可以使制件非常致密，这是采用其他后处理方法难以做到的，但制件的收缩也较大。

3）熔浸

熔浸是将金属或陶瓷制件与另一低熔点的金属接触或浸埋在液态金属内，让液态金属填充制件的孔隙，冷却后得到致密的零件。在熔浸后处理过程中，制件的致密化不是靠制件本身的收缩来实现的，而主要是靠易熔成分从外面补充填满空隙，所以，经过这种后处理得到的零件致密度高，强度大，基本不产生收缩，尺寸变化小。

4）浸渍

浸渍后处理和熔浸相似，不同的是浸渍是将液态非金属物质浸入多孔的选择性激光烧结坯体的孔隙内，经过浸渍后处理的制件尺寸变化很小。

17.4.3　SLS 增材制造的材料及其选择

1. SLS 增材制造对材料的要求

由成型原理知，在 SLS 增材制造工艺中，激光对材料的作用本质上是一种热作用，因此从理论上讲，所有受热后能相互黏结的粉末材料或表面覆有热塑（固）性黏结剂的粉末都能作为 SLS 增材制造的材料。但要真正适合 SLS 增材制造，粉末材料应满足以下要求：

（1）具有良好的烧结成型性能，即不需特殊工艺即可快速精确地成型。

（2）所成型的直接用作功能零件或模具的原型，其力学性能和物理性能（强度、刚性、热稳定性、导热性及加工性能）要满足使用要求。当原型间接使用时，应能快速、方便地进行后续处理和加工。

2. SLS 增材制造材料的种类

用于 SLS 增材制造的材料是各种粉末，如尼龙粉、覆裹尼龙的玻璃粉、聚碳酸酯粉、聚酰胺粉、蜡粉、金属粉（成型后常需进行再烧结和渗铜处理）、覆裹热凝树脂的细砂、覆蜡陶瓷粉和覆蜡金属粉等。近年来采用更多的是复合粉末。

17.4.4　SLS 增材制造的优缺点

(1) 可用材料范围广,开发前景广阔。从理论上讲,任何受热后能黏结的粉末都有被用作 SLS 增材制造成型材料的可能性。

(2) 制造工艺简单,柔性高。在计算机的控制下可以方便迅速地制造出传统加工方法难以实现的复杂形状的零件。

(3) 精度高,材料利用率高。SLS 增材制造的工件在整体范围内的公差一般能够达到 $\pm(0.05 \sim 2.5)$ mm。当粉末粒径为 0.1 mm 以下时,制件精度可达到 $\pm 1\%$。粉末材料可以回收利用,利用率接近 100%。

(4) 材料价格便宜,成本低。

(5) 应用面广,生产周期短。各项高新技术的集中应用使得这种成型方法的生产周期很短。

(6) 能量消耗高,制件表面粗糙。

17.5　薄材分层切割增材制造

薄材分层切割增材制造又称为叠层实体制造(LOM)。由于 LOM 多用纸材,成本低廉,制件精度高,而且制造出来的纸质原型具有外在的美感和一些特殊的品质,因此受到了广泛的关注,并且得到迅速的发展。

17.5.1　LOM 原理

LOM 工艺采用的是薄片材料,如纸、塑料薄膜等。薄材表面事先涂覆一层热熔胶,加工时,用热压辊热压薄材,使之与下面已成型的工件黏结。用 CO_2 激光器在刚黏结的新层上切割出零件截面轮廓和工件外框,并在截面轮廓与外框之间多余的区域内切割出上下对齐的网格。激光切割完成后,工作台带动已成型的工件下降,与带状薄材(料带)分离。供料机构转动收料轴和供料轴,带动料带移动,使新层移到加工区域,工作台上升到加工平面。热压辊热压,工件的层数增加一层,高度增加一个料厚,再在新层上切割截面轮廓。如此反复,直至零件的所有截面黏结、切割完毕,得到 LOM 实体零件。

图 17-14 所示为 LOM 原理,图 17-15 所示为每层材料切割后的状况。

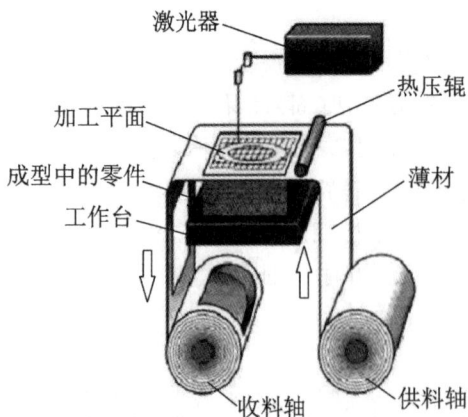

图 17-14　LOM 原理

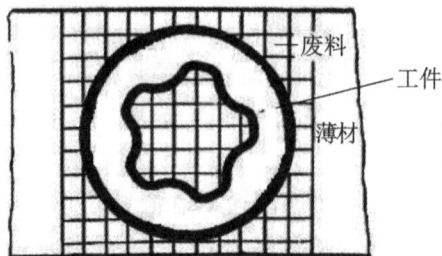

图 17-15　每层材料切割后的状况

截面轮廓被切割和叠合后所形成的 LOM 制件如图 17-16 所示。其中,所需的工件被废料小方格包围,剔除这些小方格之后,便可得到三维工件。

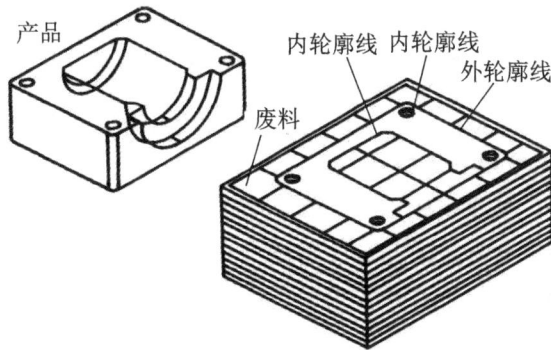

图 17-16　截面轮廓被切割和叠合后所形成的制件

17.5.2　LOM 工艺参数和后处理

1. LOM 工艺参数

LOM 装备主要由控制系统、机械系统、激光器等部分组成。LOM 装备的主要参数如下:

(1)激光切割速度　激光切割速度影响制件表面质量和制作时间,通常是根据激光器的型号规格选定。

(2)热压辊的温度与压力　热压辊温度与压力应根据层面尺寸大小、纸张厚度及环境温度来设置。

(3)激光能量　激光能量的大小直接影响切割薄材的厚度和切割速度。

(4)网格尺寸　网格尺寸的大小直接影响废料剥离的难易程度和制件的表面质量,同时会影响制作效率。

2. LOM 的后处理

1)废料去除

将成型过程中产生的废料与原型分离称为废料去除。LOM 产生的废料主要是网状废料,通常采用手工剥离的方式,所以比较费时。为保证制件完整和美观,要求工作人员耐心、细致并具有一定的工作技巧。

2)后处理

当制件台阶效应或 STL 格式化的缺陷比较明显,或某些薄壁和小特征结构的强度、刚度不足,或局部的形状、尺寸不够精确,或制件的某些物理、力学性能不太理想时,需对制件进行修补、打磨、抛光和表面涂覆等后处理。后处理后,制件的表面强度、力学性能、尺寸稳定性、精度等都会得到提高。

17.5.3　LOM 对材料的要求

1. LOM 工艺对薄材的要求

(1)具备抗湿性。保证薄材不会因存放时间长而吸水,从而保证热压过程中制件不会因水分的损失而产生变形和黏结不牢。

(2)具有良好的浸润性,以保证良好的涂胶性能。

（3）收缩率小，以保证热压过程中不会因水分损失而变形。

（4）具有一定的抗拉强度，以保证加工过程中不被拉断。

（5）剥离性能好。因剥离时破坏发生在薄材内部，要求其在垂直方向上的抗拉强度不是很大。

（6）好打磨，使制件容易被打磨至表面光滑。

（7）稳定性好，成型件可以长时间保存。

2. LOM 工艺对热熔胶的基本要求

（1）具有良好的热熔冷固性，在 70～100 ℃时开始熔化，在室温下固化。

（2）在反复熔化-固化条件下，具有较好的物理化学稳定性。

（3）在熔融状态下对薄材具有较好的涂挂性与涂匀性。

（4）对薄材具有足够的黏结强度。

（5）具有良好的废料分离性能。

17.5.4　LOM 工艺的优点与缺点

1. LOM 工艺的优点

和其他增材制造工艺相比，LOM 工艺具有制作精度高、效率高、速度快、成本低等优点，具体如下：

（1）制件精度高（精度值一般小于 0.15 mm）。

（2）制件能承受高达 200℃的温度，有较高的硬度和较好的力学性能，可进行各种切削加工。

（3）无须进行后固化处理。

（4）工件外框与截面轮廓间的多余材料在加工中起到了支撑作用，故不用设计和制作支撑结构。

（5）制件尺寸大。目前最大的 LOM 制件的长度达 1600 mm。

（6）原材料价格便宜。

（7）LOM 装备可靠性高，寿命长。

（8）操作方便。

2. LOM 工艺的缺点

（1）废料难以剥离。

（2）不能直接制作塑料工件。

（3）制件（特别是薄壁件）的强度和弹性不够好。

（4）制件易吸湿膨胀，因此，成型后应尽快进行表面防潮处理。

（5）制件表面有台阶纹，其高度等于材料的厚度（通常为 0.1 mm 左右），成型后需进行表面打磨。

附 录

金工实习报告（金属材料和热处理）

班级_____ 学号_____ 姓名_____ 成绩_____ 教师签名_____ 日期_____

1. 根据化学成分不同,钢可分为_____、_____和_____三大类。

2. 工程上常用的硬度为_____硬度和_____硬度。

3. 铁碳合金的平衡组织在金相显微镜下具有以下四种基本形态:_____、

_____、_____、_____。

4. 钢的热处理是指_____。

5. 常用的热处理方法有_____、_____、_____、_____、

_____。

6. 按表1所列工艺条件进行各种热处理操作,并测定热处理后全部试样的硬度,将数据填入表内。

表 1 热处理操作

钢 号	工 艺 条 件			硬度值/（HRC 或 HBW）			
	加热温度/℃	冷却方式	回火温度/℃	1	2	3	平均
45	860	炉冷					
		空冷					
		油冷					
		水冷					
		水冷	200				
		水冷	400				
		水冷	600				

金工实习报告（铸造）

班级_____　学号_____　姓名_____　成绩_____　教师签名_____　日期_____

1. 填空题

（1）型砂应具备的主要性能有_____、_____、_____、

_____、_____。

（2）配制型砂常用的黏结剂有_____、_____、_____、

_____、_____，其中最常用的是_____。

（3）型芯的主要作用是_____。

2. 选择题

（1）在型砂中加入木屑的目的是（　　）。

　　A. 提高型砂的强度　　　B. 提高型芯的退让性和透气性　　　C. 便于起模

（2）灰口铸铁适用于制造床身、机架、底座、导轨等结构，这是因为其不但铸造性和切削性优良，而且（　　）。

　　A. 抗拉强度高　　B. 抗弯强度高　　C. 抗压强度高　　D. 冲击韧度高

（3）制造模样时，模样的尺寸应比零件大一个（　　）。

　　A. 铸件材料收缩量

　　B. 机械加工余量

　　C. 铸件材料收缩量＋机械加工余量

（4）浇注普通车床床身时，导轨面应该（　　）。

　　A. 朝上　　　　　B. 朝下　　　　　C. 朝左　　　　　D. 朝右

（5）生产中为了提高合金的流动性，常用的方法是（　　）。

　　A. 适当提高浇注温度　　　　　B. 加大出气口

　　C. 降低出铁温度　　　　　　　D. 延长浇注时间

（6）浇注温度过高，铸件会产生的缺陷是（　　）。

　　A. 冷隔　　　　　B. 黏砂　　　　　C. 夹砂　　　　　D. 气孔

3. 判断题（正确打"√"，错误打"×"）

（1）为了使砂型通气良好，应在砂型上、下箱部扎通气孔。（　　）

（2）芯骨的作用是增加砂型的强度。（　　）

（3）型芯烘干的目的是提高其强度和透气性，使浇注时型芯产生的气体大大减少，以保证铸件的质量。（　　）

（4）铸铁之所以被广泛用于工业生产，部分原因是其具有良好的耐磨性和减振性，并易于切削加工。（　　）

金工实习报告（锻造和板料冲压）

班级_____ **学号**_____ **姓名**_____ **成绩**_____ **教师签名**_____ **日期**_____

1. 说明"趁热打铁"的道理。锻造时是否加热时间越长、温度越高越好？锻造加热温度过高对金属锻造性有什么影响？

2. 自由锻基本工序有哪些？简述其操作要领。

3. 试述自由锻和模锻的异同。

4. 锻件的冷却方法有哪几种？分析各种方法的优缺点及其应用。

5. 说明冲床的主要组成部分及其作用，简述冲孔和落料的区别。

金工实习报告（焊工）

班级_____ 学号_____ 姓名_____ 成绩_____ 教师签名_____ 日期_____

1. 简述手工电弧焊的过程。

2. 手工电弧焊的操作要领有哪些？

3. 说明电焊条的组成部分及其作用,填于表2中。

表2 电焊条的组成部分及其作用

组成部分		
作用		

4. 说明不同气焊火焰的形状及其应用范围。

5. 列举常见焊接缺陷,说出其中三种缺陷的特征及产生原因。

金工实习报告（钳工）

班级_____　学号_____　姓名_____　成绩_____　教师签名_____　日期_____

1. 钳工的基本操作有_____、_____、_____、_____、_____、
_____、_____、_____等。

2. 请指出图1所示的台式钻床各主要组成部分的名称。

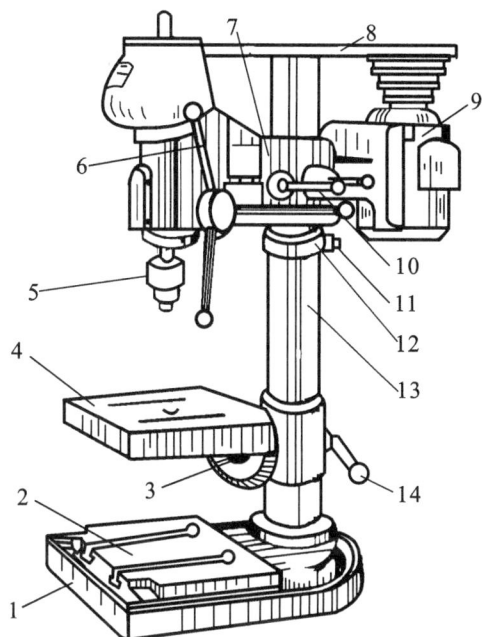

1._____	2._____
3._____	4._____
5._____	6._____
7._____	8._____
9._____	10._____
11._____	12._____
13._____	14._____

图1　台式钻床外形图

3. 锯条的锯齿波浪排列有什么作用？

4. 简述顺锉法、交叉锉法和推锉法的各自特点。

5. 刮削精度是如何规定的？

6. 攻螺纹时底孔为什么要倒角？套螺纹时螺杆为什么要倒角？

金工实习报告（车工）

班级_____　学号_____　姓名_____　成绩_____　教师签名_____　日期_____

1. 请在图 2 所示的 C6132 型普通车床外形图上标出各主要组成部分的名称。

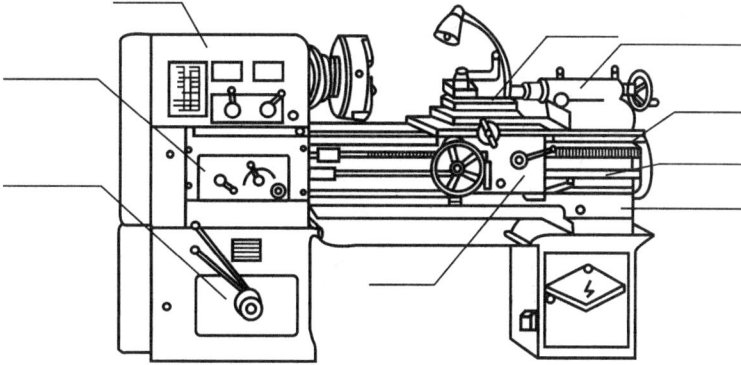

图 2　C6132 型普通车床外形图

2. 简述 C6132A 型普通车床型号的意义。

3. 试画出 C6132 型普通车床的传动系统框图。

4. 请在图 3 所示的车刀的外形图上正确标出前刀面、主后刀面、副后刀面、主切削刃、副切削刃和刀尖。

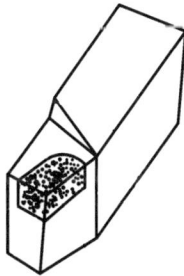

图 3　车刀的外形图

5. 请在图 4 中标出外圆车刀所示角度 A、B、C、D、E 的名称。

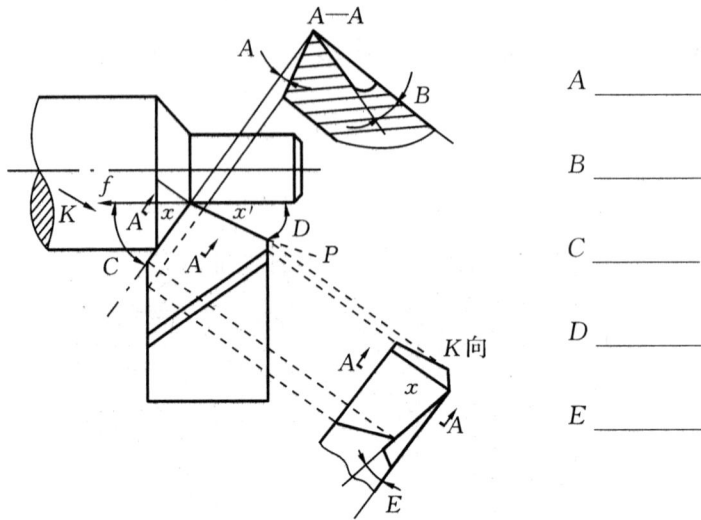

图 4　外圆车刀

A _____

B _____

C _____

D _____

E _____

6. 写出至少六种车床附件的名称。

7. 以车削外圆为例,写出试切的步骤。

8. 说明车削加工的基本内容。

9. 试述自己实习时所加工工件的加工工艺过程。

金工实习报告（刨工）

班级_____　学号_____　姓名_____　成绩_____　教师签名_____　日期_____

1. 刨削加工的精度一般为_____,表面粗糙度 Ra 值为_____。

2. 牛头刨床由_____、_____、_____、_____、_____等主要部分组成。

3. 牛头刨床工作台横向进给量的大小取决于_____。

4. 牛头刨床的主运动和进给运动是什么？刨削运动有什么特点？

5. 刨削前,牛头刨床需进行哪几个方面的调整？

金工实习报告（铣工）

班级_____　学号_____　姓名_____　成绩_____　教师签名_____　日期_____

1. 铣削加工的尺寸精度一般可达_____,表面粗糙度 Ra 值为_____。

2. 请在图 5 所示的卧式万能铣床外形简图上正确标出其主要组成部分的名称。

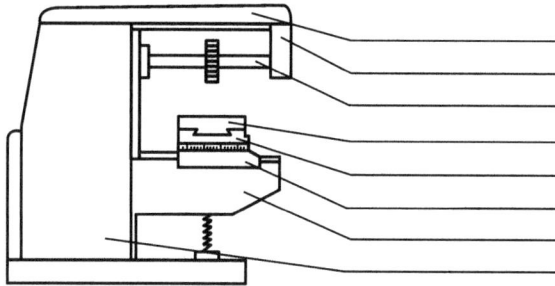

图 5　卧式万能铣床外形简图

3. 试指出铣床的主运动和进给运动。

4. 试指出工件在铣床上的主要安装方法。

5. 试写出分度头的主要用途。

6. 现要在一工件的圆周上均匀铣出 21 条槽,请进行分度计算。要求：

(1) 指出每次分度时分度手柄的整转圈数；

(2) 选择分度盘上的孔数及每次应转过的孔距数。

金工实习报告（磨工）

班级_____　学号_____　姓名_____　成绩_____　教师签名_____　日期_____

1. 作为切削工具，砂轮不同于一般的刀具，试说明它的特性。

2. 试说明 M1432A 磨床的主要组成及用途。

3. 分别指出采用纵磨法和横磨法时的主运动和进给运动，以及这两种磨削方法各自的优点。

4. 在进行平面磨削时，试比较端磨法和周磨法的优缺点。

金工实习报告（塑料成型）

班级_____ 学号_____ 姓名_____ 成绩_____ 教师签名_____ 日期_____

1. 什么是热塑性塑料，什么是热固性塑料？二者在本质上有何区别？试分别列举几种日常生活中采用热塑性和热固性塑料制作的塑料制品。

2. 简述螺杆式注射机的工作原理。

3. 塑料制件从模具里取出来就能用吗？通常需要进行哪些处理？请具体说明。

4. 塑料注射模具一般由哪几部分组成？各部分的主要作用分别是什么？

金工实习报告（数控车工）

班级_____　学号_____　姓名_____　成绩_____　教师签名_____　日期_____

1. 简述数控车床的工作原理。

2. 数控机床由哪几大系统组成？各系统的作用分别是什么？

3. 一般数控加工有几个坐标原点？通常如何选择工件坐标原点？

4. 欲粗车图 6 所示的轴类零件,毛坯的直径为 60 mm,每次进给量小于1 mm,主轴转速和进给速度自定。要求:

(1) 对零件进行分析;

(2) 确定工件的装夹方式;

(3) 确定数控加工工序;

(4) 编写数控程序。

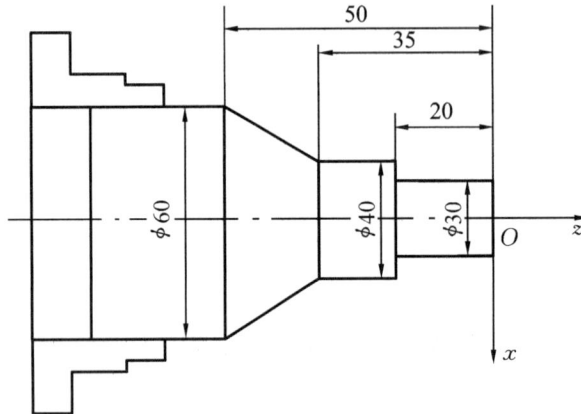

图 6　轴类零件

金工实习报告（数控铣工）

班级_____　学号_____　姓名_____　成绩_____　教师签名_____　日期_____

1. 数控铣床由哪几大系统组成？各系统的作用是什么？

2. 铣削加工简单凸轮,其轮廓如图 7 所示。要求：

（1）对零件进行分析；

（2）选择刀具和装夹方式；

（3）确定加工步骤；

（4）编写数控程序。

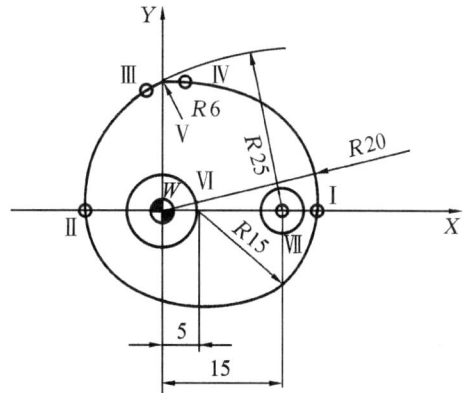

图 7　凸轮轮廓

金工实习报告（电火花成型加工）

班级＿＿＿＿　学号＿＿＿＿　姓名＿＿＿＿　成绩＿＿＿＿　教师签名＿＿＿＿　日期＿＿＿＿

1. 简述电火花加工的基本原理。

2. 试述电火花加工的特点及应用。

3. 什么是极性效应？

4. 电规准的选择原则是什么？

金工实习报告（电火花线切割加工）

班级＿＿＿＿　学号＿＿＿＿　姓名＿＿＿＿　成绩＿＿＿＿　教师签名＿＿＿＿　日期＿＿＿＿

1. 简述电火花线切割加工的基本原理。

2. 试述电火花线切割加工的特点及应用。

3. 简述 3B 代码的程序中各项参数的含义。

4. 电火花线切割加工的工艺指标有哪些？

金工实习报告（增材制造）

班级_____　学号_____　姓名_____　成绩_____　教师签名_____　日期_____

1. 增材制造技术的原理是什么？

2. 简述增材制造的工艺过程。

3. 简述 FDM 增材制造的工艺流程。

4. SLA 增材制造的原理是什么？

参 考 文 献

[1] 于永泗,齐民.机械工程材料[M].8版.大连:大连理工大学出版社,2006.

[2] 赵小东,潘一凡.机械制造基础[M].南京:东南大学出版社,2001.

[3] 马保吉.机械制造基础工程训练[M].2版.北京:高等教育出版社,2006.

[4] 同济大学金工教研室.金属工艺学实习教材[M].北京:高等教育出版社,2001.

[5] 周世权.工程实践[M].武汉:华中科技大学出版社,2003.

[6] 严绍华,张学正.金属工艺学实习[M].北京:清华大学出版社,1997.

[7] 张力真,徐允长.金属工艺学实习教材[M].3版.北京:高等教育出版社,2001.

[8] 陈永泰.机械制造技术实践[M].北京:机械工业出版社,2002.

[9] 上海第一机电工业局工会.钳工[M].北京:机械工业出版社,1973.

[10] 机械制造基础编写组.机械制造基础[M].北京:人民教育出版社,1979.

[11] 张木青,于兆勤.机械制造工程训练教材[M].广州:华南理工大学出版社,2004.

[12] 鞠鲁粤.机械制造基础[M].上海:上海交通大学出版社,2001.

[13] 清华大学金属工艺学教研室.金属工艺学实习教材[M].北京:高等教育出版社,2001.

[14] 金禧德,王志海.金工实习[M].北京:高等教育出版社,2001.

[15] 孙以安,陈茂贞.金工实习教学指导[M].上海:上海交通大学出版社,1998.

[16] 李卓英,李清卉.金工实习教材[M].北京:北京理工大学出版社,1989.

[17] 王启平.机床夹具设计[M].哈尔滨:哈尔滨工业大学出版社,1996.

[18] 顾京.现代机床设备[M].北京:化学工业出版社,2001.

[19] 陈培里.金属工艺学实习指导及实习报告[M].杭州:浙江大学出版社,1996.

[20] 邓奕.数控机床结构与数控编程[M].北京:国防工业出版社,2006.

[21] 陈志雄.数控机床与数控编程技术[M].北京:电子工业出版社,2003.

[22] 彭晓南.数控技术[M].北京:机械工业出版社,2001.

[23] 毕毓杰.机床数控技术[M].北京:机械工业出版社,1995.

[24] 李善术.数控机床及其应用[M].北京:机械工业出版社,1998.

[25] 李郝林.机床数控技术[M].北京:机械工业出版社,2004.

[26] 陈婵娟.数控车床设计[M].北京:化学工业出版社,2006.

[27] 田坤.数控机床与编程[M].武汉:华中科技大学出版社,2001.

[28] 廖效果,朱启述.数字控制机床[M].武汉:华中理工大学出版社,1996.

[29] 于春生.数控机床编程及应用[M].北京:高等教育出版社,2001.

［30］　顾京．数控机床加工程序编制［M］．北京:机械工业出版社,1997.

［31］　罗学科．数控机床编程与操作实训［M］．北京:化学工业出版社,2001.

［32］　李宏胜．机床数控技术及应用［M］．北京:机械工业出版社,2001.

［33］　陈志雄．数控机床与数控编程技术［M］．北京:电子工业出版社,2003.

［34］　王洪．数控加工程序编制［M］．北京:机械工业出版社,2003.

［35］　张超英．数控加工综合实训［M］．北京:化学工业出版社,2003.

［36］　马莉敏.数控机床编程与加工操作［M］.武汉:华中科技大学出版社,2005.

［37］　文怀兴．数控铣床设计［M］.北京:化学工业出版社,2005.

［38］　吴拓.机械制造工程［M］.2 版.北京:机械工业出版社,2005.

［39］　邓文英.金属工艺学［M］.北京:高等教育出版社,1997.

［40］　黄虹.塑料成型加工与模具［M］.北京:化学工业出版社,2003.

［41］　中国机械工程学会焊接学会.焊接手册［M］.北京:机械工业出版社,2001.

［42］　高锦张.塑性成型工艺与模具设计［M］.北京:机械工业出版社,2002.